ONE W

ONE WAY
NO SMOKING
7AM – 4PM
CORNER'S DELI
new york

ONE

New York IDEA

뉴욕 아이디어

Jinbae Park 박진배 지음

FOR ALTO AND BRATSCHE

New
ID

York

뉴욕 아이디어

EA

Introduction

서문

뉴욕은 세상 사람들이 가장 많이 알고 있는 도시, 또 많은 사람들이 가장 잘 알고 있다고 생각하는 도시다. 세계화의 첨단을 달리는 도시이고 세계의 중심으로 세계 경제의 아침을 여는 곳이며, 세계에서 가장 중요한 신문이 발행되는 도시이자 세계 제일의 금융 시장 월스트리트가 존재하는 곳이다. '고담(Gotham) 시'와 '빅 애플(Big Apple)'이라는 두 개의 상징적 별명으로도 유명한 뉴욕은 정보와 욕망을 구체화할 수 있는 엄청난 힘을 간직한 도시임과 동시에 오페라와 현대미술, 멋진 여성과 훌륭한 음식이 있는 슈퍼 타운이다. 하늘로 치솟은 마천루가 만들어내는 세계에서 가장 독특한 스카이라인과 눈물겹도록 아름다운 야경 역시 오직 뉴욕만이 연중무휴로 제공하는 선물이다. ···· 뉴욕 방문은 엄청난 기쁨과 감격을 동반한다. 가장 사업적인 도시이자 성공한 이들의 도시인 만큼 호기심과 진지함을 가지고 다가서면 많은 것을 배울 수 있다. 명심해야 할 것은 어느 도시를 방문했을 때 보고 느끼며 배우는 정도는 그 도시에 대해서 알고 있는 사전지식의 양에 비례한다는 사실이다. 실제로 어느 도시에 도착해서 차근차근 살펴보면 많은 책들에서 말하는 그 도시에 관한 내용이 매우 정확한 것이었다는 것을 알 수 있다. 그러므로 사전에 책을 통해 도시에 관하여 공부하고 실제로 해당 도시를 방문했을 때 아는 것들을 하나씩 확인하는 작업도 큰 기쁨이 될 수 있다. ····

이 책은 뉴욕 여행의 지식과 경험을 극대화할 수 있는 도움서로서 역할을 할 것이다. 현재 출판되어 판매되고 있는 뉴욕 가이드북은 2,000종류가 넘는다. 하지만 예술가와 디자이너를 위한 가이드북, 감각 있는 여행자를 위한 책은 찾아보기 드물다. 이 책은 뉴욕의 관광 명소를 소개하고자 함이 아니다. 그래서 어쩌면 여행 초보자를 위한 책이 아닐 수도 있다. 디자이너와 예술가들 또는 일반인들이 뉴욕의 진정한 문화와 예술, 디자인을 제대로 찾아서 감상할 수 있는 정보를 제공하도록 기획하였다. 또한 이 책은 지역별보다는 주제별로 분류하였으며 편의를 위해 지도는 지역별로 정리하였다. 이 책은 반드시 멋지고 근사한 장소만을 담지는 않았다. 단지 디자이너나 예술가가 영감을 얻을 수 있는 재미있는 장소, 상점과 마켓, 공원, 싸고 맛있는 집, 유서 깊은 전통을 자랑하는 장소 등을 빠지지 않고 기록하려고 노력했다. 이러한 뉴욕의 문화를 종합적으로 이해해야 뉴욕을 제대로 보는 것이기 때문이다. ···· 이 책에서 소개한 뉴욕 정보는 저자가 직접 방문하고, 또 경험하면서 느낀 것을 주관적으로 기록한 것들이 대부분이다. 하지만 가이드북인 만큼 객관적인 정보나 특정 장소와 관련된 유명 일화 등은 충실하게 기록하려고 노력했다. 기존에 출판된 많은 서적들과 웹 사이트들을 참고한 것도 사실이다. 뉴욕이라는 도시 자체가 입에서 입으로 이야기가 전해지는 곳이고 이러한 정서들이 모여 문화를 이루는 곳인 만큼 다른 의견들을 살펴보는 일은 중요한 과정이었다. 한편, 상점이나 레스토랑을 소개할 때는 해당 공간이나 상품, 음식에 관한 내용뿐 아니라 그곳의 역사, 창립자의 스토리 등도 함께 실었다. 배경 지식이 전체 공간과 상품, 인기 등을 이해하는 데 중요하다고 생각했기 때문이다.

한 권의 책을 쓰는 데는 큰 인내가 요구된다. 나사(NASA)의 공식 예술가 로리 앤더슨(Laurie Anderson)의 말처럼 책에 있는 모든 마침표 속에 작은 시계를 하나씩 넣어서 한 문장을 완성할 때마다 걸린 시간을 전부 계산한다면 그 분량이 엄청날 것이다. 이 책의 완성에도 참으로 길고 오랜 시간이 걸렸다. 유학 시절 이래로 약 15년 동안 거주하기도 하고 방문하기도 하면서 뉴욕이라는 하나의 도시를 디코딩하는 작업을 마칠 수 있었다. 일반적으로 대형 출판사 차원에서 기획하는 이와 같은 방대한 양의 정보를 가진 가이드북을 혼자 힘으로 쓰겠다는 발상 자체가 다소 황당한 것이었다. 많은 시간이 걸렸을 뿐만 아니라 물리적 한계를 느낀 적이 많았다. 하지만 누구보다 뉴욕을 많이 봤고 또 오래 살았던 사람으로서 남들이 찾기 힘든 구석구석의 정보까지도 담을 수 있어서 좋았다.

나의 부모님이 여기서 공부하였고, 나와 내 아내 그리고 동생 또한 여기서 공부하고 현재 살고 있는 뉴욕은 나에게 특별한 도시다. 한성대학교에 재직하던 때 어느 날 하루는 뉴욕이 너무나 보고 싶어 충동적으로 비행기표를 구입, 맨해튼의 호텔에 머물며 3일 동안 센트럴 파크만 거닐었던 적도 있다. 뉴욕에서 아무리 오래 살았어도 언제 어떤 새로운 일이 또다시 일어날지 모른다는 사실은 도시의 창의성과 활력을 대변한다. 맨해튼을 메우는 아파트 한 채 한 채가 모두 연극 무대이며 뉴욕 자체가 연극이라는 말이 있는 것처럼 이 모든 것이 한 편의 장대한 드라마인지도 모른다.

뉴욕은 매력적이고 환상적인 도시다. 하지만 이 매력과 환상은 뉴요커들의 노력으로 만들어진 것이다. 뉴욕에서는 원하는 것이라면 무엇이든지 할 수 있다. 아니 무언가를 이루고 싶다면 그것을 할 수 있는 것은 이곳밖에 없다. 긴장을 늦추지 않고 부지런히 일하면서 생활의 여유와 낭만을 찾는다면 뉴욕은 최고의 보상을 해준다. 그것이 뉴욕의 저력이다. 사실 뉴욕에서 익명으로 살다가 죽을 수도 있다. 그래도 이 도시는 수많은 볼거리를 주고, 모든 것을 가능하게 해준다. 처음 뉴욕을 선택한 것은 나 자신이지만, 결국 어느 순간 뉴욕이 나를 선택한다는 것을 느낄 수 있다. 이 느낌은 한가로운 일요일 오전의 센트럴 파크에서, 점심시간 아주 분주한 파크 애버뉴에서, 또는 그 어느 예상하지 못한 장소에서 순간적으로 경험하게 된다. 바로 그때가 우리가 진정 뉴욕이라는 도시로부터 초대받은 순간이다.

Contents of New York IDEA

Walking

Architecture

Environmental arts/design

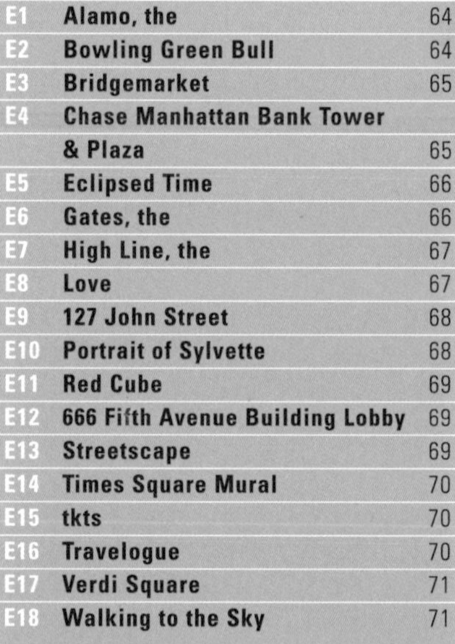

Galleries and museums

Shops

Parks

Libraries and bookstores

Hotels

Restaurants

Cafes

Fashion boutiques

Marketplaces

Walking in new york:

Lucky cars have found a spot, lined up almost on top of each other. Signs ticking off the blocks are on every corner, with the dizzying expressions of building facades orphaning the crowds. Street vendors occupy what they can, some ready to whisk away their goods at the sight of a police car. Completing the landscape - the busy workers, the dogs on leashes, the babies in strollers. This is a New York street, full of stories and memories, people and ghosts. •• Early in the morning owners of delis arrange flowers and fruits in front of their shops. Lovers enjoy Cappuccino on a Sunday afternoon in Greenwich Village. The tension and energy of New York's financial district fills the air during lunch on Wall Street. The original function of these byways is to improve circulation through the city, but by spending time observing the daily activity and the changing scenery, the streets develop unique personalities and become their own living entity. •• The newsstand and the food stand are two important parts of the scenery of the streets. The newsstand is the hub for street literature, where the New York Times, the New Yorker, and the Village Voice can be purchased. At the food stand, hot dogs, pretzels, bagels and coffee are wolfed down by hungry New Yorkers. These stands have a permit from the Health Department and open at 6 a.m. Observing the activities of a food stand one can not help but be impressed by the choreography of taking orders, giving out food, and checking cash. •• Perhaps the most recognizable part of a New York City street is the yellow cab. The diversity of the drivers varies from professional driver to a graduate student at NYU, from construction workers to a doctor from Bangladesh. All of these drivers have stories to tell and love to share with their lucky passengers. Another unique element of the New York street is the messengers and private mailmen zipping around on their bikes in their helmets and motor gear, traveling from building to building. •• New York City is a huge melting pot, and nothing reflects this diversity better than the parades that take place on the New York City Streets. The biggest parade, the St. Patrick's Day parade, dyes the city in green color. The other three giants are the Macy's Parade on Thanksgiving Day, the Gay Pride March every June, and the Halloween Parade, all drastically changing the streets for their brief hours in the limelight.

...give me the streets of manhattan.

...this is a new york street...

W

● 길 한편으로 가지런히 주차된 자동차, 모퉁이마다 서 있는 거리 표지판, 각양각색의 표정을 지닌 건물들 그리고 그 앞의 노점상들이 마치 무대의 세트 같다. 이를 배경으로 바쁘게 움직이는 사람들, 유모차 속의 아기와 주인을 따라 산책 나온 개들이 모두 자신의 역할을 하듯 거리를 활보한다. 뉴욕의 전형적인 거리 풍경이다. 동서를 관통하는 155개의 스트리트(street)와 남북으로 연결된 12개의 애버뉴(avenue), 브로드웨이 등 뉴욕의 다양한 모습을 담은 크고 작은 길거리들은 많은 이야기를 담고 있다.

● 이른 아침 델리의 주인들은 도로가에 과일과 꽃을 정돈하고, 주말의 빌리지 거리는 카푸치노를 즐기는 연인들로 장식된다. 점심시간 월스트리트 지역의 골목에는 숨가쁘게 돌아가는 뉴욕 금융가의 단면이 투영되기도 한다. 거리란 그 본래의 기능이 도시에서 교통과 이동의 흐름을 이어주는 매개이기 때문에 필요한 곳에 도착하도록 하는 하나의 구조물로만 이해되기 쉽다. 하지만 길 주변의 연출, 그곳에서 만들어지는 이벤트와 시간의 흐름에 따라 변화하는 풍경, 오가는 사람들의 움직임을 관찰하는 일은 가치 있는 일이다. 하나의 이름으로 존재하는 길거리에는 많은 이야기가 있기 때문이다.

● 뉴욕의 길거리 풍경을 만드는 몇몇 대표 주자들이 있다. 우선 '스탠드(stand)'라고 불리는 노점상들이다. 스탠드는 크게 뉴스 스탠드와 음식 스탠드로 나뉜다. 뉴스 스탠드는 일반적으로 새벽 6시 30분에 문을 열며, 각종 신문과 잡지를 취급하고 다양한 스낵도 판매한다. 아직까지 가장 많이 팔리는 것은 역시 담배다. 이곳에서 일간지인 『뉴욕 타임스』를 비롯하여 뉴욕의 유명한 잡지인 『뉴욕』, 『뉴요커』, 『페이퍼』, 『빌리지 보이스』, 『타임아웃』 등을 구입할 수 있어 흔히 '거리 문학의 시장'이라고도 불린다.

...early in the morning...

W

● 음식 스탠드는 핫도그, 프레첼, 베이글 및 커피 스탠드가 주요 3대 품목이며, 이외에 꼬치구이 등 다양한 음식을 취급하는 스탠드들도 종종 있다. 이들은 모두 뉴욕시청 보건과의 허가를 받고 있으며 일반적으로 새벽 6시에 영업을 시작한다. 가장 바쁜 출근 시간에 약 20분 이상 이 스탠드를 지켜보는 일은 정말 재미있다. 주문을 받고, 빵과 음료수를 건네주고, 돈을 계산하는 동작 하나하나는 질서 있는 춤동작을 연상시킨다. 그야말로 예술이다.

● 최근 이곳의 가장 큰 경쟁자는 아마 길 건너편의 스타벅스일 것이다. 그곳에선 가장 싼 커피가 이곳보다 다섯 배가 비싸고, 서비스도 그다지 좋지 않으면서 속도는 이곳에 비해 엄청 느리다. 글로벌 기업으로 세계 커피 전문점 시장을 독점하다시피 한 스타벅스의 확산에도 불구하고 아직 많은 사람들이 길거리 스탠드의 커피를 선호하는 것 역시 뉴욕만의 매력이다.

● 뉴욕의 거리 풍경을 구성하는 요소로 낙서(Graffiti)를 빠뜨릴 수 없다. 1970~1980년대에는 낙서가 크게 유행하여 도시 곳곳에서 눈에 띄곤 하였다. 하지만 마침내 1994년 7월에 낙서와의 전쟁이 선포되었고, 화학 전문가들이 낙서 제거 전용 화학물질을 개발, 낙서 퇴치에 성공하였다. 뉴욕시의 꾸준한 노력으로 지금은 많이 사라졌지만 군데군데 남아 있는 낙서는 아직도 뉴욕의 거리 풍경 중 하나로 인식되고 있다.

● 뉴욕시의 성공적인 도시 계획 중 하나는 바로 지하도와 육교가 없다는 것이다. 바둑판 형태의 그리드로 짜여진 도로이기 때문에 길모퉁이마다 설치된 횡단보도는 시민의 통행을 쉽고 빠르게 해결한다. 어느 다른 도시와 마찬가지로 각종 교통수단은 길거리 풍경의 감초다. 그 중 뉴욕에서 빠질 수 없는 것이 바로 택시다. 뉴욕에 미터기가 달린 택시가 최초로 등장한 것은 1907년으로 1905년에 탄생한 지하철과 마찬가지로 100년의 역사를 자랑한다. 1970년대부터 노란색으로 채색되어 '옐로 캡(Yellow Cab)'이라는 별명을 얻게 된 택시는 이미 뉴욕의 상징이 된 지 오래다. 현재 뉴욕에는 약 1만 2,000대의 옐로 캡이 운영되고 있으며, 그 이외에 사설 택시 5만 대가 같이 운영되고 있다. 그 수가 워낙 많고

W

색채가 눈에 띄어 평일 시내 중심 도로는 옐로 캡에 거의 점령당한 듯하다. 뉴욕의 택시는 이야깃거리가 많다. 우선 택시 기사들의 다양함이 다른 도시와 사뭇 다르다. 택시 운전을 전문으로 하는 기사는 물론이고, 뉴욕대학의 대학원생부터 방글라데시에서 온 의사, 건설노동자에 이르기까지 다양한 사람들이 뉴욕의 택시를 운전한다. 이들이 이야기하는 뉴욕의 택시 운전 인생 또한 재미있다. 대낮의 손님들은 보통 바쁘고 대부분 볼 일이 있는 반면 밤에 승차하는 손님은 여유롭고 흥겹거나 때로는 아주 위험하다고 한다. 통계적으로 가장 양반인 고객은 밤 10시에서 12시 사이에 승차하는 사람들이란다. 이들은 대부분 좋은 공연을 보거나, 또는 저녁 초대 후 귀가하는 길이라 가장 기분이 좋은 상태이기 때문이다. 재미있는 표현으로 '자정이 넘어서 어떤 손님이 탈지는 하나님만이 안다'는 말이 있다. 뉴욕에서 옐로 캡과 함께 거리의 풍경을 만드는 또 한 가지는 바로 메신저라 불리는 우편배달원들로 한국 퀵서비스의 원조 격이다. 맨해튼의 특성상 우체국을 통한 우편보다 이들을 이용한 서류 및 소포 전달이 훨씬 효율적이고 신속하기 때문에 일찌감치 활성화되었다. 헬멧과 운동복을 착용한 채 자전거를 타고 건물과 건물을 옮겨 다니면서 우편물을 배달하는 메신저들은 뉴욕에서만 만날 수 있는 또 다른 거리 풍경이다.

● 뉴욕에 존재하는 또 하나의 길거리는 바로 지하의 거리다. 그리고 지하의 거리를 대표하는 것은 역시 지하철이다. 뉴욕의 대중교통 시스템은 사실 1870년대에 건설된 전철 'El(Elevated)'로부터 그 역사가 시작되었다. 하지만 El은 오염과 교통의 혼잡을 가져와 그 이후 모두 철거하고 지하철로 바꾸게 되었다. 시카고가 아직도 El을 고집하고 있는 것과는 큰 차이가 있다. 722마일(약 1,161킬로미터)에 이르는 전 노선에는 468개의 역이 설치되어 있고 약 6,000대의 열차가 운행을 하고 있다. 뉴욕 지하철은 악취와 쥐로 악명이 높지만 가끔씩은 수준 높은 공연을 무료로 감상하는 기쁨도 있다. 뉴욕 제일의 한국인 타운 플러싱(Flushing)이 종점인 7번 열차는 '오리엔탈 익스프레스'라는 별명을 가지고 있는데, 그만큼 다양한 국적의 외국인이 뒤섞여 있는 것으로 유명하다.

...new york city is a huge melting pot...

● 길거리 농구 또한 뉴욕의 대표적인 풍경 중 하나다. 지금은 전 세계적으로 확산된 스포츠 종목이지만 그 발단은 뉴욕이다. 제한된 땅으로 인해 야구나 축구와 같은 운동을 하기가 쉽지 않은 여건에서 건물 모퉁이 자리를 이용한 길거리 농구가 크게 발달하였다. 그 대표적인 장소인 빌리지의 West 4th Street Court는 너무도 유명해서 나이키 광고에도 등장했을 정도다. 주말이면 이곳에는 늘 박진감 넘치는 경기가 벌어지며 선수들의 역량은 준 프로급이다.

● 마지막으로 길거리 풍경 구성의 하이라이트인 퍼레이드를 빼놓을 수 없다. 다양한 민족이 모여 사는 도시인 만큼 다양한 문화를 반영하는 퍼레이드 또한 활성화되어 있다. 그중 가장 유명한 것은 3월 17일 아일랜드인들의 세인트 패트릭스 데이(St. Patrick's Day) 퍼레이드로 온 도시가 녹색으로 물드는 광경을 목격할 수 있다. 가장 재미있고 볼 만한 3대 퍼레이드는 1920년대부터 시작한 것으로 너무나도 유명한 11월 추수감사절의 메이시(Macy's) 퍼레이드와 매년 6월에 열리는 게이 마치(Gay & Lesbian Pride March) 그리고 10월의 핼러윈(Halloween) 퍼레이드다.

Block Beautiful, the
19th St. Third Avenue to Irving Place

W1 • **블록 뷰티풀** 주로 1920년대에 지어진 낮은 타운 하우스들이 연결된 풍경이 아름다워 붙여진 이름이다. 특별히 유명한 집은 없지만 전체의 조화가 빼어나다. 가까이서 한 집 한 집 유심히 살펴보면 회벽으로 마감된 입면에 색채 타일 장식, 우아한 철제 난간 등의 세심한 디테일이 눈에 들어온다. 과거 꽤 유명했던 배우들이 살았던 지역이며, 미국 최초의 인테리어 디자이너라는 엘시 드 울프(Elsie de Wolfe)가 살던 집도 근처에 보존되어 있다.

Broadway

W2 • **브로드웨이** 세계에서 가장 유명한 길 중 하나로, 맨해튼을 수직으로 연결한다. 원래 인디언들이 개척하여 다니던 길이라고 한다. 뉴욕의 근대화 이후 바둑판 그리드에 의한 도시의 구성에도 불구하고 현재까지도 강하게 남아 있는 뉴욕 제일의 거리다. 일반적으로 잘 알려진 유명한 브로드웨이는 1904년에 세워진 타임스 스퀘어 타워가 있는 42번가 지역이 중심인 극장가 일대로 그 개념이 한정된다. 하지만 실제로 맨해튼의 남북을 가로지르며 구성된 브로드웨이는 그보다 훨씬 다채로운 모습이다. 남쪽 다운타운에는 예술가의 거리 소호와 그리니치빌리지로 연결되어 갤러리, 서점, 상점, 유명 레스토랑 및 카페들이 즐비하다. 중심가인 42번가 주변으로는 그 유명한 뮤지컬이 365일 공연되는 극장가가 밤을 밝히고 있다. 또한 브로드웨이 북쪽으로는 아이비리그의 명문인 컬럼비아대학이 자리하고 있다.

Diamond Street
47th St. Fifth to Sixth Aves.

W3 • **다이아몬드 스트리트** 미국 전체 다이아몬드의 90%가 거래되는 지역으로, 약 2,600개의 다이아몬드 상점이 한 길에 모여 있다. 이곳에서 하루에 거래되는 다이아몬드 물량만 약 4억 달러(한화 약 4천억 원)어치에 해당한다. 미국 다이아몬드 거래의 대부분은 유대인들이 독점을 하고 있는데, 이는 과거 피신을 다니면서 값지고 휴대하기 편한 물건들을 취급하기 시작한 전통에서 비롯되었다고 한다.

Fifth Avenue
44th to 59th Sts.

W4 • **5번가** 관광과 쇼핑의 명소로 알려진 5번가는 원래 귀족들의 고급 맨션들이 지어졌던 길이다. 현재 남아 있는 건물 중 하나가 카르티에 상점이 위치한 건물로, 원래 피에르 카르티에(Pierre Cartier)가 은행가로부터 진주 목걸이를 주고 구입한 맨션이다. 그 이후 티파니와 버그도르프 굿맨 등이 입주하면서 명실 공히 세계 제일의 고급 쇼핑 거리로 자리를 잡게 되었다.

55th Street

55th St. East River to Hudson River

W5 • **55가** 토박이 뉴요커가 아니면 잘 모르는 길 중 하나다. 누가 언제 이 길을 개발했는지는 아무도 모르지만, 현재 이곳에는 아홉 개의 이탈리언 레스토랑, 여섯 개의 일식집, 다섯 개의 중국 음식점, 네 개의 프렌치 레스토랑, 두 개의 아이리시 레스토랑 등 약 45개의 음식점이 성업 중이며, 단일 스트리트로는 가장 많은 레스토랑 수를 보유하고 있다. 재미있는 점은 이 중 체인화된 곳은 오봉팽(Au Bon Pain) 단 한 곳뿐이고 나머지는 모두 뉴욕에만 있는 레스토랑이라는 사실이다. 유명 프렌치 레스토랑 라 코트 바스크(La Cote Basque)를 비롯하여, 아담 티하니(Adam Tihany) 디자인의 오스테리아 델 서코(Osteria del Circo)와 션리 팰리스(Shun Lee Palace), 뉴욕 최고의 일식집 수기야마(Sugiyama) 등이 모두 이곳에 모여 있다. 그 외에도 TV 프로그램 「사인필드」에서 유명해진 수프 전문점 알스(Al's Soup Kitchen International) 등이 있고, 현재는 문을 닫았지만 뉴욕 최고의 별 다섯 등급의 식당 중 하나였던 레스피나세(Lespinasse) 역시 이 거리에 있었다.

W

Flower District
27th St., Sixth to Seventh Aves.

W6 • **플라워 디스트릭트** 뉴욕은 꽃이 굉장히 많은 도시다. 공원은 물론이고 길거리 곳곳에 위치한 델리, 아파트의 난간마다 꽃이 진열되어 있다. 이 많은 꽃들의 대부분은 플라워 디스트릭트에서 공급된다. 이곳에서는 생화는 물론 조화, 묘목 그리고 장식용품까지 곁들여 전시, 판매를 하고 있다. 양 옆이 꽃으로 가득 찬 길의 한가운데를 거닐면 마치 밀림 속에서 쇼핑하는 것과 같은 느낌이 든다. 특히 이른 아침 안개가 걷히고 햇살이 비추기 시작할 때 총천연색으로 빛을 발하는 꽃은 너무나도 아름답다.

Madison Avenue
60th to 75th Sts.

W7 • **매디슨 애버뉴** 고급 상점들과 호화 아파트들이 혼합된 지역으로 조르지오 아르마니, 장 폴 고티에, 입생 로랑 등의 패션 부티크, 칼라일(Carlyle), 다니엘(Daniel's)과 같은 고급 호텔 및 레스토랑 그리고 세계적 명품을 취급하는 수많은 상점들이 집중되어 있다. 이 지역에는 어느 상점 하나도 예사로운 물건을 취급하는 곳은 없으며, '과시하는 지역(Province of Let's Pretend)'이라는 별명을 갖고 있다.

Meat Packing District
14th St. Ninth to Tenth Aves.

W8 • **미트 패킹 디스트릭트** 19세기에는 약 200여 개의 도축장과 육류 도매상점들이 모여 있었던 지역이다. 현재는 대부분 브롱스 지역으로 이주했지만 그래도 새벽에 방문해보면 육류 도매 풍경을 감상할 수 있다. 현재는 가장 첨단의 패션 부티크와 레스토랑들이 입주한 지역으로 「섹스 앤드 더 시티」와 같은 TV 프로그램과 영화에 자주 등장하는 거리가 되었다. 특히 그 중심거리인 14가는 양쪽으로 고급 부티크들과 디자인 숍들이 늘어서 있다. 특히 이 거리에서는 진한 검은색으로 창을 코팅한 리무진들이 도착하여 유명 배우와 모델들이 쇼핑을 하는 것을 종종 목격할 수 있다. 이 지역의 바에는 멋쟁이 젊은 남녀들이 모여들어 밤늦게까지 성황을 이룬다.

Millionaire's Mile

•Fifth Avenue & Central Park West, 59th to 96th Sts.

W9 • **백만장자의 마일** 센트럴 파크의 동쪽 5번가와 서쪽 센트럴 파크 웨스트(Central Park West)를 면한 아파트 군으로 동서 측에 각각 약 40여 채의 건물이 서 있다. 이 지역은 뉴욕에서 가장 집값이 비싼 곳으로 과거 재클린 케네디를 비롯한 뉴욕 상류층의 명문 가문의 인사들, 피터 제닝스 등의 방송인, 우디 앨런 등의 영화감독 같은 유명인들이 거주하고 있다.

Restaurant Row

•46th St., Eighth to Ninth Aves.

W10 • **레스토랑 로** 30여 개의 레스토랑이 밀집되어 있어 '레스토랑 길(Restaurant Row)'라는 별명을 얻게 된 곳이다. 브로드웨이와 가까운 지리적 특성으로 이 길에 면한 레스토랑 대부분은 공연 직전의 식사(Pre-Theatre Dinner)를 전문화한 것으로 유명하다. 그 중 1906년 문을 열어 뉴욕에서 가장 오래된 이탤리언 레스토랑 바베타(Barbetta)는 내부의 정원이 매우 로맨틱하다. 그 외에도 인기 있는 러시아 레스토랑 파이어버드(Firebird), 칠레 음식 전문점 포메이어(Pomaire), 프랑스 음식점 르 보졸레(Le Beaujolais), 다양한 맥주가 구비되어 있는 조슈아 트리(Joshua Tree) 등이 있다.

St. Mark's Place

•8th St., Second to Third Aves.

W11 • **세인트 마크스 플레이스** 원래 1950년대에는 폴란드인과 이탈리아인, 유대인들이 주로 거주하던 지역으로 시작되었는데, 1960년대부터 예술가, 작가, 음악가 등이 선호하는 거리로 부상하였다. 1970년대 초반까지 극장 등에서 예술 영화 상영, 인근 톰킨스 스퀘어 파크 등에서 음악회가 열리는 등 언더그라운드 예술의 현장이기도 하였다. 현재는 일본 타운과 연결되어 만화 전문 서점, 포스터 갤러리, 완구점 등의 재미있는 상점들을 포함하고 있다. 거리 양편으로 1970년대 히피문화를 동경하는 젊은이들이 요란한 몸치장을 하고 계단에 앉아 있지만 사실 이들은 미국의 히피도 한국의 386 같은 세대도 아닌 '지나가는 방황과 허구'로 비추어질 뿐이다.

Architecture in new york:

One of the first explanations in a guidebook for travel in America is the mandate: "If you want to see what nature made, go to the West. If you prefer to see what man has made, go to the East." The "East" in this sentence means New York City. The skyline across Manhattan that lies between the Hudson and East Rivers speaks for itself - a breathtaking landscape created by man. You may not find a romantic or elegant atmosphere like in old European cities, but this forest of skyscrapers speaks of economy and wealth, reputation and international standards, like no other city in the world, and becomes the symbol of Manhattan. Also like no other city in the world, Manhattan boasts the single best condition on which to build skyscrapers. The Manhattan's industrial beauty exists in the skyscrapers' arrangement on the tight grid creating interesting 3-D compositions from any angle or orientation. •• A well-organized grid system composes the structure and layout of New York City. The grid system was initially established to effectively support harbor activities and the moving of goods through the city. Now the rigid grid is one of the most unique characteristics of New York City. It is not an exaggeration to say that the shape of the city has been carved out by economic and geographic conditions. The power of artificial beauty is made evident in the 3-dimensional quality of skyscrapers lined up on the grid. The isolated environment of the island naturally boosted the high price of the land; the buildings are narrow and tall to capitalize on the limited size and incredible value of every square foot, and thus New York has earned the titles "The Vertical City". •• Common knowledge among architects requires skyscrapers, "the ultimate symbol of pride and arrogance", to have a well-designed top and first floors. The top creates the skyline of the city, while the bottom communicates with the people and the street. Despite the density of the structures, the street and buildings communicate and function well with the millions of people traversing the city on foot or cab. The rational beauty of a skyscraper, the geometric silhouette, and the sheer scale are often beyond human's realm of control and imagination. •• New York is itself a great architecture museum, in regards to the variety of architectural styles and the collection of world-famous works. If you walk or take a bus-ride long enough, you will begin to recognize all of the different styles within the city. Cast-iron buildings in SoHo, brownstone buildings in Greenwich Village and the Upper West Side, elegant Beaux-Arts buildings scattered here and there, early twentieth century decorative skyscrapers, international buildings symbolizing the purity of modernism, and the contemporary buildings in Times Square that combine digital technology with advanced building materials represent the major styles of architecture to be found. Although its history is short in comparison to other cities, architecture for the last two centuries culminates here. The number of world-famous architects who have contributed buildings to the city, include Mies Van der Rohe (whose Seagram Building is the most beautiful and elegantly proportioned building in Manhattan), Eero Saarinen, Frank Lloyd Wright, Louis Sullivan, Marcel Breuer, and I. M. Pei, all on display in this great museum of architecture.

...vertical music.
SPEED LIMIT 30

...a great architectural museum...

A

● "자연이 만든 것을 보려면 서부로 가고, 인간이 만든 것을 보려면 동부로 가라." 미국 여행 가이드북의 첫 줄을 장식하는 유명한 문구다. 이 문장에서 동부는 역시 뉴욕이다. 허드슨 강과 이스트 강을 사이에 두고 위치한 맨해튼의 스카이라인은 숨이 막힐 듯한 감동으로 다가온다. 전 세계 어디에서도 보기 힘든 장관이다. 오래 전통의 유럽 도시에서와 같은 낭만과 운치는 찾아보기 힘들지만 근대 이후 급속한 경제 발전을 기반으로 형성된 마천루 숲은 경제적 부와 명성을 대변하는 오늘날 뉴욕의 상징이다. 섬 전체가 암반이어서 고층건물을 짓기에 최적의 장소인 곳이 바로 맨해튼이다.

● 주변의 항구 기능까지 고려하여 물류 목적에 가장 적합한 그리드 시스템으로 도로를 계획한 점은 오늘날까지 뉴욕 도시 계획의 가장 큰 특징으로 남아 있다. 빈틈없이 계획된 그리드에 맞추어 연속적으로 배열된 고층 건물 군, 주변 어느 방향과 각도에서 바라보아도 아름다운 삼차원 구성은 인공미의 극치를 자랑한다. 뉴욕 건축은 지형학적 조건과 경제적 조건에 의해 그 형태가 결정되었다고 해도 과언이 아니다. 섬이라는 고립된 환경은 당연히 땅값 상승을 유도했고, 제한된 땅에서 경제성과 투자 가치를 최대화하기 위해서 건물은 좁고 높이 올라갈 수밖에 없었다. '마천루는 꼭대기와 1층이 좋아야 한다'는 표현이 있다. 꼭대기는 도시 전체의 경관을 만들어내는 스카이라인 형성에 있어서 중요한 부분이며, 1층은 도시인들의 소통 공간으로서 중요한 의미를 지니기 때문이다. 건물들이 숨 막힐 듯 이어지고 있지만 실제로 뉴욕의 길거리와 공공공간, 그리고 건축물들이 사람들과 함께 이야기를 나누는 이유다.

● 뉴욕은 또한 거대한 '건축 박물관'이다. 다양한 건축적 양식에서 그렇고, 또 유명한 건축가들의 작품이 군집한 이유에서 그렇다. 소호의 캐스트아이언(Cast-iron) 빌딩, 그리니치빌리지와 어퍼 웨스트사이드

...the ultimate symbol of pride and arrogance...
THE LIBRARY OF COLUMBIA UNIVERSITY
WRIGLEY'S
GET ON THE
CLEAR CHANNEL
JVC
CARS AS CRIBS
JVC JVC
www.jvc.com
TIMES SQUARE
10:30 AM
ORA
US ARMED FORC

A

의 브라운스톤(Brown Stone) 타운하우스, 우아한 보자르(Beaux-Arts) 양식의 기념비들, 플랫 아이언(Flatiron)이나 울워스(Woolworth) 빌딩과 같은 20세기 초반의 장식적 마천루, 근대 모더니즘의 결벽성을 상징하는 국제주의 양식의 빌딩들, 그리고 현대의 디지털 테크놀로지가 결합한 타임스 스퀘어의 빌딩들은 그 다양한 양식의 대표주자들이다.

● 브라운스톤은 인접 뉴저지나 코네티컷 주의 강가에서 생산되는 사암을 축조해서 만드는 방식으로 19세기 중반 유행했었다. 캐스트아이언은 돌이나 벽돌보다 훨씬 값이 저렴했고, 대량생산이 가능한 장점으로 인하여 또 하나의 경제적인 건축 시공방법으로 채택되었다. 이 두 개의 다른 건축 재료와 구조는 오늘날 뉴욕 건축 표정을 상징하는 특징이다. 이와 더불어 뉴욕의 건축을 특징 짓는 양식으로 프랑스에서 건너온 보자르 양식과 아르 데코(Art Deco) 양식을 손꼽을 수 있다. 19세기 말에서 20세기 초반까지 유행했던 보자르는 건축의 화려한 장식성에다 엄청난 노동력이 요구되는 까닭에 주로 대형 공공건물이나 귀족적 건물을 짓는 데 응용되었다. 현재 박물관으로 변모한 과거의 대형 맨션들이나 대학 건물 등에서 그 건축적 우아함을 살펴볼 수 있다. 아르 데코는 1925년 프랑스의 「장식박람회(L'Exposition Internationale des Arts Decoratifs et Industriels Modernes)」에서 유래된 용어로 미국으로 건너와 크게 유행하였으며, 경제성과 제한된 장식성 덕분에 고층 건물의 시공에 적합한 양식으로 받아들여졌다.

● 이와 같이 역사는 짧지만 실로 지난 몇 세기의 양식들이 맨해튼이라는 섬에 압축, 전시되고 있는 셈이다. 뉴욕의 근 · 현대 건축물들의 구성에는 또한 여러 유명 건축가들이 많은 기여를 하였다. 맨해튼에서 가장 아름다운 비례를 자랑하는 미스 반 데어 로에(Mies van der Rohe)의 시그램(Seagram) 빌딩을 비롯하여 월터 그로피우스(Walter Gropius), 에로 사리넨(Eero Saarinen), 프랭크 로이드 라이트(Frank Lloyd Wright), 루이 설리번(Louis Sullivan), 마르셀 브로이어(Marcel Breuer) 그리고 아이 엠 페이(I. M. Pei), 시저 펠리(Cesar Pelli)와 같은 국제적 건축가들의 작품은 이 도시를 상징하는 아이콘과 같은 역할을 하고 있다.

Bayard Building (former Condict Building)

65 Bleecker St. (bet. Broadway & Lafayette St.) / **Design.** Louis Sullivan, 1898

A1 • **베이야드 빌딩** 맨해튼에 유일한 루이 설리번의 건물로 완성되었을 당시로서는 매우 획기적인 현대식 마천루로 기록되었다. 분절된 외관, 노출된 기둥과 벽면 장식 등에서 설리번 특유의 손길을 느낄 수 있다. 협소한 블리커 거리(Bleecker Street)의 위치상 건물의 아름다움은 다소 격감되는 느낌이다.

Brooklyn Bridge

City Hall Park, Manhattan to Camden Plaza, Brooklyn / **Design.** J. & W. Roebling, 1869-83

A2 • **브루클린 브리지** 설계자 로블링(J. Roebling)은 착공 후 세상을 떠나고, 그의 아들(W. Roebling)이 대를 이어서 1883년 완성시킨 뉴욕의 명물이다. 완공 당시 세계 8대 불가사의로 불렸던 만큼 구조적인 혁신과 엔지니어링의 승리가 압권이다. 고딕 양식의 첨두아치로 이뤄진 개구부와 노출된 케이블, 육중한 석조의 구조가 조화되는 모습은 명실 공히 '현수교의 제왕'다운 위용을 과시하고 있다. '방금 지어진 조지 워싱턴 브리지(George Washington Bridge)는 웃고 있는 젊은 운동선수와 같은 반면, 매우 오래된 브루클린 브리지는 마치 검사(劍士)와 같이 강하며 단단하다. 두 개의 육중한 고딕 타워는 보자르 양식이기 때문이 아니라 미국의 것이기 때문에 아름답다.' 르 코르뷔지에(Le Corbusier)가 1947년 『고딕 성당이 희게 빛날 때』라는 저서에서 이 다리를 표현한 유명한 구절이다. 브루클린 브리지를 건너며 감상하는 맨해튼, 특히 새벽에 불이 밝혀진 풀톤 수산시장(Fulton Fish Market)을 내려다보는 풍경은 너무나 아름답다. 멕 라이언(Meg Ryan) 주연의 영화 「케이트와 레오폴드(Kate & Leopold)」에서는 가상이지만 다리 완공식의 풍경을 지켜볼 수 있다.

Chrysler Building

405 Lexington Ave. (bet. 42nd & 43th Sts.) / **Design.** William Van Alen, 1928~30

A3 • **크라이슬러 빌딩** 77층의 높이로 엠파이어 스테이트 빌딩과 함께 뉴욕 스카이라인의 꼭대기를 이루는 건물이다. 아르 데코 마천루의 대표작으로 다른 건물에서 찾아보기 어려운 생동감과 유머가 풍부하게 표현되어 있는 점 역시 특징이다. 외관의 많은 부분이 스테인리스 스틸로 장식되어 있으며, 바퀴 캡, 라디에이터 그릴, 건물 코너의 괴물상 등 크라이슬러 자동차와 관련된 다양한 장식 디테일들이 재미있게 적용되어 만화, 포스터, 잡지 표지 등의 소재로 자주 등장한다. 형광등으로 조명을 받는 왕관 모양의 건물 꼭대기와 함께, 상감된 나무와 크롬, 아프리카산 대리석을 사용한 로비와 엘리베이터 홀은 아르 데코 디자인의 수준 높은 예로 자주 소개되고 있다.

Empire State Building

350 Fifth Ave. (bet. 33rd & 34th Sts.) / **Design.** Shreve, Lamb & Harmon, 1929~31

A4 • **엠파이어 스테이트 빌딩** 뉴욕의 번영과 열정을 상징하는 마천루로 「정사」, 「킹콩」, 「시애틀의 잠 못 이루는 밤」 등 수많은 영화의 배경이 되었고, 현재에도 매일같이 관광객들의 발걸음이 끊이지 않는 명소다. 세계대전이 한참이던 1920년대 말, 세계에서 가장 높은 빌딩이라는 목표로 하루 24시간의 작업으로 8개월 만에 완성되었다. 원래 이 건물은 부동산 투자의 목적으로 건설했으나, 완공 초창기 불황으로 임대가 되지 않아 '비어 있는 빌딩(Empty State Building)'이라는 별명을 얻은 적도 있다. 아르 데코 양식으로, 당시로서는 드물게 억제된 장식과 알루미늄, 니켈이 부착된 회색의 인디애나 석회석은 은은한 세련미를 풍긴다. 밸런타인 데이, 핼러윈, 크리스마스 등 계절마다 변화되는 꼭대기의 조명이 유명하지만, 철새들의 이동 시즌에는 철새 보호를 위해서 불을 켜지 않는다. 381미터의 높이, 102층에 마련된 전망대는 하루 평균 3,800명이 방문하는 곳으로 이곳에서 맨해튼을 바라보면 과연 지구상에 단 하나밖에 없는 도시라는 의미를 실감할 수 있다.

Flatiron Building

175 Fifth Ave. (at 23rd St.) / **Design.** Daniel Burnham, 1903

A5 • **플랫아이언 빌딩** 뉴욕 최초의 미천루이자 옛 뉴욕의 고풍스러움을 대변하는 우아함으로 뉴욕 건축 제일의 상징적 위치를 차지하고 있다. 시카고 출신의 건축가 다니엘 번햄(Daniel Burnham)의 작품인데, 건축 초기에는 풀러 빌딩(Fuller Building)으로 명명되었으나 다리미와 같은 모양 때문에 플래아이어(Flatiron)이라는 별명이 유명해지면서 현재의 이름이 되어버렸다. 삼각형 대지에 세련되게 각진 코너로 구축되었으며, 브로드웨이의 축과 투시도를 강조, 보는 각도에 따라 건물의 외관이 변모한다. 기단, 몸통, 주두의 고전적 삼분법에 의한 구성과 르네상스풍의 장식에 거친 질감의 석회석 외형은 매우 중후하고 아름답다. 건물 전체의 정교한 장식 디테일은 21층의 높이를 지상에서 하늘까지 연결하고 있다.

Grand Central Building

42nd St. (at Park Ave.) / **Design.** Warren & Wetmore, Reed & Stem, 1913

A6 • **그랜드 센트럴 빌딩** 하루 7만 명, 1년에 2,000만 명이 이용하는 미국에서 가장 분주한 기차 터미널이다. 보자르 양식의 고전적 평면을 기초로 완성되었으며, 남쪽 정면은 세 개의 아치로 이루어진 창과 육중한 기둥에 대형 시계 및 미국의 상징인 독수리가 조각되어 있다. 내부는 대리석으로 화려하게 마감되어 있으며, 천장에는 밤하늘의 별자리를 상징하는 2,500여 개의 별들이 새겨져 있어 그 아름다움이 극에 다른다. 내부에 설치된 시계탑은 티파니의 스테인드글라스로 만들어졌으며 세계에서 가장 비싼 시계탑이자 유명한 약속 장소이기도 하다. 아래쪽 레벨에는 뉴욕의 유명한 레스토랑인 오이스터 바(Oyster Bar)가 있고, 그 바로 곁에 과거 뉴욕의 연인들이 사랑을 고백하는 장소로 썼다는 비밀의 속삭이는 벽이 있다. 1968년 이 건물을 허물고 55층짜리 새로운 터미널을 구축하려는 계획으로 그랜드 센트럴은 존폐의 위기를 맞이하였으나 재클린 케네디의 캠페인으로 보존할 수 있었다. 1998년 10월 마이애미 대학교 건축학과 졸업생인 덕 매킨(Doug McKean)의 주도 하에 보수를 마치고 새 단장을 했다.

Jacob Javits Convention Center

655 W. 34th St. (bet. Eleventh & Twelfth Aves.) / **Design.** Ioh Ming Pei, 1968

A7 • **제이콥 자비츠 컨벤션 센터** 뉴욕 출신의 상원위원인 자비츠(Jacob Javits)의 이름을 따 명명한 종합 컨벤션 센터로 맨해튼의 다섯 블록에 해당하는 16만 6,000제곱미터의 방대한 대지를 차지하고 있다. 햇빛에 반사되는 다각의 검은 반사유리로 싸인 외관은 마치 이 시대의 수정궁(Crystal Palace)과 같다. 한낮의 검은 투명석의 이미지와 밤에 내부의 불빛으로 연출되는 재료의 투명성은 기하학적 결정체로서 큰 대조를 이룬다. 하루 입장객만 평균 8만 7,000명에 이르는 이곳에서는 「국제 가구박람회(ICFF, International Contemporary Furniture Fair)」, 「국제 조명쇼(International Lighting Show)」, 「니오콘(New York Neo Con)」을 비롯하여 「호텔 레스토랑쇼(IHMRS, International Hotel, Motel, Restaurant Show)」, 「모터쇼(Motor Show)」, 「북 엑스포(Book Expo)」, 「문방 제품쇼(National Stationery Show)」 등 다양하고 재미있는 전시 행사가 1년 내내 연속적으로 개최된다.

Kaufman Conference Room

809 United Nations Plaza, (bet. 45th & 46st Sts.) / **Design.** Alvar Aalto, 1964

A8 • 카우프만 컨퍼런스 룸 '빌딩의 숲'이라는 맨해튼의 한 가운데 숨어 있는 건물로 핀란드 건축가 알바 알토의 주옥 같은 작품이다. 이 건물은 1964년 UN부속 국제교육본부로 지어졌는데 꼭대기 층 회의실을 알토에게 맡기자는 카우프만 주니어(Edgar Kaufmann Jr.)의 주장이 받아들여짐으로써 완성될 수 있었다. 알토는 이 회의실에 필요한 모든 부품과 집기를 핀란드에서 제작, 배로 운송하여 현장에서는 조립만 하는 방식으로 공사를 마쳤다. 자연 재료인 자작나무에 악센트를 부여한 아라비아산 진한 청색 타일의 대비가 매우 훌륭하며 '숲'이라고 표현한 장식 벽에 따사한 햇볕이 유입되는 전경과 실내의 가구 등은 알토 디자인의 인간적인 분위기를 잘 보여준다.

Lever House

390 Park Ave. (bet. 53rd & 54th Sts.) / **Design.** Skidmore, Owings & Merrill, 1950~52

A9 • 리버 하우스 세계 최대의 비누 · 세제회사인 리버 브라더스(Lever Brothers) 사의 뉴욕 사옥이다. 국제주의 양식을 대표하는 깨끗한 이미지는 건물주가 비누와 세제를 생산하는 회사이기 때문에 특별히 강조되었다고 한다. 초록색의 온화한 보호유리와 미세하고 녹슬지 않은 철골로 구성된 정면은 마치 프리즘으로 분해되는 듯 다채로운 색채와 수시로 변화하는 주변 풍경을 반사하고 있다. 지상 층 중앙에 시민을 위한 정원이 마련되어 있고 이사무 노구치(Isamu Noguchi)의 조각이 전시되어 있다. 내부 인테리어는 당대 최고의 산업 디자이너 레이몬드 로위(Raymond Loewy)가 담당했던 것으로도 유명하다.

MetLife Building
(former Pan American Building)

200 Park Ave. (at 44th St.) / **Design.** Walter Gropius, 1963

A10 • **메트라이프 빌딩** 월터 그로피우스의 대표작으로 그랜드 센트럴 배면에 첨가된 이 건물은 신축 당시엔 세계에서 가장 큰 상업 건물로 기록되었다. 박스형의 네 모서리를 잘라낸 프리즘형의 타워로 고층건물의 위압적 분위기를 한층 부드럽게 만들어주고 있으며, 파크 애버뉴의 한가운데 우뚝 서서 장대한 풍경을 이루고 있다. 수십 년간 건물 꼭대기에 설치된 'PAN AM'이란 글씨에 익숙한 뉴요커들에게 팬암 사의 도산으로 건물의 간판이 'Met Life'로 바뀐 것은 아련한 애수를 자아내게 한다. 「프렌치 커넥션」, 「여인의 향기」 등의 영화에서 배경이 되기도 했다.

New York State Pavilion

Flushing Meadows–Corona Park / **Design.** Philip Johnson & Richard Foster, 1964

A11 • **뉴욕 스테이트 파빌리온** 1965년 뉴욕에서 개최되었던 「세계박람회」를 위한 파빌리온으로 건축 당시에는 신기술을 응용한 보기 드문 형태로 인정을 받았다. 특히 콘크리트의 원형과 철제 구조물의 세밀한 부분이 대비되어 표현된 구조미가 일품이다. 원래의 천장은 철 케이블과 색채가 도입된 투명 플라스틱으로 덮여 있어 박람회의 기능을 수용할 수 있었다. 현재는 사용되지 않아 비어 있는 상태로 해마다 이 공원에서 열리는 US 오픈 테니스대회를 묵묵히 지켜보고 있다. 스티븐 스필버그 감독의 「맨 인 블랙」에서 외계인의 비행접시가 착륙하는 장소로 사용되기도 하였다.

Rockefeller Center

5th Ave. to 6th Ave. (48th St. to 51st St.) / **Design.** Reinhard & Hofmeister, Corbett, Harrison & Macmurray, Hood & Fouilhoux, 1940

A12 • **록펠러 센터** 뉴욕의 상징이자 자존심으로 열아홉 개의 건물이 모여 있는 '도시 속의 도시'다. 록펠러센터에서 가장 유명한 곳은 뭐니 뭐니 해도 역시 채널 가든(Chanel Garden)이다. 5번가로부터 아이스 링크로 향하는 길은 중앙에 화단을 두고 좌우에 백색의 천사가 조명을 받으며 장식되는 크리스마스의 풍경으로 특히 유명하다. 이곳의 크리스마스트리는 해마다 미국 전역에서 가장 멋지게 살 사란 진 나무를 심사를 통해서 선택하여 11월 말경 장식되는데, 그 광경이 생방송으로 중계되어 연말연시의 분위기를 돋워준다. 특히 한밤중에 환한 조명 사이로 내리는 눈과 크리스마스 장식으로 둘러싸인 아이스 링크에서 음악에 맞추어 얼음을 지치면 마치 동화 속 어딘가에 들어온 듯한 황홀한 느낌마저 든다. 가장 중심이 되는 건물은 아이스 링크 정면에 위치한 70층 높이의 RCA 빌딩으로 날렵한 형태와 인디애나 석회석의 우아한 색상, 비례가 매우 아름답다. 건물 로비에는 호세 마리아 서트(Jose Maria Sert)의 유명한 벽화인 〈아메리칸 프로그레스(American Progress)〉가 그려져 있다. 꼭대기 층의 레스토랑 레인보 룸(Rainbow Room)은 영화 「사랑과 추억」의 마지막 장면에서 닉 놀테가 바브라 스트라이샌드와 춤을 추던 장소로 아름답게 소개된 바 있다. 21세기로 넘어가는 시점인 2000년 1월 1일 0시를 이곳에서 맞이하기 위해서 300여 명이 넘는 사람들이 3년 전부터 예약을 마쳤던 일화도 유명하다. 6번가에 위치한 라디오 시티 뮤직 홀(Radio City Music Hall)은 아르 데코 디자인의 아름다움이 눈길을 끄는 극장으로, 크리스마스 시즌이면 프랭크 시나트라, 라이사 미넬리, 앤 머레이 등 유명 가수들의 화려한 쇼가 펼쳐지곤 한다.

Seagram Building

375 Park Ave. (bet. 52nd St. and 53rd Sts.) /
Design. Mies van der Rohe, 1958

A13 • **시그램 빌딩** 맨해튼에서 가장 아름다운 건물이자 모더니즘의 금자탑이다. 미스 반 데어 로에가 최초로 뉴욕에 지은 마천루로 기록되어 있으며, 38층의 높이에 수직적으로 곧게 뻗은 I 빔은 외부로부터 공간을 강하게 보호해주는 피막으로 우아하게 표현되고 있다. 브론즈와 갈색 유리 재료의 구조 패턴이 당당하며 그 정돈된 조화 역시 매우 아름답다. 맨해튼의 한가운데에 시민을 위한 휴식공간을 할애하여 뉴욕 시에 '광장(Plaza)'이라는 개념을 도입한 건물로도 유명하다. 맨해튼의 강력한 그리드 축을 숙연하게 쉬어가게 하는 이 광장은 빛나는 정면으로 정돈되어 활기가 넘친다. 이 광장과 면한 건물의 1층에는 체이스 맨해튼 은행을 비롯하여 유명 은행들이 서로 입주하려고 로비를 벌였던 일화도 전해지고 있다.

Sony Building(former AT&T Building)

560 Madison Ave. (bet. 55th & 56th Sts.) / **Design.** Phillip Johnson & John Burgee, 1984

A14 • **소니 빌딩** 미국 로코코 양식의 대표적 가구인 치펜다일 가구처럼 생겼다고 해서 '치펜다일 마천루'라는 애칭이 붙은 포스트모던 양식의 대표적 건물이다. 원래는 전화회사인 'AT&T'의 사옥으로 지어졌으나 현재는 소니가 주인이다. 철과 유리의 네모 상자형 건물 일색이었던 미국의 건축에 이와 같이 거대한 스케일로 로마네스크와 같은 역사주의 모티프를 도입한다는 것은 『뉴욕 타임스』의 표지에 모델의 사진과 함께 대서특필될 만큼 매우 신선한 건축적 전환점으로 평가되기도 하였다. 하지만 이론과는 달리 꼭대기에서 보이는 장식은 밀집된 건물이 운집한 맨해튼에서 형태를 알아볼 수 없을 정도로 아득하게만 올려다보인다. 또한 역사적 연유를 설명한다는 육중한 기둥의 로비 입구는 시민의 통행을 기능적 · 심리적으로 방해하며 돌풍만을 불러일으켜 뉴요커들이 혐오하는 장소가 되어버렸다. 결국은 표준적인 오피스 건물의 형태에 약간의 장난을 가미한 이상은 아무것도 아닌 것이 되었다. 건축가 필립 존슨이 의도했던 가로는 현재 폐쇄되고 이곳에는 CD점, 완구점 등을 포함하는 소니 원더(Sony Wonder)가 개관하여 애용되고 있다.

Statue of Liberty

Liberty Island / **Design.** Fredric Auguste Barthold, Gustave Eiffel, Richard Morris Hunt, 1886

A15 • 자유의 여신상 맨해튼 남쪽 끝에서 약 3킬로미터가량 떨어진 리버티 아일랜드에 세워진 구조물로 뉴욕의 상징이자 자유의 상징 그리고 미국의 상징이다. 이 구조물은 미국 건국 100주년에 맞추어 프랑스인과 미국인 사이의 우정을 상징하는 선물로 프랑스 파리의 교외에서 만들어져 미국으로 해체, 운반되었다. 프랑스의 조각가 바르톨디는 '자유를 찬양하는 희망'이라는 주제 아래 무려 21년을 투자해 이 작품을 만들었다. 엄청난 크기의 동상 지지를 위한 기단은 미국의 건축가 헌트(Richard Morris Hunt)가 설계하였으며 구조 디자인은 에펠탑으로 유명한 에펠(Gustav Eiffel)이 담당하였다. 처음에는 동으로 제작되었으나 시간이 지나 부식하면서 오늘날의 녹색이 되었다. 50미터의 높이에서 투영되는 실루엣은 19세기 이민자들을 반갑게 맞이하던 우아한 모습 그대로다. 앞으로도 수천 년간 이 '횃불을 든 여인'은 이곳 뉴욕의 항구에 서서 자유를 상징할 것이다.

Times Square Tower

42nd St. (bet. Broadway & 7th Ave.) / **Design.** Eidlitz & MacKenzie, Smith, Haines, Lundberg & Waehler, 1904

A16 • 타임스 스퀘어 타워 뉴욕 제일의 관광 명소 중 하나인 타임스 스퀘어의 중심에 위치한 건물이다. 1904년 12월 31일 『뉴욕 타임스』 사가 이 건물로 이주하면서 불꽃 축제를 시작한 것을 계기로 오늘날까지 뉴요커들은 이곳에서 'Big Apple(뉴욕의 상징인 큰 사과)'이 떨어지는 것을 관람하며 새해를 맞이한다. 인근 건물의 옥외 광고판은 세계에서 광고비가 가장 비싸기로 유명하며, 화려한 광고판의 네온 불빛으로 둘러싸인 야경이 아름다워 주변의 브로드웨이 극장들과 함께 뉴욕의 관광명소로 자리 잡고 있다.

TWA Flight Terminal

JFK International Airport / **Design.** Eero Saarinen, 1962

A17 • TWA 터미널 '뭔가 새롭고 독특한' 건물을 원하던 TWA 회장의 의도를 존중한 건축가 에로 사리넨이 방금 착륙한 독수리의 형상으로 건물을 완성하였다. 이런 형태는 이 건물이 '비행'을 의미하는 장소라는 개념과 일치하여 신선한 감흥을 주었다. 사리넨은 "이 공항 건물의 디자인은 여행의 흥분과 특별한 경험을 표현할 수 있는 형태를 드라마와 같이 극적으로 실현시킨 것"이라고 자신의 디자인 의도를 표현했다. 자유로운 조형과 선이 매우 독특하여 마치 하나의 대형 조각품을 감상하는 듯한 느낌을 준다. 이러한 독특한 외부의 조형미는 건물 내부로 그대로 연결되어 천장, 계단, 램프, 카운터 등에 일관성 있게 적용됨과 동시에 다양한 변화를 주고 있다.

Woolworth Building

233 Broadway (bet. Park Place & Barclay St.) / **Design.** Cass Gilbert, 1913

A18 • **울워스 빌딩** 전국적인 체인점을 가지고 있는 울워스 사의 사옥으로 1913년 완성될 당시에는 세계에서 가장 높은 마천루로 기록되었던 건물이다. 58층, 241미터의 높이에 가파르게 솟아오른 건물의 최상부는 뉴욕 다운타운의 스카이라인을 구성하는 포인트다. 맨해튼 어디서나 뚜렷이 보이는 실루엣의 아름다움이 미국 자본주의의 힘을 표현한다고 하여 뉴요커들에게 '상업의 성당(Cathedral of Commerce)'로 불렸다. 고딕 절충주의 양식으로 짜여진 외관에 수백만 조각의 유리 모자이크 타일로 상감된 볼트와 같은 장식의 화려함이 호화로움의 극치를 이루고 있다. 주목할 만한 공간은 29개의 엘리베이터를 운행하고 있는 로비 부분으로 일반 건물의 두세 배에 이르는 천장고와 대리석의 화려한 장식은 마치 중세 어느 성당의 내부를 연상시킨다.

World Financial Center

West St. to Vesey St. (Liberty St. to Hudson River) / **Design.** Cesar Pelli, 1987

A19 • **월드 파이낸셜 센터** 도시의 슬럼화를 방지하기 위한 재개발 프로젝트로 탄생한 '배터리 파크 시티(Battery Park City)'의 중심에 세워진 다섯 개의 고층 건물 군이다. 반사유리와 고층의 화강암으로 만들어진 각 건물은 33층부터 51층까지의 다양한 높이에, 그 모양도 돔, 피라미드 등 각기 다른 기하학 형태를 취하고 있다. 지금은 허물어진 월드 트레이드 센터의 초고층 직선의 느낌을 부드럽게 하며 주변 환경에 변화를 주고자 하는 목적으로 디자인한 건물이다. 첨단장비를 이용한 환경구조물 등의 계획도 성공적이다. 주목할 만한 곳은 '윈터 가든(Winter Garden)'이라고 이름 지어진 실내정원이다. 1851년 「런던 박람회」를 위해 지어진 수정궁을 연상시키는 형태로, 40×42미터 넓이의 열린 공간에 햇빛이 유입되는 광경은 장관이다.

뉴욕의 공연 문화

performances in big apple: all new york is a stage

New York City is the performance capital of the world, and the reason many people visit. The performance culture in New York City is of the highest distinction. The range and variety of shows to see, the depth of the history of performance, and the quality of audience members further enhance the city's reputation beyond the dazzling array of superior choices. Only London can compete with the New York performance scene. •• From opera at the Met, to classics at the New York Philharmonic: from the New York City Ballet to Broadway musicals, the diversity and excellence that the city has to offer is overwhelming. Every night jazz can be heard from inside a cafe in Greenwich Village. Every April, the world's biggest film makers attend the TriBeCa Film Festival. Deep within the subway terminal we can hear the music of artists performing with the Music Under New York group sponsored by the MTA. These talented musicians, with their music uplifting the average passer-by, must pass auditions by the city of New York. In theaters, parks, cafes, churches, streets and subway stations, the music of New York City can be heard on every block. •• Still today, as they always have, folks arrive in the train stations and bus terminals with only a suitcase and a dream of becoming a part of the show that is New York City. Dreams of acting, singing, dancing, writing plays, producing, or joining a band or symphony fill the heads of many young people with high aspirations, with a high percentage leaving after eventually failing to carve their niche. The story of the adolescent girl who played violin deep in the subways to earn money for tuition to Juilliard is the stuff of dreams, and every Cinderella story provides fuel for those gutsy enough to try. One romantic ideal is enough to live on: "How can I perform at Carnegie Hall?" The answer over all the years is clear: "practice, practice, practice." Plenty of famous musicians and actors became what they are today using this classic method. What the people who have made it will say about New York is the total respect for potential. While New York may be the world center of finance and trade, the art and culture makes the city even greater. Performances can make us laugh and cry and can touch us in unexpected ways, because in the end, performance is life.

● 뉴욕은 공연의 메카다. 많은 사람들이 뉴욕을 찾는 첫 번째 이유로, 또 뉴욕에서 가장 하고 싶은 첫 번째 일로 공연 관람을 꼽는다. 뉴욕의 공연 문화는 가히 존경스러운 수준이다. '잠들지 않는 도시(The City That Never Sleep)'라는 별명처럼, 연중 쉬지 않고 언제나 다양한 공연이 무대에 올려지고 있다. 단지 종류의 다양함뿐 아니라, 공연 문화의 역사와 깊이, 성숙하고 전문 지식을 갖춘 관객의 수준 등 모든 면에서 세계 최고를 자랑한다. 아마 공연 문화에 있어서 유일한 경쟁 도시는 런던일 것이다. (런던은 정통성에, 뉴욕은 대중성과 다양성에 강점이 있다.)

뉴욕 필하모닉(New York Philharmonic Orchestra, www.newyorkphilharmonic.org), 메트로폴리탄 오페라(The Metropolitan Opera, www.metoperafamily.org), 뉴욕 시티 발레(New York City Ballet, www.nycballet.com) 등의 클래식 음악 공연을 비롯하여 정통 연극, 브로드웨이 뮤지컬 등은 너무나도 잘 알려진 뉴욕의 간판들이다. 매일 밤 그리니치빌리지의 카페에서는 재즈 연주가 끊이지 않고, 도시 곳곳에 위치한 예술 영화 전용 극장에서는 세계 각국의 필름들이 은막에 투영된다. 뉴욕의 야구팀 메츠(Mets)와 양키스(Yankees), 농구팀 닉스(Knicks), 하키 팀 레인저스(Rangers) 등 스포츠 경기 또한 팬들을 열광시키는 이벤트다.

매년 4월이면 로버트 드 니로(Robert DeNiro)가 주관하는 '트라이베카 필름 페스티벌(Tribeca Film Festival)'이 전 세계의 이목을 집중시킨다. 영상과 소리, 안무를 결합한 연기가 탁월한 재주꾼 메레디스 몽크

(Meredith Monk, www.meredithmonk.org)나 나사(NASA)의 공식 거주 예술가 직함을 수여 받은 로리 앤더슨(Laurie Anderson, www.laurieanderson.com)의 공연 역시 뉴욕을 바탕으로 전 세계를 순회하고 있다. 영화배우 우디 앨런(Woody Allen)은 에디 데이비스(Eddy Davis)가 이끄는 뉴올리언스 재즈 밴드(New Orleans Jazz Band)와 함께 지난 30여 년간 매주 월요일마다 쉬지 않고 '카페 칼라일(Cafe Carlyle, www.thecarlyle.com)'에서 클라리넷 연주를 하고 있다. 일요일마다 할렘의 코튼 클럽에서는 가스펠 브런치(Gospel Brunch)가 고객들의 총천연색 의상만큼이나 화려하고 신나게 열린다. 코넬리아 스트리트 카페(Cornelia Street Cafe, 29 Cornelia Street, (212) 989-9319, www.corneliastreetcafe.com)는 겉으로는 여느 그리니치빌리지의 카페와 다를 바 없어 보인다. 하지만 내부에 들어가 보면 작은 스테이지가 마련되어 있어 정기적으로 열리는 시낭송이나 일인극, 스탠드업 코미디(Stand-up Comedy) 등의 행사를 참관할 수 있다. 또한 지하철 역 통로에는 뉴욕 교통국(MTA)의 뮤직 프로그램(Music Under New York Program) 소속으로 연주를 하는 거리 음악가들을 종종 만날 수 있다. 거리 음악가들은 뉴욕시에서 주관하는 오디션을 통과해야 하므로 그 수준이 대단하여 지하철 이용객의 걸음을 멈추게 하기에 충분한 실력을 갖췄다. 이처럼 뉴욕에는 헤아릴 수 없는 많은 이벤트들이 다양한 현장에서 매일 열리고 있다. 관객은 취향에 따라 선택만 하면 된다. 극장에서, 카페에서, 공원에서, 교회에서, 길거리와 지하철에서 연중무휴로 공연자와 관객이 대화한다.

오늘도 뉴욕의 두 기차역과 버스 터미널에는 미래의 작가, 연출가, 배우가 되려는 사람들이 도착하고, 또 좌절해서 떠난다. 한때 줄리아드 음악원(The Juilliard School, www.juilliard.edu)에 진학하려고 지하철마다 탑승하여 바이올린을 연주하며 학비를 모금하던 한 소녀가 뉴스에 대대적으로 소개된 적도 있다. 그들의 마음속에는 오직 한 가지 질문,

"카네기 홀(Carnegie Hall, www.carnegiehall.org)의 무대에 서려면 어떻게 해야 하는가?"와 그 대답 "연습! 연습! 연습!"만이 굳은 믿음으로 자리 잡고 있다. 현재 굴지의 위치에 올라선 수많은 음악가와 배우들이 이 과정을 거쳐  서 오늘날에 이르렀다.

뉴욕의 위대함 중의 하나가 바로 잠재력에 대한 존경이다. 뉴욕은 사실 금융과 비즈니스 그리고 모든 것에서 세계 중심이다. 하지만 뉴욕을 더욱 위대하게 만드는 것은 바로 이곳에 문화와 예술이 있기 때문이다. 연극은 18세기 중반부터 뉴욕의 큰 문화 현상으로 자리 잡아왔고, 그 전통은 아직도 지속된다. 이 공연들이 우리를 감동시키고 울게 한다. 왜냐하면 무대는 인생이기 때문이다.

뉴욕의 클래식 음악 공연

뉴욕을 유심히 들여다보면 크고 작은 다양한 공간에서 클래식 음악 공연이 수없이 많이 이루어지고 있다는 사실을 알 수 있다. 링컨 센터(Lincoln Center for Performing Arts, www.lincolncenter.org)나 카네기 홀은 물론이고, 줄리아드 음악원, 미술관, 교회나 학교 그리고 센트럴 파크와 같은 비전통적 공간도 그 현장에 포함된다. 특히 여름밤 센트럴 파크에서 열리는 뉴욕 필하모니나 메트로폴리탄 오페라의 공연은 말 그대로 '세계 최대의 도시에서 최고 수준의 음악을 듣는' 값진 경험이다. 한여름 밤 잔디에 누워 별을 쳐다보고 와인을 마시며 클래식 음악을 듣는 순간 뉴욕이 왜 최고인가를 느낄 수 있다.

현재 로린 마젤(Lorin Mazel)이 지휘하는 뉴욕 필하모닉 오케스트라는 베를린 필, 비엔나 필, 런던 필과 함께 세계 4대 오케스트라 중 하나로 손꼽힌다. 세계적 성악가들이 무대를 메우는 뉴욕 메트로폴리탄 오페라는 미국 유일의 세계 수준급 오페라다. 보스턴 심포니 오케스트라(Boston Symphony Orchestra, www.bso.org)와 필라델피아 오케스트라(The Philadelphia Orchestra, www.philorch.org), 시카고 심포니 오케스트라(Chicago Symphony

Orchestra, www.cso.org), 클리블랜드 오케스트라(The Cleveland Orchestra, www.clevelandorch.com)의 수준도 상당하다. 하지만 미국 내 오페라는 뉴욕의 메트로폴리탄을 제외하면 대부분 세계 정상급 수준에는 못 미치는 상태다. 따라서 미국에서 오페라의 공연을 떠올린다면 반드시 뉴욕을 찾아야 한다.

뉴욕 필하모니 오케스트라에서 오랜 지휘자 생활을 했고 불멸의 뮤지컬 「웨스트사이드 스토리(West Side Story)」를 작곡한 레너드 번스타인(Leonard Bernstein)과 디즈니 애니메이션 「판타지아(Fantasia)」의 모델이었던 레오폴드 스토코프스키(Leopold Stokowski)는 토종 뉴욕 음악가들이다. 세계적 성악가 마리아 칼라스(Maria Callas) 역시 뉴욕 태생이다. 현대 무용의 선구자들이었던 이사도라 던컨(Isadora Duncan), 마사 그레이엄(Matha Graham) 등이 주무대로 활약했던 뉴욕의 무용 또한 그 전통이 단단하다. 전설적인 안무가였던 조지 밸런친(George Balanchine)에 의해 창립된 뉴욕 시립 발레단은 주인공 개개인의 기교보다 전체 춤과 안무의 조화를 중시하는 원칙으로 유명하다.

세계 수준의 클래식 음악은 뉴욕에서 교육받고 활동하고 있는 음악가들에 의해서 만들어진다. 음악, 무용, 연기에 걸쳐 세계 최고 수준의 교육 시스템을 제공하는 줄리아드가 그 중심에서 이들을 배출하고 있다. 1905년 개교하여 100년간 세계 음악 교육의 중심을 담당해온 줄리아드는 직물 상인이었던 오거스트 줄리아드(Auguste D. Juilliard)가 거액을 학교에 기부함으로써 오늘날의 이름을 갖게 되었다. 전설적 바이올리니스트 핑커스 주커만(Pinchas Zukerman)이나 이차크 펄만(Itzhak Perlman), 정경화, 첼리스트 요요마(Yo-Yo Ma, 馬友友) 등의 음악가들로부터 로빈 윌리엄스(Robin Williams), 케빈 스페이시(Kevin Spacey) 등의 유명 배우에 이르기까지 세계적인 스타를 수도 없이 배출시킨 예술 교육의 전당이다. 또한 세계 최고 수준의 연주자, 안무가, 무용가, 연기자, 감독들로 구성된 교수진은 이름만으로도 가히 '음악 교육의 타지마할'이라는 줄리아드의 명성을 실감하게 한다.

뉴욕에 정통 클래식 음악이 입성한 지는 200여 년이 넘었으나 1891년 개관한 카네기 홀이 그 큰 획을 그었다. 개관 연주를 차이코프스키(Tchaikovsky)가 직접 맡았으며, 카네기 홀은 곧 1842년 창단한 뉴욕 필하모니 오케스트라의 새 집이 되었다. 세계적 바이얼리니스트 아이작 스턴(Isaac Stern)은 "보통은 음악이 홀을 훌륭하게 만든다. 하지만 카네기 홀의 경우는 홀이 음악을 훌륭하게 만든다"라는 말을 남겼다. 그 후 1961년 링컨 센터의 건립으로 뉴욕 필하모닉이 이사하면서 오늘날 카네기 홀은 다른 오케스트라의 초청 공연이나 기획 공연들을 많이 유치하고 있다. 오늘날 뉴욕의 클래식 공연은 센트럴 파크 서쪽, 브로드웨이 66가에 위치한 링컨 센터가 중심이다. 링컨 센터는 에이버리 피셔 홀(Avery Fisher Hall), 뉴욕시립극장(New York State Theater), 메트로폴리탄 오페라 등의 건물이 광장을 둘러싼 형태를 취하고 있는데, 이 광장은 로마에 미켈란젤로(Michelangelo)가 계획한 캄피도글리오(Campidoglio) 광장을 은유하여 만들어졌다. 광장 정면에 위치한 메트로폴리탄 오페라 하우스는 링컨 센터에서 가장 중요한 건물이지만 그 형태는 감상적인 모방에 그치는 아쉬움을 남긴다. 뉴욕 필하모닉의 본거지인 에이버리 피셔 홀 또한 음향의 문제로 수십 년간 골머리를 썩고 있다. 건축가 필립 존슨(Phillip Johnson)이 설계한 건물치고 제대로 된 것이 없지만, 미국 최고의 오페라와 심포니가 디자인이 한없이 떨어지는 형편없는 시설에서 연주를 한다는 사실은 애석한 일이다. 에로 사리넨(Eero Saarinen)의 작품으로 북서쪽 코너에 있는 비비안 버몬트 극장(Vivian Beaumont Theater)과 뉴욕시립 공연예술 도서관(New York Public Library for the Performing Arts), 줄리아드 음악원 사이에 위치한 밀스타인 광장(Milstein Plaza) 연못에는 알렉산더 칼더(Alexander Calder)의 〈거미(Le Guichet)〉와 헨리 무어(Henry Moore)의 〈기대는 사람(Reclining Figure)〉 조각이 차분하게 자리하고 있다.

브로드웨이의 연극과 뮤지컬

뉴욕의 공연을 언급할 때 빼놓을 수 없는 것 중 하나가 바로 브로드웨이의 뮤지컬이다. '오페레타(operetta)'에서 기인한 새로운 연극의 형식으로 20세기 초 유럽의 작곡가들로부터 뉴욕에 전파된 뮤지컬은 정통 연극에 비해 좀 더 쉽고 재미있는 접근으로 대중에게 친숙해진 지 이미 100년이 넘었다. 브로드웨이의 역사는 1892년의 극장 건립으로부터 시작하여 1920년대부터 폭발적인 인기를 얻으며 발전, 오늘날에 이르게 되었다. 원래 브로드웨이는 맨해튼이 근대 도시로 성장하기 훨씬 전부터 인디언들이 다니던 길로 맨해튼의 남북을 관통하고 있지만, 극장가로 유명한 브로드웨이는 42가의 타임스 스퀘어를 중심으로 한 미드타운의 브로드웨이를 일컫는다. 남북으로는 41가부터 53가, 동서로는 6번가(Sixth Avenue)부터 9번가(Ninth Avenue)까지를 포괄한다. 브로드웨이의 대표적인 극장들로는 1903년 지어져 가장 오래된 역사를 자랑하는 리세움(Lyceum), 마제스틱(Majestic), 슈베르트(Schubert), 윈터 가든(Winter Garden), 세인트 제임스(St. James) 등이 있다. 한편 타임스 스퀘어 타워(Times Square Tower)로 알려진 건물은 1904년 12월 31일 『뉴욕 타임스(New York Times)』 사가 들어서면서 불꽃 축제를 시작한 것을 계기로 이름이 지어졌다. 또한 인근 건물의 옥외 광고판은 '광고의 아카데미 시상(Academy Awards of Advertising)'이라는 별명이 붙을 정도로 세계에서 가장 광고비가 비싸기로 유명하다. 화려한 광고판의 네온 불빛으로 둘러싸인 야경이 세계 최고를 자랑하여 뉴욕의 관광명소로 자리 잡은 지 오래다.

극장 공연 중 브로드웨이 뮤지컬이 차지하는 비중은 상당히 크다. 매일 2만 명의 관객이 모이는 브로드웨이는 세계 종합예술 무대의 중심으로 1년에 약 1,200만 명이 관람하고 티켓 판매액만 6,000억 원이 넘는 엄청난 산업이다. 브로드웨이의 장기 공연 성공작들로는 우리에게도 잘 알려진 「지붕 위의 바이올린(Fiddler on the Roof)」, 「레미제라블(Les Miserable)」, 「캐츠(Cats)」, 「미스 사이공(Miss Saigon)」, 「오페라의 유령(Phantom of the Opera)」 등이 있다. 특히 오페라의 유령은 1세기에 한 번 나올까 말까 하는 걸작으로 역사상 최고의 무대 디자인이라는 평가를 받고 있다. 여류 디자이너 줄리 테이모어(Julie Taymor)가 감독하고 디즈니가 제작한 「라이온 킹(The Lion King)」은 의상이 무대를 압도하는데, 오프닝 신에서부터 이미 가슴이 뭉클한 보기 드문 뮤지컬이다. 또한 「헤어스프레이(Hairspray)」는 데이비드 로크웰(David Rockwell)이 토니 상을 수상한 작품인 만큼 무대 디자인을 유심히 관찰해볼 필요가 있다. 이밖에도 제작 수준이 탁월한 작품, 감미로운 음악으로 유명한 작품, 안무나 의상, 색채 등이 화려한 작품 등을 끝없이 논할 수 있다. 브로드웨이의 정설 하나는 현재 공연되고 있는 그 어느 것을 보아도 수준 이상이라는 것이다. 그럼에도 재미있는 사실은 1년에도 수십 편의 뮤지컬이 제작되지만 정작 장기 공연에 돌입하는 공연은 몇 작품 되지 않는다는 것이다. 일반적으로 개막 첫날 성공 여부가 판가름 나는데, 90퍼센트 이상의 작품 일주일 이내에 종연할 만큼 경쟁이 치열하다.

브로드웨이의 엄청난 재정 부담의 대안으로 1951년 시작한 오프 브로드웨이(Off-Broadway, 객석 500석 이내의 약 20여 개 공연장)와 오프오프 브로드웨이(Off-Off-Broadway, 객석 100석 미만의 약 30여 개 공연장)의 공연도 관심을 가져볼 필요가 있다. 이들은 창고나 교회,

은행, 주차장 등 연극의 비정통적 공간들을 사용하기도 하며, 아방가르드적 경향과 실험적 작품을 많이 소개한다. 또한 혁신적인 기획으로 재미를 배가하는 작품을 많이 유치하고 있다. 추천할 만한 쇼로는 「드 라과디아(De La Guardia)」, 「스톰프(Stomp)」, 「블루 맨 그룹(Blue Man Group)」 등이 있다.

한편 브로드웨이와 관련하여 일러스트레이터 알 히르시펠트(Al Hirschfeld)를 기억해볼 만하다. 알 히르시펠트는 2003년 사망 직전까지 약 75년간 만화와 같은 특유의 화풍으로 브로드웨이의 풍경을 잡아내곤 했다. 유명 배우나 감독 특유의 표정과 몸짓은 물론이고, 극장에 모인 관객의 모습, 무대의 한 장면 등 수많은 일러스트레이션을 짧은 시간에 스케치하곤 하였다. 그의 작품은 『뉴욕 타임스』에 정기적으로 소개되었을 뿐만 아니라 여러 매체에 많이 알려져 있다. 브로드웨이 뮤지컬과 관련하여 꼭 공부하기를 당부한다.

재즈 공연의 현장들

미국의 재즈는 뉴올리언스(New Orleans)에서 시작되었으나 현재 가장 발달한 도시는 뉴욕이다. 1930년대부터 활성화되기 시작한 그리니치빌리지의 재즈 공연은 주말이면 빈 좌석을 찾기 힘들 정도로 성황을 이룬다.

클럽으로는 '빌리지 뱅가드(Village Vanguard, 178 Seventh Ave., (212) 255-4037)'나 '블루 노트(Blue Note, 131 W. 3rd St. (212) 475-8592)'가 유명하다. 프로그램에 따라 예약을 서두르면 레이 찰스(Ray Charles)와 같은 슈퍼스타들의 공연을 감상할 수도 있다. 또한 콜럼버스 서클에 신축된 타임워너 센터(Time Warner Center) 내부에 새롭게 위치한 링컨 센터 재즈(Jazz at Lincoln Center)에서도 수준 높은 공연이 정기적으로 이루어진다. 링컨 센터 재즈는 흑인과 라틴계 음악가들로 구성된 자체 오케스트라를 갖고 있으며 종종 세계적인 재즈 연주자들과의 협연을 소개한다. 미국 문화사나 예술사를 보면 '할렘 르네상스(Harlem Renaissance)'가 빠지지 않고 언급되는 것을 알 수 있다. 1920년대의 할렘을 중심으로 흑인 작가, 미술가, 음악가들이 흑인의 지위 향상을 목표로 문화예술 활동을 전개했던 운동이다. 이들은 아프리카의 민속, 문화, 예술로부터 얻은 영감을 바탕으로 하여 넘치는 정열로 문학과 예술 분야의 한 획을 그었으나, 1929년 대공황으로 소멸되었다. 현재 할렘에서는 이와 같은 큰 주류의 운동은 없지만 역사적으로 흑인 지역인 만큼 재즈 공연이 역시 두드러진다. 두 곳이 중심 역할을 하고 있는데, 첫 번째 장소는 할렘에서 가장 유명한 아폴로 극장(Apollo Theatre, 253 W 125th St. (212) 531-5305)이다. 1914년 문을 연 이래 할렘 공연의 산실로 인식되고 있다. 특히 스윙밴드 시절 이후부터 가장 활발했던 극장으로, 제2차 세계대전 이후 찰리 파커(Charlie Parker) 등을 스타로 키웠던 곳이기도 하다. 엘라 피츠제럴드(Ella Fitzgerlad)나 마이클 잭슨(Michael Jackson)도 이 극장의 공연을 기반으로 데뷔에 성공했다. 극장 로비에는 듀크 엘링턴(Duke Ellington)과 같은 전설적 연주가들의 사진을 전시해놓은 '명예의 복도(Walk of Fame)'가 있다. 다른 공연장과 마찬가지로 1980년대 경제적 어려움을 겪었으나 현재는 회복되어 많은 이벤트를 선보이고 있다. 리처드 기어(Richard Gere) 주연의 영화로 우리에게 더 잘 알려진 코튼 클럽(Cotton Club, 656 W 125th St. (212) 663-7980) 역시 다양한 공연을 개최하고 있다. 흑백으로 처리된 건물 내외부의 색채를 비롯하여 흔히 '공연의 시대'로 불리는 아르 데코 시대의 디자인 요소들이 군데군데 눈에 띈다. 일요일 점심시간쯤 방문하면 예배 이후 화려하게 차려 입고 이곳에서 가스펠 브런치를 즐기는 멋쟁이 흑인들의 모습도 감상할 수 있다. 연주자들이 모두 흑인이었음에도 흑인 관객이 입장할 수 없었던 시기가 있었다는 사실이 미국 역사의 한 단면을 보여준다.

Environmental arts/design in new york:

The purpose behind most of the research done in the world is to gain understanding about the complex relationships between man and his environment. The term 'environmental design' covers a broad range of artistic efforts that interact on a human level. The closest relationships between man and art are created in the field of fashion design, where self-expression and designer intent is worn directly on the human body. Other arenas for interaction include furniture design, interior design, architecture and on the grandest scale, urban design. Environmental designs, specifically, are planned artistic creations, including street furniture, environmental sculpture, parks and plazas, super-graphics, and the signage. These installations share a time and space with the people of New York, and become a part of their history. Fabulously diverse and original, the environmental design found in New York City is unparalleled. •• Walking around a sculpture by Isamu Noguchi or George Segal or stopping to enjoy the video artworks of Nam June Paik is a part of the daily life of a New Yorker. These museum-quality pieces are not a treat to save for a rainy Saturday, but are spilling out on to the streets and the hiding in the subways for all to enjoy any day of the week. Environmental design challenges accepted standards for artwork. More critical than the aesthetic qualities of the design is the level of interaction with the public. If not recognized, used, or loved, even a beautiful or unique design can be unsuccessful, because the work celebrates not the city itself, but rather the people of New York. The triumphant environmental design in New York reminds us that the most important thing in the city is the people. Le Corbusier remarked: "New York is a chaos, but a beautiful chaos." •• Successful environmental design complements the structure in an otherwise hectic city. The incredible energy that surges through the city daily led Helen Keller to muse: "Whenever I visit New York I feel that this world really exists, and I'm not dreaming."

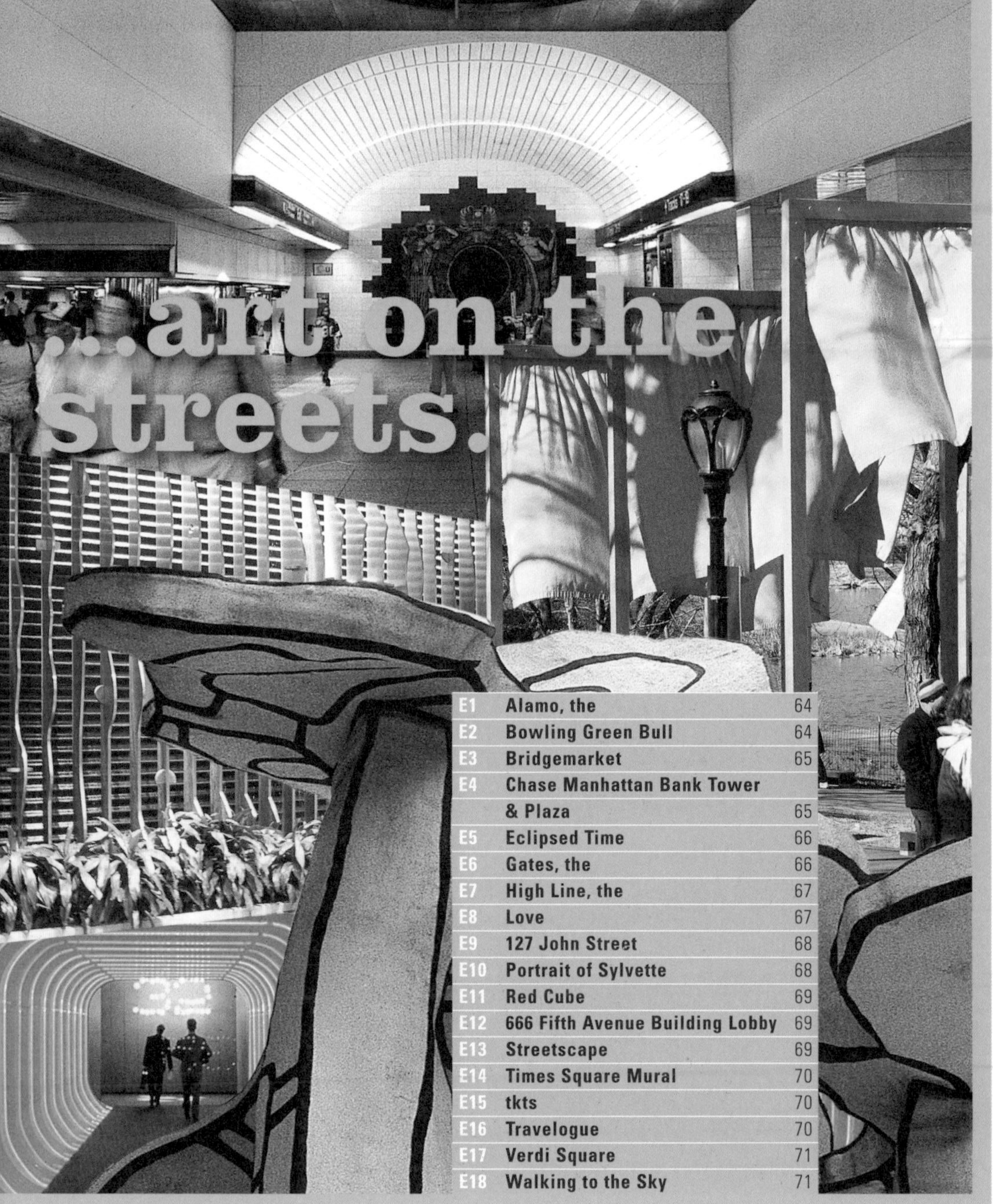

...art on the streets.

E

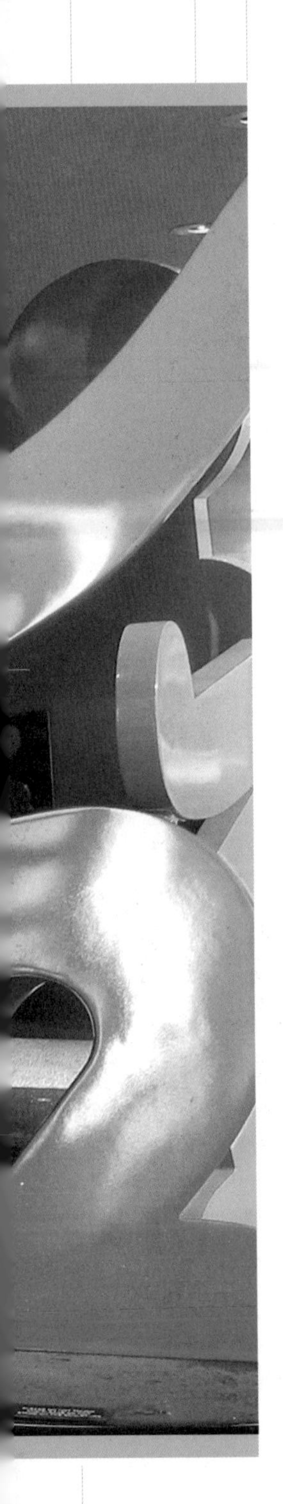

● 모든 학문의 목적이 인간과 환경과의 관계를 연구하는 것인 만큼 '환경 디자인'이라는 용어는 사실 매우 광범위한 영역을 다루고 있다. 인간과 물리적으로 가장 가까운 환경인 패션으로부터 가구, 인테리어, 건축, 도시에 이르기까지 우리의 생활에 배경이 되는 모든 물질이 사실은 환경디자인의 산물이다. 하지만 좁은 의미로 도시의 환경디자인을 이야기할 때는 주로 계획되어 만들어진 예술적 하드웨어를 의미한다. 대표적인 예로 스트리트 퍼니처, 환경 조각물, 광장 및 공원, 슈퍼 그래픽, 건축물의 외관, 길거리의 사인물 등을 손꼽을 수 있다.

● 뉴욕은 문화적 슈퍼 타운인 만큼 도시의 미관을 구성하는 환경디자인의 요소들은 다양하며 그 수준 역시 세계 정상이다. 뉴욕을 대표하는 조각가 이사무 노구치, 일상을 바라보는 순간적인 시선으로 유명한 조지 시걸, 한국인으로 당당하게 현대예술의 한 페이지를 장식한 백남준 등의 작품을 일상에서 우연치 않게 접할 수 있다. 이들의 작품은 미술관뿐만 아니라 도시 곳곳에 숨겨져 있어서 도시 전체를 박물관으로 바꾸어놓고 있다. 또 한 가지 뉴욕에서 종종 만날 수 있는 것은 다양한 설치미술 작품이다. 공원에서, 광장에서, 공사 중인 건물의 외관에서 그리고 길거리에서 만들어졌다가 없어지는 설치미술들은 그 형식 역시 다양하다. 이러한 작품들은 일시적이라는 한정성은 있지만 오히려 그 일시성 때문에 더욱 소중하게 느껴진다. 사람들은 그 순간을 기억하게 되고, 또 그 순간은 계속 변화하기에 늘 새로운 환경을 경험을 할 수 있으니 말이다. 많은 역사적 사건이 그러하듯 일정 시간과 공간을 시민들과 함께하며 대중예술로서의 역할을 톡톡히 하고 있다.

● 물론 여기에서 가장 중요한 것은 환경 구조물의 미학적 수준보다도 사람들과의 상호작용이다. 아무리 훌륭한 디자인도, 인식되지 않으면, 사용되지 않으면, 사랑받지 못하면 성공적일 수 없다. 도시는 도시

...standards for artwork...

E

자체가 아니라 '도시와 사람'이기 때문이다. 건축가 르 코르뷔지에는 "뉴욕은 혼잡하다. 하지만 그것은 아름다운 혼잡이다"라는 말을 남겼다. 뉴욕의 환경디자인의 좋은 이유는 이렇게 혼란한 도시 속에 그렇게 정연한 환경디자인이 존재함을 발견하는 기쁨이 크다는 데 있다. 헬렌 켈러 여사 또한 "뉴욕에 다녀올 때마다 나는 세상이 실제로 존재하고 내가 꿈을 꾸는 것이 아니라는 것을 느낀다"고 말했던 것은 바로 이러한 환경을 느낄 수 있었기 때문이리라.

Alamo, the

10th St. (bet. Third & Fourth Aves.) / **Design.** Bernard Tony Rosenthal, 1967

E1 • **알라모** 인근의 뉴욕 대학과 쿠퍼 유니온 대학, 그리고 이스트 빌리지의 간판 거리 세인트 마크스 플레이스(Saint Marks Place)의 관문 역할을 하는 애스터 플레이스(Astor Place) 역사(驛舍)를 상징하는 조각물이다. 검은색 철로 만들어진 대형 주사위의 형태를 띠고 있으며, 다소 힘은 들지만 여러 명이 힘께 밀면 경사진 축을 중심으로 회전하는 것도 이 조각물의 특징 중 하나다. 한편 1904년 지어진 아스토 플레이스는 초창기의 형태를 그대로 간직하고 있는 몇 안 되는 뉴욕의 지하철 입구 구조물 중 하나로 그 형태가 매우 우아하다.

Bowling Green Bull

corner of Broadway & Whitehall St. / **Design.** Arturo di Modica, 1989

E2 • **볼링 그린 불** 뉴욕 금융가의 입구에 동으로 만들어진 황소로 월스트리트의 급박하고 치열한 현장을 상징하며 오랜 세월 자리를 지키고 있다. '월스트리트 불(Wall Street Bull)'이라고도 불린다.

Bridgemarket

Under Queensborough Bridge (bet. First & Second Aves., bet. 58th & 59th Sts.) / **Design.** Hardy Holzman Pfeiffer Associates, 1999

E3 • **브리지마켓** 황폐한 다리 밑 공간을 수년에 걸친 공사로 부활시킨 프로젝트로, 도시계획과 지역개발의 좋은 사례 연구 모델이다. '브리지마켓'이라는 이름은 1900년대 초반부터 1930년대까지 이 자리에 열렸던 노천 시장을 기념하기 위해 붙여졌다. 대형 단일 마켓이 아닌 레스토랑, 상점 등을 포함하는 복합 공간으로 개발되어 이스트사이드의 지역 환경 개선에 큰 기여를 하였다. 영국의 사업가로 레스토랑과 디자인 상점을 운영하고 있는 테렌스 콘란이 이 프로젝트의 많은 공간을 채택하였다. 현재 자신의 이름을 내세운 디자인 상점 테렌스 콘란 숍(The Terence Conran Shop)이 이곳에 위치하고 슈퍼마켓 체인인 푸드 엠포리엄(Food Emporium)도 입주해 있다. 레스토랑 구아스타비노는 이 브리지의 볼트 구조와 타일 작업을 담당했던 스페인의 건축가 라파엘 구아스타비노(Rafael Guastavino)의 이름을 따서 명명되었으나 영업난으로 문을 닫았다. 기존에 존재하던 높은 볼트 천장 구조로 인하여 내부로 들어가 보면 마치 성당과 같은 느낌을 받는다. 시민을 위한 플라자는 브라이언트 파크의 개발에 참여했던 린덴 밀러(Lynden Miller)가 디자인했다.

Chase Manhattan Bank Tower & Plaza

William to Nassau St. (bet. Pine and Liberty Sts.) / **Design.** Isamu Noguchi, 1960

E4 • **체이스 맨해튼 은행 플라자** 노면이 깨끗하게 정리된 광장에 220미터 높이로 솟아 있는 알루미늄과 유리로 이뤄진 고층빌딩, 그 정면에 3차원의 곡선으로 뒤엉킨 조각물 그리고 선큰 가든이 흑백의 시각적 조화를 이루고 있다. 이사무 노구치의 작품인 선큰 가든은 흰 화강암으로 포장된 물결치는 듯한 노면의 곡선 위에 조각물이 놓인 형상을 취하고 있다. 교토의 일본 정원 '료안지(龍安寺 庭園)'의 침묵하는 듯한 느낌은 월스트리트의 숨막히는 분위기와 대조를 이룬다. 여름에는 분수가 나오는 호수로 변형, 이용되는데 초기에는 금붕어들이 있었으나 도시인들이 동전을 던지며 행운을 비는 분수로 이용하기 시작한 이후에 금붕어는 사라지고 말았다. 광장에 설치되어 있는 조각 〈네 그루의 나무들〉은 조각가 장 뒤뷔페의 작품으로 마치 종이를 뜯어 붙여 임시로 만든 듯한 파피에 마셰(Papier-Mache)처럼 보이는데, 고층빌딩의 직선적 느낌과 대조적으로 부드러움을 주는 환경 요소로 작용하고 있다.

Eclipsed Time

Penn Station - 34th Street (Seventh Ave.) / **Design.** Maya Lin, 1994

E5 • **이클립스트 타임** 베트남 전쟁 기념비의 디자인으로 유명해진 마야 린의 조각 작품. 알루미늄을 이용해 기하학적 해시계를 테마로 만들었다. 34번가 펜 스테이션의 지하 통로지만, 어두운 천장에 설치되어 거의 알아볼 수가 없다. 유명 건축가들이 만들어낸 이러한 비구상적 조각 작품들은 이론과 기하학이 뒷받침되어 전문 지식을 가지고 음미하면 나름대로의 맛이 있으나 문제는 일반인과의 교감이 너무 없다는 점이다. 그랜드 센트럴 역사와 함께 뉴욕에서 사람들의 통행이 가장 많은 곳에 설치되어 있음에도 불구하고 아무도 모르고, 아무에게도 사랑받지 못하는 '건축가의 자위행위'에 불과한 실패작이다.

Gates, the

Central Park / **Design.** Christo & Jean Claude, 2005

E6 • **게이츠** 2005년 2월 12일부터 27일까지 센트럴 파크에 전시되었던 세계적인 설치 미술가 크리스토와 장 클로드의 작품이다. 높이 4.87미터, 넓이 1.83x5.48미터의 사각형 게이트를 약 3.65미터 간격마다 설치, 37킬로미터 정도에 해당하는 센트럴 파크의 보행로를 7,500개의 게이트로 장식했던 초유의 설치 작품이었다. 직각 문 모양의 철골 구조에 샛노란 깃발을 걸어놓아 센트럴 파크 전체를 노랗게 물들였던 엄청난 이벤트로 전 세계에서 몰려든 관객만도 수백만을 초과했다. 사각으로 구성된 프레임은 바둑판과 같이 짜여진 뉴욕시의 그리드 시스템을, 보행로를 따라 구불구불하게 배치된 형태는 센트럴 파크의 유기적인 생태를 각각 상징하였다. 4,799톤의 철, 프레임의 포장을 위한 96.5킬로미터의 비닐, 16만 5,000개의 볼트와 너트, 깃발을 위한 9만 9,155평방미터의 나일론 등 이 프로젝트를 위해 소모된 재료만도 천문학적 숫자다. 샛노란 게이트가 설치된 센트럴 파크는 확실히 달랐다. 벨베데레 성이나 바위 등에 올라가서 내려다보면 마치 오렌지색 강물처럼, 펜스처럼 그리고 질서 정연하게 바람에 맞추어 행진하고 있는 그 무엇처럼 게이트와 깃발은 빛났다. 한겨울이었지만 대부분의 전시 기간 동안 날씨는 맑았다. 평소에 공원의 구석구석까지 늘 익숙했던 뉴요커들도 게이트의 설치로 새롭게 조명 받는 공간 공간에 감탄을 표현했다. 게이트를 통과하며 잠시 하늘을 쳐다볼 때 따사로운 햇볕이 샛노란 깃발을 통과하며 눈앞에서 반짝이는 광경은 평생 잊지 못할 행복한 순간으로 기억되었다. 센트럴 파크 전체를 예술적 환경으로 둔갑시킨 이 프로젝트는 과연 대단한 사건이었다. 흡인력, 사람들과의 대화, 엄청난 스케일이 주는 스펙터클, 이 모든 것은 감동 자체였다. 설치의 일시성 때문에 단 16일 동안만 존재하고는 사라졌지만 그 기억은 모든 뉴요커, 그리고 전 세계의 예술 애호가들의 마음에 영원히 남아 있다.

High Line, the

Tenth Avenue, 14th to 34th Sts. / **Design.** Diller + Scorfidio, Pentagram, 2007

E7 • **하이 라인** 1929년부터 1934년 사이에 건설된 맨해튼의 철도 시스템이다. 당시 화물 하역과 보관의 중심 지역이었던 웨스트사이드의 34가부터 14가까지 약 2.4킬로미터의 거리에 해당하는 화물 열차를 위한 트랙으로 지상에서 약 9미터 올라간 위치에 설치되었다. 현재는 폐허가 되었지만 과거 도시의 인프라를 체험할 수 있는 절묘한 공간으로 남아 있다. 미트 패킹 디스트릭트나 첼시 지역 등에서 접근할 수 있으며 실제로 이곳에 올라가 보면 1930년대의 다소 거친 산업적 풍경이 박제화되어 있는 듯한 야릇한 느낌을 받는다. 이곳을 '자연과 문화'를 주제로 시민이 걷고 즐길 수 있는 유기적인 공간으로 만드는 대형 프로젝트가 진행되고 있다. 야외 영화관, 수영장, 공원 등이 포함되는 이 프로젝트는 딜러 앤드 스코피디오(Diller + Scorfidio)가 건축과 영상을, 디자인 회사인 팬타그램이 그래픽을 담당하여 추진하고 있다. 이 프로젝트에 관한 자세한 정보는 www.thehighline.org에서 찾아볼 수 있다.

Love

1350 Sixth Ave. (at 55th St.) / **Design.** Robert Indiana, 1966

E8 • **러브** 미국 팝 아트의 대표작가 로버트 인디애나의 유명한 작품 〈Love〉를 환경 조각으로 설치한 작품이다. 자신을 늘 '사인의 페인터'라고 생각했을 만큼 상징과 사인 그리고 문자에 특별한 의미를 부여했던 그의 대표작이다. '하나님은 사랑이다'라는 문구에서 영감을 받아서 제작했다는 이야기가 전해진다.

127 John Street

Water St. to Fulton St. & Pearl St. / **Design.** Emery Roth & Sons

E9 • **127 존 스트리트** 건물 정면의 그리드 구성은 대형 시계의 시, 분, 초를 가리키는 숫자가 네온으로 밝혀지는 인상적인 디스플레이를 선보인다. 원색의 의자, 가로변에 설치된 '127번지'라는 숫자가 새겨진 휴지통 등 건물의 주변에 설치된 스트리트 퍼니처의 우수함이 돋보이며 건물 진입로 부분에 만들어놓은 원색의 조각들도 재미있다. 건물 로비의 네온으로 이뤄진 터널은 이 건물에서 가장 극적인 부분으로 조명이 표현하는 무한한 연출효과를 체험할 수 있다. 현재 네온 터널은 디자인이 변경된 상태다.

Portrait of Sylvette

bet. Mercer St. & La Guardia Place (bet. Bleecker & West Houston Sts.) / **Design.** Pablo Picasso, 1970

E10 • **실베트의 초상** 아이 엠 페이(I. M. Pei)가 설계한 뉴욕 대학 기숙사인 유니버시티 빌리지 광장에 설치된 조각 작품으로 파블로 피카소의 작품이다. 콘크리트에 검은색 선으로만 윤곽을 잡은 디자인이 밝은 베이지로 표면 처리된 기숙사 건물과 은은한 조화를 이룬다. 건축가 페이는 피카소의 허락을 받고 원 디자인을 그대로 살리면서 노르웨이 출신의 조각가에게 시공을 전담시켰다.

Red Cube

140 Broadway (bet. Liberty Pl. & Cedar St.) / **Design.** Isamu Noguchi, 1968

E11 • **레드 큐브** 월스트리트 금융가 은행 건물 앞 광장에 설치된 이사무 노구치의 조각 작품이다. 회색의 도시, 회색의 금융가에 빨간색 철제의 정돈된 주사위 모양을 세워놓음으로써 시각적인 대조와 심리적인 에너지를 상징한다.

666 Fifth Avenue Building Lobby

666 5th Ave. (bet. 52nd & 53rd Sts.) / **Design.** Isamu Noguchi, 1957

E12 • **666 피프스 애버뉴 빌딩 로비** 미국 굴지의 가구회사인 헤르만 밀러와 협력하여 많은 작업을 했던 조각가 이사무 노구치의 작품이 건물의 내부에 적용된 좋은 예다. 건물 로비 층에 설치된 인공폭포의 디자인과 엘리베이터 홀로 연결되는 천장의 물결치는 듯한 장식이 볼 만하다.

Streetscape

747 3rd Ave. (bet. 46th & 47th Sts.) / **Design.** Pamela Waters, 1971

E13 • **스트리트스케이프** 3번가 747빌딩 앞에 조성된 버스 정거장 공간으로, 알루미늄과 유리 표면으로 마감한 조형물이다. 다운타운에 있는 존 스트리트 빌딩 127 앞의 스트리트 퍼니처를 계획한 멜 카우프만의 지원으로 진행된 환경디자인 프로젝트 중 하나다. 지진이 지나간 듯한 흔적을 표현하는 볼록한 대지와 바닥에 깔린 블록의 재료 및 포장 패턴의 구성이 독특하다. 버스 대기자를 위한 휴식 공간, 벤치, 차양 등의 기능적 배려와 더불어 훌륭한 거리 환경을 조성하고 있다. 뉴욕시에서 환경디자인의 돋보이는 성공작 중 하나다.

Times Square Mural

Time Square Subway Station – 42nd Street (Broadway) / **Design.** Roy Lichtenstein, 2002

E14 • **타임스 스퀘어 뮤럴** 팝 아트의 거장인 로이 리히텐슈타인에 의해 타임스 스퀘어 지하철 통로에 설치된 벽화 작품으로 뉴욕 거리 예술 가운데 최고의 작품 중 하나다. 철판 위에 도기와 에나멜 처리로 마감되었고 '미래의 뉴욕 스카이라인'을 주제로 1994년에 완성, 2002년에 현장에 설치되었다. 특히 이 공간 앞에는 늘 다양한 공연이 펼쳐져 지하철을 갈아타는 짧은 이동 시간 중에 수준 높은 미술과 공연을 모두 감상할 수 있다.

tkts

47th St. (bet. 7th Ave. & Broadway) / **Design.** Mayers & Schiff, 1973

E15 • **tkts** 브로드웨이 극장가에서 설치된 이색적인 풍경으로 빨간색 철제 파이프와 캔버스 천으로 만든 아름다운 환경 설치예술이다. 브로드웨이의 각종 공연 티켓을 할인 판매하는 장소로 이용되고 있는데, 대형 그래픽으로 티켓 판매라는 기능을 외관에 표시해 가시성을 높인 팝 아트 디자인이 유명하다. 1년에 4억 명의 인구가 지나가는 타임스 스퀘어 지역인 만큼 사람들의 인지도나 활용도가 최고 수준인 환경 조형물이다.

Travelogue

JFK 공항 내 Terminal 4 / **Design.** Diller + Scofidio, 2001

E16 • **트래블로그** 2001년 뉴욕의 JFK 공항 내에 다섯 명의 예술가에게 작품을 설치하도록 의뢰한 프로젝트 중 하나로, 공항 내부의 이민국으로 이르는 여행객 연결 통로에 설치된 디지털 합성 작품이다. 딜러 앤드 스코피디오는 이 공간만을 위한 특별한 작업을 했고, 자신의 영원한 관심 소재인 움직임과 시간, 여행의 주제를 포함시켰다. 각 패널은 다른 공간의 이미지를 보여주며 애니메이션으로 이동하는 마이크로 무비의 형식을 따른다. 하나하나의 영상에는 여행객과 관련된 스토리가 포함되어 있으며 대표작은 휘트니 미술관에서도 전시된 적이 있는 〈여행용 가방〉이다. 시카고 오헤어 공항의 유나이티드 항공 터미널 연결 통로에 설치된 마이클 하이든과 윌리엄 크래프트의 초지평적인 우주적 공간 이후 공항 내부의 가장 실험적인 설치 작품으로 평가되고 있다.

Verdi Square

72nd St. at Broadway / **Design.** Pasquale Civiletti, 1906

E17 • **베르디 스퀘어** 72번가 브로드웨이의 지하철 역사 주변으로 형성된 작은 공원으로, 이 스퀘어의 지하철 역사는 뉴욕에서 가장 아름답다고 평가받고 있다. 현존하는 돌로 구축된 몇 안 되는 지하철 입구 구조물이기도 하다. 이 광장의 이름은 이곳을 너무도 사랑했던 세계적인 오페라 작곡가 베르디의 이름을 따서 명명되었다. 베르디의 동상 아래에는 「아이다」, 「오셀로」 등 그가 작곡한 오페라의 주인공들이 함께 세워져 있다.

Walking to the Sky

Rockefeller Center / **Design.** Jonathan Borofsky, 2004

E18 • **워킹 투 더 스카이** 2004년 가을 록펠러 센터의 공공예술 기금으로 지원, 약 2개월간 설치되었던 작품으로, 약 33미터 높이의 스테인리스 스틸 장대에 플라스틱으로 만들어진 사람들 여럿이 일렬로 걸어서 올라가는 형태의 대형 조각이다. 조나산 보로프스키는 이미 프랑크푸르트, 시애틀, 서울 등의 도시에 설치된 〈망치질하는 사람〉으로 잘 알려진 작가. 전형적인 사람의 모습을 수퍼 휴먼적 스케일의 캐릭터로 창출하여 그 캐릭터가 상징하는 일상에 존경을 담는 작품 철학으로 유명하다. 이 작품에서 사람들이 그리스의 신화에 나오는 주인공들처럼 운명 속으로 걸어 들어가는 듯한 모습은 매우 미니멀하지만 그 철학적 깊이는 심오하다.

Galleries and museums in new york:

The place to view American Art is New York City. Many famous artists were based in New York City, like Edward Hopper, Jackson Pollack, Mark Rothko, and Roy Lichtenstein. The New York art scene is an explosion of the imagination, of expression and energy. Art and the place exhibiting the pieces is monumental. On the east side of Central Park is an area called the 'Museum Mile', a one-mile section with many world-famous museums gathered together. Museum Mile houses the world's best collection of arts - The City Museum of New York, along with the Solomon Guggenheim Museum, and The Metropolitan Museum of Art. •• While museums exhibit masterpieces from the past, galleries present future art and artists. The famous art district of SoHo, 57th Street, Long Island City, and Chelsea are also the major districts of the galleries. SoHo was once extremely popular with over 200 galleries, but the high rent and commercialized environment forced many galleries to move to other districts. A few influential galleries remain in SoHo and keep the reputation of the district. The hottest district right now is Chelsea, with galleries such as the Chelsea Gallery Landmark, the DIA Center for the Arts, the Gagosian Gallery, and The New Museum of Contemporary Art. There are now over 200 galleries in Chelsea. Former garages, now filled with incredible artwork create the landscape and attraction of Chelsea. •• One of the reasons why New York museums are fabulous is because they are located directly in the heart of the city. Because of the geographic uniqueness of Manhattan, everything is focused, gathered, and accessible. The ability to be able to wander to a museum during a lunch hour is an incredible feat. •• Most of the world's biggest cities are eagerly constructing all sizes and varieties of museums and galleries, and enhancing existing ones. Reasons why New York remains the center of the art world are the number of museums and galleries, the wealthy patrons, and the respected art critics. The best explanation, however, lies in the charm of a city, that manages to hold all the variety and unpredictability together. This brand of rough, invisible power is the essence of the New York art scene.

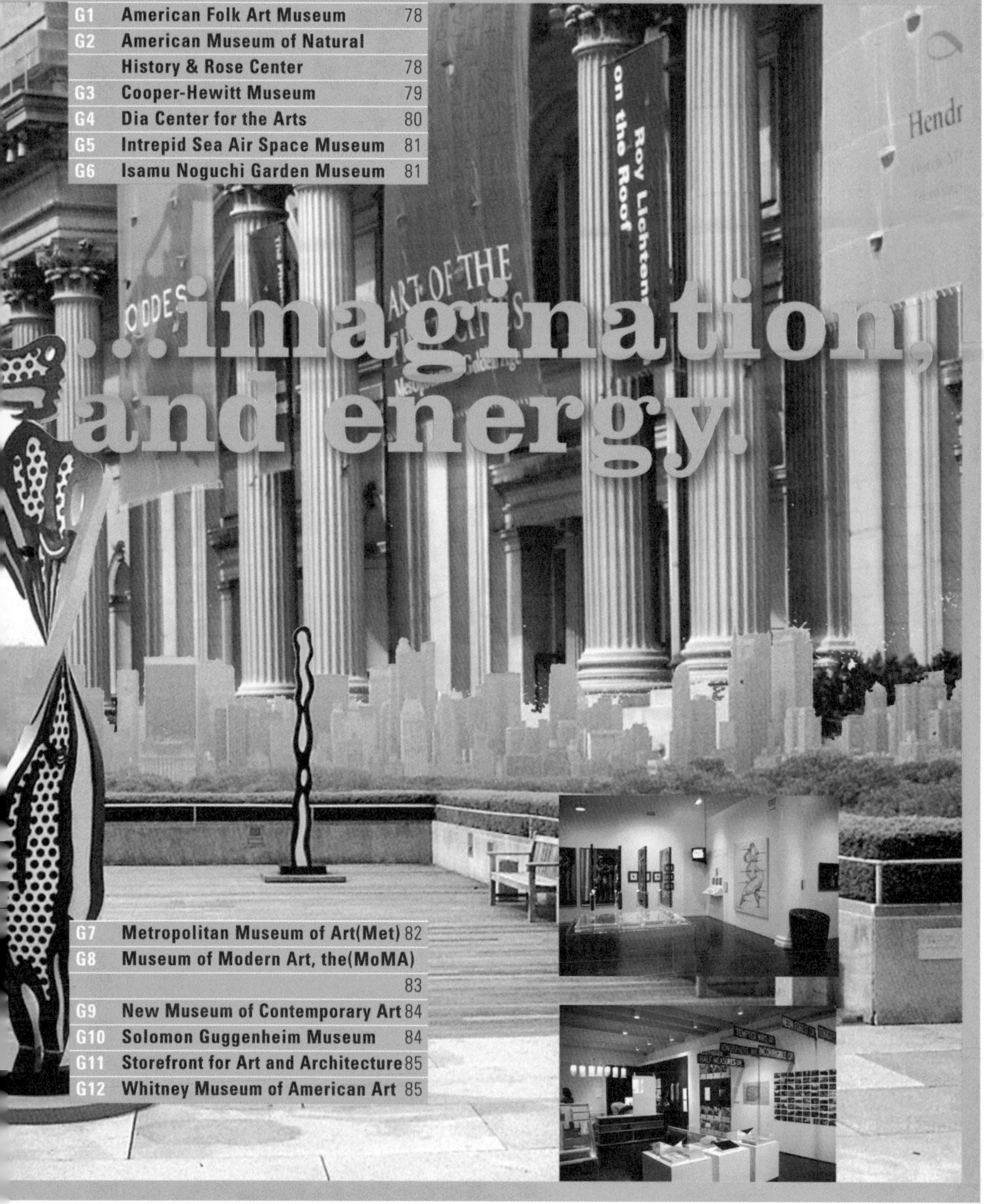

...imagination,
and energy.
Roy Lichtenstein on the Roof
ART OF THE
Hendr

...the place to view...

● 세계의 미술이 한 자리에 모이는 곳 역시 뉴욕이다. 에드워드 호퍼, 마크 로드코, 잭슨 폴록, 로이 리히텐슈타인, 키스 헤링, 조지아 오키프 등 우리에게 잘 알려진 뉴욕의 유명 화가만도 그 수를 헤아리기가 어렵다. 뉴욕을 대표하는 표현이 상상력과 에너지인 것처럼 이 도시의 미술과 그 전시 공간은 기념비적이다.

● 센트럴 파크의 동쪽을 기준으로 '뮤지엄 마일(Museum Mile)'이라 불리는 지역이 있다. 5번가를 중심으로 약 1마일(약 1,600미터)에 해당하는 거리에 세계적으로 유명한 박물관, 미술관이 밀집되어 있다고 해서 붙여진 이름이다. 뮤지엄 마일은 센트럴 파크 동쪽 104번가의 바리오 미술관에서 시작되어 82번가의 괴테 센터에서 마무리된다. 세계 4대 박물관 중 하나인 메트로폴리탄 미술관을 비롯하여 구겐하임 미술관, 디자인 전문 박물관인 쿠퍼 휴이트 뮤지엄 등이 이곳에 집중되어 있다. 매년 6월 초에 5번가를 막아놓고 열리는 뮤지엄 마일 페스티벌(Museum Mile Festival, www.museummilefestival.org)은 이 지역의 미술관들을 홍보하는 큰 행사로, 전 미술관을 무료로 입장할 수 있으며 거리의 예술가들이 분위기를 돋운다. 뮤지엄 마일의 남쪽으로는 세계 최고의 근·현대 미술품을 소장하고 있는 뉴욕 현대미술관(MoMA)과 휘트니 뮤지엄 등의 크고 작은 미술관과 갤러리들이 '세계 예술 1번지'의 명성을 대표하고 있다.

● 박물관이나 미술관이 과거의 명작을 전시하는 곳이라면 갤러리는 현재와 미래의 미술을 보여주는 곳이다. 흔히 예술가의 지역으로 알려진 곳인 소호와 57번가, 롱아일랜드 시티, 첼시 등은 주요 갤러리들이 몰려 있는 지역이다. 소호는 과거 한때 200여 개의 갤러리가 성업했을 정도로 활발했으나 비싼 임대료와 상업화된 지역 환경으로 인해 많은 갤러리들이 1990년대 중반부터 이사하기 시작, 지금은 몇 개만이 남아 명맥을 유지하고 있다. 현재 가장 활발한 현장은 첼시 지역이다. 이곳에

...the heart of the city...

는 터줏대감인 디아 센터를 비롯하여 개고시안 갤러리, 매리 분 갤러리, 그리고 새로 이사해온 뉴 뮤지엄 등의 간판급 갤러리들을 비롯하여 약 200여 개의 크고 작은 갤러리들이 모여 있다. 대부분은 과거 창고를 개조한 공간으로 어느 곳에 들어가 봐도 항상 볼 만한 전시가 있는 풍경은 첼시 지역의 매력이 되었다.

● 뉴욕의 미술관이 좋은 이유는 여러 가지가 있으나 그중 하나는 도시 한복판에 있다는 것이다. 뉴욕시 90여 개의 미술관들 중에서 60개 이상이 맨해튼에 위치한다. 사실 뉴욕의 특성상 맨해튼에 모든 것이 집중되어 있어 접근성이 용이한 것은 당연한 이야기로 들리기도 하지만, 실제로 평일 점심시간에 미술관에 들러 미술품을 감상할 수 있다는 사실은 매우 강력한 것이다.

● 20세기 말부터 사람들의 예술에 대한 관심과 문화생활에 대한 욕구는 급상승하고 있다. 그에 따라 세계의 각 도시들은 미술관과 갤러리의 공간 신축과 확장, 운영에 더욱 관심을 가지고 있다. 뉴욕이 세계 예술의 중심인 것은 많은 수의 미술관과 전시장, 재정적 후원자, 예리한 비평가들이 모여 있기 때문이기도 하지만, 진정한 이유는 다양성과 비예측성을 간직한 도시 자체의 매력 때문이다. 백남준의 말대로 뉴욕의 예술이 그토록 힘 있고 강한 것은 도시가 더럽기 때문일지도 모른다. 지겹도록 막히는 교통, 사람 키만큼 쌓여 있는 검은 쓰레기봉투들, 이 모든 것이 예술적 에너지로 치환되는 곳이 뉴욕이다. 보이지 않는 도시의 거친 힘 그리고 무늬목처럼 정교한 세련됨이 바로 뉴욕의 예술인 것이다.

American Folk Art Museum

45 W. 53rd St., (bet. Fifth & Sixth Aves.) / **Design.** Todd Williams & Billie Tsien / **Tel.** (212) 265-1040 / **www.**folkartmusem.org

G1 • **아메리칸 포크 아트 뮤지엄** 뉴욕의 문화와 지역예술을 담는다는 취지 하에 2001년 개관한 미국의 민속박물관으로 초상화부터 퀼트에 이르는 4,000여 점의 소장품을 전시하고 있다. 국제 현상 설계 공모를 통해서 45개국의 300개가 넘는 출품작 중에서 선택된 건축 당선작으로 미국 제2의 페인트 회사인 셔윈 윌리엄스의 아들 투드 윌리엄스의 작품이다. 조각적인 처리와 경사진 각도로 3차원적 느낌을 부여한 외관은 미니멀한 느낌을 부여하며, 동판으로 마감되어 태양 빛의 각도에 따라 때로는 돌같이, 때로는 금속같이 보인다. 이러한 외관의 질감적 전회는 소장품이 민속예술품인 것을 감안할 때 적절한 접근이었다고 판단된다. 아담한 규모의 실내는 자연 채광 처리가 훌륭하며, 계단이나 로비 등과 같은 공용 부분과의 연결이 부드러워 미술관을 거니는 동안 미술품과 대화할 수 있는 항해의 개념을 증폭시킨다.

American Museum of Natural History & Rose Center

725 Central Park West (at 79th St.) / **Design.** Calvert Vaux and Jacob Wrey Mould, Cady, Berg and See / **Tel.** (212) 769-5100 / **www.**amnh.org

G2 • **아메리칸 뮤지엄 오브 내추럴 히스토리와 로즈 센터** 세계에서 가장 큰 박물관이자 자연과학 연구소다. 4만 2,000평의 면적, 3,600만 개의 전시품, 1년에 300만 명이 넘는 관람객이라는 통계는 그 규모를 잘 설명해준다. 200여 명의 학자들이 이 박물관 내에서 연구를 하고 있는 만큼 전시 이외에도 세미나, 워크숍, 영화 상영 등 다양한 교육 프로그램을 제공하고 있다. 본관 전체의 각 층은 '자연과의 대화'를 테마로 구성되어 있는데, 특히 4층에 위치한 공룡 전시가 볼 만하다. 한편 2000년에 개관한 로즈 센터는 미래과학을 주제로 전시를 구성하였다. 완전 정육면체의 유리 커튼월로 내부의 '구'와 여러 개의 램프가 연결된 보습이 훤하게 들여다 보이는 모습은 박물관의 새로운 상징이 되었다.

Cooper-Hewitt Museum(原 Andrew Carnegie 저택)

2E 91st St. (Fifth Ave.) / **Design.** Babb, Cook & Willard, Hardy Holzman Pfeiffer Associates / **Tel.** (212) 860-6868 / **www.ndm.si.edu**

G3 • **쿠퍼 휴이트 뮤지엄** 미국 최대이자 유일한 디자인 전문 미술관으로 미국의 예술 후원단체인 스미소니언 협회 소속 중 유일하게 워싱턴 밖에 건립된 미술관이다. 과거 부유한 귀족이었던 새러 휴이트와 엘리노 휴이트는 파리의 장식박물관과 런던의 빅토리아 앨버트 박물관에서 영감을 받아 1897년 디자인 전문 미술관을 설립하였다. 그 이후 1901년에 지어진 스코틀랜드 출신의 철강왕 앤드류 카네기의 저택을 선택해 뮤직 룸, 다이닝 룸, 브렉퍼스트 룸 등 64개의 방을 성공적으로 개조하여 오늘날과 같은 아름다운 전시 공간을 만들었다. 6세기부터 현재까지 디자인 역사를 반영하는 컬렉션을 비롯하여 협회에서 소장하는 세계 유명 디자이너들의 가구와 장식품, 디자인 제품들이 전시되어 있다.

Dia Center for the Arts

535 W. 22nd Street. (bet. Tenth & Eleventh Aves.) / **Design.** Richard Gluckman / **Tel.** (212) 989-5566 / www.diacenter.org

G4 • **디아 센터** 1974년 현대미술의 후원과 전시를 위해 만들어진 디아 센터의 상설 갤러리다. 그리스어인 디아(Dia)는 영어로 'through'라는 뜻이다. 이 갤러리는 프란체스코 클레멘테, 리처드 세라, 로버트 어윈 등의 초청 전시를 개최하였고 유명 상설 미술품도 다소 갖추고 있나. 신진작가들을 발굴, 후원하는 일과 유명 시인의 현대 시낭송은 이 미술관의 특별한 프로그램이다. 또한 이 미술관은 층마다 성격이 달라 각 전시 공간에 적합한 작품을 선정하거나 작가에게 의뢰하는 것으로도 유명하다. 대표적인 예가 1층 로비의 바닥과 기둥을 색채 세라믹 타일로 마감한 작품, 계단실을 따라 수직적으로 설치되어 있는 댄 플레빈의 형광등 작품과 〈지붕의 도시공원화 프로젝트〉로 명명된 댄 그레이엄의 옥상 유리 구조물 등이다. 건축과 예술품이 가장 잘 어우러진 예로 손꼽히는 만큼 제니 홀저 등의 유명 작가들도 전시 공간에 적합한 작품을 선보인 바 있다. 이 갤러리의 옥상에 올라가면 허드슨 강변을 따라 늘어선 하역 창고들이 모습이 장관으로 다가온다. 한편 디아 센터는 가까운 시일 내에 〈하이라인 프로젝트〉(P7, 67쪽)와 발맞추어 미트 패킹 디스트릭트로 이전할 계획을 가지고 있다.

Intrepid Sea Air Space Museum

Pier 86 (12th Ave. & 46th St.) / **Tel.** (212) 245-0072 / **www.**intrepidmuseum.org

G5 • **인트레피드 해양 항공 박물관** 1941년부터 1974년까지 실제 항공모함으로 사용되던 인트레피드(Intrepid)호를 개조하여 만든 박물관이다. 한국전쟁과 베트남전에도 사용되었던 이 전설적 항공모함은 1982년 현재의 위치인 뉴욕의 제86부두로 옮겨져 정박해 있다. 내부에는 제2차 세계대전 및 각종 전쟁에서 활약했던 전설적인 전투기 수십 점이 전시되어 있다. 배 내부의 구석구석을 활용한 전시가 훌륭하며 조종석까지 관람이 가능하다. 특히 조종석이나 갑판 위에서 바라보는 맨해튼의 풍경은 아름답고 독특하다. 현재는 운항이 중단된 콩코드에 탑승해볼 수 있는 것도 또 다른 재미다. 특히 항공모함 남측에 붙어 있는 잠수함 그롤러(Growler) 호는 뉴욕에 사는 오페라 가수이자 나의 오랜 친구 주디(Judy Fowler)가 집 근처 강가에서 이 잠수함을 보는 것을 좋아하여 늘 '주디의 잠수함'이라고 부르곤 하였다.

Isamu Noguchi Garden Museum

32-7 Vernon Blvd., Long Island City / **Tel.** (718) 204-7088 / **www.**noguchi.org

G6 • **이사무 노구치 가든 뮤지엄** 뉴욕을 중심으로 활약했던 조각가 이사무 노구치의 기념관으로, 뉴욕에서 유일하게 개인 예술가를 위해 건립된 미술관이다. 공장 건물을 수리해 13개의 전시실과 야외 공원을 갖춘 미술관으로 변모된 이 공간에는 약 300여 점의 조각품이 전시되고 있다. 지극히 산업적인 배경에 조각 작품을 다양한 각도와 배경에서 바라볼 수 있는 시도는 조각이 전시되는 환경과의 관계를 강조하던 노구치 자신이 처음부터 생각했던 의도였다. 돌, 나무, 금속 그리고 창호지와 같은 재료를 통한 물과 빛, 소리의 추구는 그의 영원한 영감이자 작품 소재였다. "감각은 만져지는 것이지 말로 하는 것이 아니다"라는 노구치 자신의 말대로 이 미술관에 전시된 그의 조각 하나하나는 정말 만져보고 싶은 것들이다. 건물 한 모퉁이의 카페에서는 마사 그레이엄과 협력하여 완성한 그의 무대디자인 등 다양한 작품을 소개한 책들을 구입할 수 있다.

Metropolitan Museum of Art(Met)

1000 Fifth Ave. (at 82nd St.) / **Design.** C. Vaux, R. M. Hunt, McKim, Mead & White, K. Roche / **Tel.** (212) 535-7710 / **www.metmuseum.org**

G7 • **메트로폴리탄 뮤지엄 오브 아트** 파리의 루브르 박물관, 영국의 대영박물관, 세인트 피터스브루그의 에르미타슈 미술관과 더불어 세계의 4대 박물관으로 불리는 곳이다. 건물은 미국 건축가로는 최초로 파리의 에콜 드 보자르에서 수학한 리처드 모리스 헌트가 파리의 장대한 기념비들을 생각하며 계획했다는 작품으로, 센트럴 파크를 배경으로 도시 안의 아름다운 궁전과 같은 모습으로 자리하고 있다. 이 건물에서는 입구 부분이 특히 강조되었는데, 정면의 계단에 시민들이 앉아 있는 풍경은 마치 한 폭의 그림과 같다. 건물 곳곳에서 장대한 공간감을 느낄 수 있으며, 고대부터 근대에 이르는 수많은 진귀한 유물과 300만 점에 달하는 소장품, 이를 전시하는 234개의 전시실을 갖추고 있다. 이 박물관에서 꼭 방문해야 하는 베스트 전시실 다섯 군데는 다음과 같다.

1. 프란시스 리틀 하우스 II 1914년 프랭크 로이드 라이트가 디자인한 주택의 거실을 복원해놓은 부분이다.

2. 이집트관 오래된 건물에 현대적인 디자인이 가미된 대비가 훌륭하다. 이곳에서 센트럴 파크를 내다보는 절경은 영화 「해리가 샐리를 만났을 때」의 한 장면을 장식하기도 하였다.

3. 옥상 조각 전시공원 주로 조각 작품을 전시하며 정기적으로 전시를 바꾼다. 옥상에 예술품과 주변 센트럴 파크의 자연, 그리고 원경에서 보이는 맨해튼 마천루의 스카이라인은 눈물이 날 정도로 아름답다.

4. 중국 파빌리온 '명나라 선비의 정원'을 테마로 꾸며놓은 곳이며, 중국에서 직접 도목수들이 건너와 손으로 시공한 공간이다.

5. 베르메르 전시실 〈진주귀고리를 단 소녀〉로 유명한 네덜란드의 화가 얀 반 베르메르의 그림을 전시한 곳이다. 참고로 베르메르는 40여 점밖에 그림을 남기지 않았으며 그중 12점이 메트로폴리탄 미술관에 소장되어 있다.

이집트관

중국 파빌리온

옥상 조각 전시공원

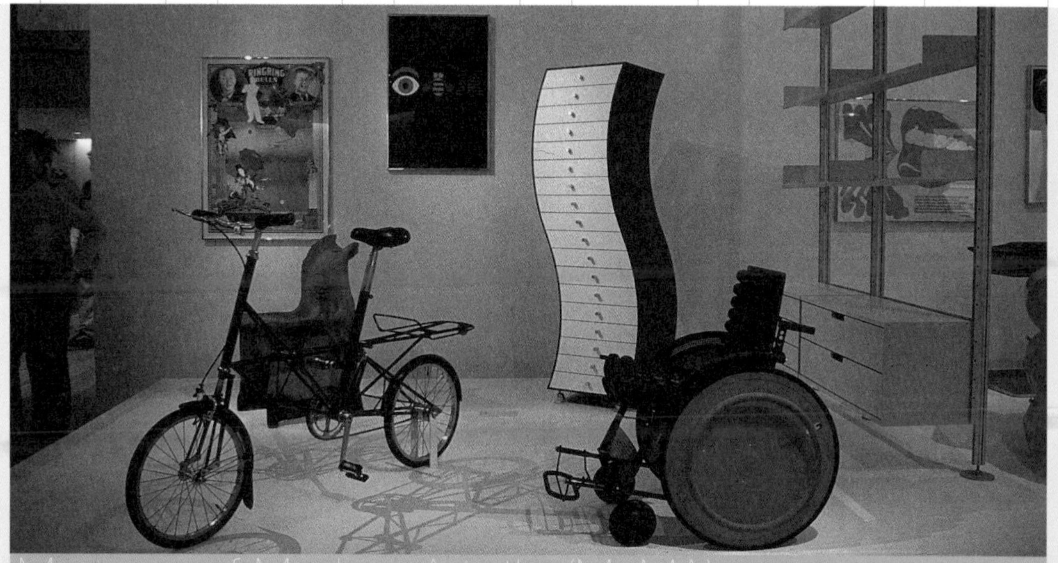

Museum of Modern Art, the(MoMA)

11 W 53rd St. (bet. Fifth & Sixth Aves.) / **Design.** P. L. Goodwin & E. D. Stone, C. Pelli, Y. Taniguchi / **Tel.** (212) 708-9480 / **www.moma.org**

G8 • **뉴욕 현대미술관** 모마(MoMA)라는 애칭으로 더 유명한 세계 최고의 현대디자인 박물관이다. 9,000평이 넘는 전시공간을 장식하는 최고의 소장품과 정기적으로 열리는 전시회의 수준은 이 미술관의 명성을 지키는 본질이다. 반 고흐, 몬드리안, 세잔 등의 주옥같은 그림들, 세계적 디자이너들의 명품, 건축가들의 스케치 등이 끊임없이 전시되어 자세한 감상을 위해서는 여러 차례의 방문이 필요하다. 2004년 11월 20일 일본계 건축가 요시오 다니구치의 설계로 새로 개관하였다. 모마의 새 디자인은 미술관의 주요 기능인 전시와 교육 두 가지를 상징하는 '두 개의 당당한 기하학적 형태'라는 주제 하에 간결한 형태로 구축되었다. 우아한 연못, 각종 조각들과 파리의 메트로 입구에 있는 구조물을 그대로 옮겨와 만든 정원은 도시의 평온한 오아시스로서 뉴요커들의 꾸준한 사랑을 받고 있다.

New Museum of Contemporary Art

556 W. 22nd St. (bet. Tenth & Eleventh Aves.) / **Tel.** (212) 219-1222 / **www.**newmuseum.org

G9 • **뉴 뮤지엄 오브 컨템퍼러리 아트** 1977년 휘트니 뮤지엄의 큐레이터였던 마르시아 터커가 세운 미술관이다. '10년 이상 된 작품은 취급하지 않는다'는 파격적인 콘셉트에 따라 소장이라는 기능을 중시하는 기존의 미술관들과는 다른 노선으로 시작되었다. 일반 미술관에서 소외되거나 다루지 못하는, 하지만 중요하고 의미 있는 작품들을 신중하게 선정, 기획, 전시하는 것으로 유명하다. 소호의 중심 거리인 브로드웨이에서 2004년 첼시로 이전, 개관했다. 특히 디지털 미디어 작품들도 많이 소개하고 있으며, 다양한 갤러리 공간들에 따른 전시 형태가 다채롭다. 이 미술관은 2007년 노리타 지역으로 다시 옮겨 극장, 미디어 라운지, 도서관 등을 갖춘 복합 예술 공간으로 확장 개관할 예정이다. 일본인 건축가 카즈요 세지마와 류에 니시자와가 설계하는 이 건물은 왜곡된 형태의 박스들이 엇갈려 물리는 흥미로운 형태의 외관을 지닐 예정이다.

Solomon Guggenheim Museum

1083 Fifth Ave. (bet. 88th & 89th Sts.) / **Design.** Frank Lloyd Wright / **Tel.** (212) 423-3500 / **www.**guggenheim.org

G10 • **솔로몬 구겐하임 뮤지엄** 뉴욕에서는 드물게 보이는 원형의 외관으로 건축가의 명성과 함께 많은 일화를 만들었던 건물이다. 간결해 보이는 기하학적 외관이지만 실제로는 13년간에 걸친 700여 장의 스케치와 여섯 세트의 워킹 드로잉을 걸친 후에야 완성된 대작이다. 지어졌을 당시 독특한 나사 모양 외관은 뒷건물의 배관과 어울려 '변기처럼 생겼다'는 비평을 받기도 하였으나, 센트럴 파크를 바라보며 자리 잡은 백색의 우아한 모습으로 많은 사람들에게 사랑을 받고 있다. 특히 높게 개방된 중앙에 30미터 지름의 천창을 통해서 햇빛이 유입되는 경관은 20세기 건축에서 가장 유명한 실내 공간 중 하나로 평가되고 있다. 전시하는 미술품보다 건축이 더욱 중시되어 램프의 전시 기술상의 장애 등 다소 기능적이지 못한 요소들이 많다. 한편 건축가인 프랭크 로이드 라이트는 "내 건물에 그림은 필요 없다!"는 말과 함께 그러한 문제를 전혀 개의치 않았던 일화로도 유명하다. 황혼 무렵에는 건물의 외관이 엷은 보라색으로 빛나는 것도 특이한 현상 중 하나다. 구겐하임은 세계에서 손꼽히는 칸딘스키 소장품을 비롯하여, 우리에게 친숙한 인상파 화가들과 피카소의 초기 작품들 그리고 클레, 샤갈, 레제 등 20세기 현대 화가들의 컬렉션도 매우 충실하다. 눈부시게 빛나는 백색의 미술관 건물에 유난히도 화려한 원색을 좋아했던 작가들의 소장품이 많은 것은 우연일까?

Storefront for Art and Architecture

97 Kenmare St. (at Centre St.) / **Design.** Steven Holl & Vito Acconci / **Tel.** (212) 431-5795 / **www.storefrontnew.org**

G11 • **스토어프런트 포 아트 앤드 아키텍처** 건축 전시회를 주로 개최하는 갤러리로 1993년 건축가 스티븐 홀과 아티스트 비토 아콘치와의 협력으로 만들어졌다. 세모난 길거리 모퉁이에 행인이 쉽게 진입할 수 있게 만든 구조와 건축적 분절은 매우 신선하다. 뉴욕의 그리드를 상징하는 열두 개의 창과 문이 마치 퍼즐처럼 수직, 또는 수평으로 회전하면서 열리고 닫히는 풍경은 전체 디자인의 핵심이다. 이 창과 문은 콘크리트와 재활용 섬유를 섞어 제작된 패널로, 열렸을 때는 내부의 전시 공간을 외부로 확장시켜 건물 자체가 하나의 설치 작품 같은 역할을 한다.

Whitney Museum of American Art

945 Madison Ave. (at 75th St.) / **Design.** Marcel Breuer / **Tel.** (212) 570-3676 / **www.whitney.org**

G12 • **휘트니 뮤지엄 오브 아메리칸 아트** 1930년 조각가였던 거트루스 휘트니에 의해 창립된 미술관이다. 에드워드 호퍼, 야스퍼 존스, 알렉산더 칼더 등 현대 미국의 미술품 컬렉션이 방대하며, 구겐하임 뮤지엄과 더불어 뉴욕에서 특이한 모양의 양대 미술관으로 인식되고 있다. 기념비적인 미술관을 만들기 위해서 바우하우스 출신의 건축가 마르셀 브로이어가 선택한 것은 엄격하고 절제된 디자인이었다. 즉 외관의 무덤덤한 풍경에 지그재그로 건물의 밑동을 깎아 내려가며 브리지를 통해서 진입하는 묘미를 극대화시킨 것이다. 정면에 한 개, 북측 입면에 여섯 개의 경사진 작은 창은 '예술을 보는 눈'이라는 별명을 가지고 있다. 개관 당시에는 나무 패널로 마감된 벽, 카펫과 나무 모자이크 바닥, 값비싼 가구들로 가득 찬 로비의 호화로운 분위기로 사교클럽과 같다는 평이 지배적이었다. 유기농 재료를 이용한 건강 음식으로 유명한 지하의 레스토랑 사라베스는 지역 주민들의 사교장 역할을 하고 있다.

뉴욕의 8대 절경

views of manhattan: from the windows of the world

The glowing sun rising in the early morning between the Twin Towers and the scene looking down from the windows of the world were two of the best views in Manhattan, now no longer with us. Another unforgettable view was captured while descending the escalator inside the MOMA. On the right side, some of the world's best paintings, and on the left one of Manhattan's most glorious vistas. •• New York's skyline is fabulous from many different angles. On a very clear autumn morning or late at night, the view from an airplane high above the city offers a spectacular view. The view from New Jersey across the Hudson is another incredible sight, as is seeing the East Side of Manhattan from the Queensborough Bridge. •• One of the reasons Manhattan's landscapes are so incredible is because of its distance away from the mainland, offering incredible views of itself across the water. Once in Manhattan, views from inside the city are yet an entirely different aesthetic. There is a special quality to these aspects, where we can feel the whole of the city, just by seeing a segment. This is a beautiful and precious feeling for the visitor in Manhattan.

● 이른 아침 쌍둥이 빌딩 사이로 해가 돋는 모습, 그리고 쌍둥이 빌딩 꼭대기의 레스토랑 윈도즈 오브 더 월드(Windows of the World)에서 구름 밑으로 맨해튼을 바라보는 풍경은 더 이상 존재하지 않는 추억이 되었다. 또 한 가지 잊을 수 없는 시점은 뉴욕 현대미술관(Museum of Modern Art) 내부의 에스컬레이터를 타고 내려오며 보이는 전경이다. 이 시점은 왼편에 세계 최고의 도시 맨해튼, 오른편에 세계 최고의 예술 작품을 놓고 수직적으로 하강하는 독특한 느낌을 제공한다. 현재는 미술관의 증축으로 더 이상 존재하지 않는 시점이 되었다.

어느 도시의 전경을 이야기할 때 뉴욕만큼 강렬한 이미지로 기억되는 경우는 드물다. 아주 맑은 가을 하늘 오전, 또는 한밤중에 뉴욕의 공항에 내릴 때 창밖으로 보이는 스카이라인이란 정말 대단한 것이다. 뉴욕은 참으로 다양한 위치와 각도에서 바라볼 수 있다. 그중 대표적인 방법은 거리를 두고 맨해튼을 바라보는 경우다. 뉴욕의 서쪽 건너편 뉴저지에서 허드슨 강(Hudson River)을 통해서, 또는 동쪽의 퀸스버러 브리지(Queens Borough Bridge)를 건너며 바라보는 맨해튼은 자주 회자되는 아름다운 전경이다. 이외에도 공중에서, 강 위에서, 또 인근 공항에서 맨해튼의 다른 풍경을 감상할 수 있다. 이처럼 맨해튼이 아름다워 보이는 것은 바라보는 곳으로부터 일정 거리를 유지하기 때문이다. 즉 맨해튼은 독립된 섬이기 때문에 항상 적당한 거리를 두고 다양한 각도에서 바라볼 수 있는 위치가 존재한다. 또 한 가지는 맨해튼을 맨해튼 안에서 바라보는 경우다. 맨해튼 내부의 구석구석에는 이를 가능하게 해주는 비밀의 장소들이 존재한다. 이곳에는 부분으로 전체의 아름다움을 느낄 수 있는 미학이 존재한다. 도시 안에서 도시를 볼 수 있을 때 도시는 진정으로 아름답게 보인다. 전체 숲과 나무 하나하나가 각각 모두 찬란한 것이 바로 뉴욕의 경관이다.

Queens Borough Bridge & Roosevelt Island Tramway

퀸스버러 브리지와 루스벨트 아일랜드 케이블카 운전하면서 퀸스버러 브리지에서 맨해튼 방향으로 건너올 때 맨해튼은 아주 가깝고 힘있게 느껴진다. UN 빌딩, 시티 은행, 메트 라이프, 크라이슬러 빌딩 등 맨해튼의 동편에 구축된 빌딩들이 만들어내는 스카이라인이 어느 순간 클로즈업된다. 한편 루스벨트 아일랜드에서 맨해튼으로 넘어오는 케이블카에서는 차 안과는 조금 다른 각도에서 맨해튼을 감상할 수 있다.

Brooklyn Pier

브루클린 피어 브루클린 피어의 갑판에서 브루클린 브리지(Brooklyn Bridge)와 맨해튼 브리지(Manhattan Bridge)를 동편으로, 자유의 여신상을 서편으로 두고 바라보는 시점으로 맨해튼의 가장 로맨틱한 전경이다. 이 풍경은 '낮게 나는 갈매기의 시점'이라 불리기도 한다.

from air

공중에서 비행기나 헬리콥터를 타고 상공에서 맨해튼을 둘러보는 것은 시도해볼 만한 가치가 있다. 단, 맨해튼의 지리와 건물에 대한 지식이 있어야 진정으로 즐길 수 있다. 엄청난 면적의 센트럴 파크를 가운데 두고 형성된 장난감처럼 보이는 건물과 자동차, 그리고 길과 공원의 파노라마를 공중에서 3차원적으로 느끼는 것은 특별한 경험이다. '인공으로 만든 그랜드 캐니언(Artificial Grand Canyon)'이라는 표현이 실감난다.

Woolman's Rink in Central Park

울먼스 링크 센트럴 파크 내부에 설치된 아이스 링크에서 스케이팅을 하며 360도 파노라마로 느끼는 센트럴 파크의 자연과 맨해튼 마천루의 대비는 도심 한가운데서 별천지를 경험하는 것 같다.

The Iris and B. Gerald Cantor Roof Garden, Metropolitan Museum of Art

메트로폴리탄 미술관 옥상 정원 멀리 보이는 맨해튼의 건물들이 병풍처럼 센트럴 파크의 자연을 둘러싸고 있는 풍경, 그리고 바로 앞에 아름답게 조각된 예술 작품의 조화가 백미다. 여름날 저녁 시간, 이곳에서 와인을 마시며 조각품을 감상하고 센트럴 파크를 내려다보는 순간, 일상의 모든 심각함을 잊을 수 있다.

Kosciusko Bridge

코시우스코 브리지 브루클린과 퀸스를 잇는 BQE(Brooklyn Queens Expressway) 중간 지점에서 코시우스코라는 다리를 지나게 된다. 상당히 높은 고도에 위치한 다리의 정상쯤 진입했을 때 가까이로는 묘지가, 멀리로는 맨해튼의 전경이 한눈에 들어온다. 죽음의 공간인 묘지와 숨가쁜 생활의 터전인 맨해튼을 함께 바라보는 순간, 우리에게 철학적 의문이 던져진다.

Newark Airport

뉴워크 공항 뉴저지에 위치한 뉴워크 공항에서 바라보는 맨해튼의 실루엣은 아주 독특하다. 근경에 큼직한 비행기들, 그리고 원경에 '다이노소스'로 불리는 크레인들과 모형 같은 맨해튼의 실루엣이 결합되는 경관은 확연한 스케일의 대비로 여행의 흥분과 종착지에 대한 기대감을 자아낸다.

Bryant Park

브라이언트 파크 따사로운 봄날 맨해튼 한가운데 마련된 브라이언트 공원에 누워 사방을 둘러보는 시점이 일품이다. 작지만 평화로운 공원의 녹지, 동쪽 뒤편으로는 배움과 지성의 전당인 뉴욕 시립도서관, 남쪽으로는 뉴욕 제일의 상징인 엠파이어스테이트 빌딩이 아주 가깝게 시야로 들어온다. 특히 안개 낀 저녁, 엠파이어스테이트 빌딩의 꼭대기가 희미하게 사라지고, 조명만이 은은히 빛날 때의 낭만은 말로 표현하기 어려울 정도로 아름답다.

Shops in new york:

New York is well-known as the number-one consumer city in the United States, but until the early twentieth century, NY was simply a huge industrial metropolis. The New York harbor saw almost seventy percent of the country's imported and exported goods. Coincidently, a close seventy percent of all of the companies in the states had headquarters in New York. Although many of these companies have now moved their bases from the city, the tradition of economic opulence and success contributed to the state of consumerism in the city. •• Unlike many other cities in the U.S., where most of the shopping occurs in shopping malls, the majority of shopping in New York City takes place in big department stores and the thousands of independent shops. You can find anything and everything here, and you can shop 24 hours a day. From the biggest fashion houses to the smallest bargain boutiques, New York boasts the largest selection of goods from all parts of the globe. The standard New Yorker can be found working from Monday to Thursday, shopping Thursday evening, partying Friday night, and escaping town for rest and relaxation for the weekend. Seventy-five percent of the shopping occurs on Thursday evenings and the weekends, when you can find most of the famous shops crowded with eager buyers. Like sophisticates in other cities, New Yorkers love shopping. •• New York is the world capital of shopping. In this city only the cutting edge, only the very well-established or the extremely unique can survive. This explains why so many shops are constantly shutting down, as new ones open next door. Shopping is pure entertainment; from the moment we enter the store, until we exit, the whole sequence is as important as the purchasing of the product. Creating a navigational experience that involves educational discovery and constant entertainment is the key to successful visual merchandising, and an ultimate resource of inspiration to designers. •• "Whoever said money can't buy happiness simply didn't know where to go shopping." (Bo Derek)

..."sing the products."

...wide variety of people and backgrounds...

● 뉴욕은 세계 쇼핑의 수도다. 뉴욕에서는 모든 것을 살 수 있으며, 24시간 쇼핑할 수 있다. 뉴요커들의 일상은 대부분 '월요일부터 목요일까지 열심히 근무, 목요일 저녁엔 쇼핑, 금요일엔 파티, 주말엔 공원 또는 교외로 나가거나 휴식'으로 이뤄진다. 일주일 쇼핑의 75퍼센트가 이루어지는 목요일 저녁과 주말이면 대부분의 상점들은 아주 혼잡하다.

● 미국 제일의 소비 도시로 알려져 있지만 사실 뉴욕은 20세기 초반까지는 큰 산업도시였다. 미국 주요 기업의 70퍼센트가 이 도시에 있었고 뉴욕 항구는 미국 전체 수입품의 70퍼센트를 다뤘다. 많은 공장이 있었으며, 각종 물건들을 생산해 다른 주로 배급하였다. 현재는 공장 시설 대부분이 다른 주로 이전하였지만, 이러한 전통은 경제적 풍요로 연결이 되어 오늘날과 같은 소비 환경을 형성하는 데 기여하였다.

● 몰(Mall)에 쇼핑이 집중되는 미국의 중소 도시와 달리 뉴욕은 대형 백화점과 독립된 상점들을 중심으로 쇼핑이 이루어진다. 브랜드를 특별히 선호하지 않는 경향 또한 뉴요커의 특징이라 할 수 있다. 브랜드를 유난히 좋아하는 아시아인과는 달리 뉴요커는 유명 브랜드 못지않게 개별 상점에서 독특한 상품을 구매하기를 즐긴다. 세계 어느 도시에서나 볼 수 있는 명품 브랜드 상점들과 더불어 뉴욕에서만 발견할 수 있는 상점들이 다수 존재하는 것도 이러한 이유 때문이다. 다양한 인종과 다양한 취향 역시 뉴욕의 쇼핑 패턴을 각양각색으로 표현하는 중요한 변수다. 이 도시에서는 첨단의 것, 최고의 것, 그리고 아주 독특한 것이 아니면 생존하기 어렵다. 약 10년을 단위로 수많은 브랜드의 상점들이 문을 닫고 또 새로 개점하는 것도 그러한 이유 때문이다. 수십 년씩 자리를 지키고 있는 상점들은 그만 한 이유를 가지고 있다. 그들의 경쟁력은 독창성과 디자인, 패션의 변화를 주도하는 속도에 있다.

American Girl Place

609 Fifth Avenue (at 49th Street) / **Tel.** (877) 247-5223 / **www.americangirlplace.com**

S1 • **아메리칸 걸 플레이스** 아동 교육가이자 출판가인 플레전트 로랜드에 의해서 창립된 회사다. 좋은 이야기와 생각이 담긴 책과 인형 그리고 장난감으로 소녀들을 교육한다는 로랜드의 생각은 크게 히트를 쳤다. 1986년 카탈로그 판매로 시작하였으며, 시카고와 뉴욕에 대형 상점으로 문을 열어 폭발적인 인기를 얻었다. 이 매장은 단순한 인형 판매 상점과는 큰 차이가 있다. 아기 때부터 10대에 이르기까지 성장 과정 동안 자신의 연령과 외모, 성격에 적합한 인형을 선택할 수 있도록 분류, 진열되어 있다. 또한 인형을 시대별로 분류해 역사와 스토리를 부여함으로써 소녀들의 지적 호기심과 상상력을 자극하고 교육적 정보를 얻을 수 있도록 치밀하게 계획되었다. 인형 하나하나의 콘텐츠를 살펴보면, 그 창의력과 연구의 깊이에 감탄하게 된다. 매장 내부에는 어린이 연극 전용 극장과 카페 등이 마련되어 있다. 1998년 바비 인형 등을 생산하는 세계 최대의 장난감 회사 매틀로 인수되었다.

Apple Store

103 Prince St. (at Greene St.) / **Design.** Bohlin Cywinski Jackson & Ronette Riley / **Tel.** (212) 226-3126 • 767 Fifth Ave. (bet. 58th & 59th Sts.) / **Tel.** (212) 336-1440 / **www.apple.com**

S2 • **애플 스토어** 미국 전역에서 인기를 얻고 있는 애플 스토어는 아이맥(iMAC), 아이팟(iPod)과 함께 애플 사의 3대 히트작 중 하나다. 애플 사에서 소매를 담당하고 있는 부회장 론 존슨의 지휘로 소비자에게 감성적으로 접근, 매장에서 컴퓨터 판매를 주목적으로 하지 않고 신상품과 테크놀로지의 소개, 전시, 교육과 엔터테인먼트의 개념에 집중했던 전략은 큰 성공을 거두었다. PC에 부담감을 느꼈던 소비자들에게 쉽게 접근하여 상품의 인지도와 브랜드의 가치를 대폭 상승시킬 수 있었던 것이다. 애플 사에서 만든 어떤 상품이라도 문제가 있을 때 예약 없이 방문해서 곧바로 전문적인 상담과 치료를 받을 수 있는 서비스 시스템의 개발은 정말 획기적인 것이었다. 컴퓨터와 디지털 테크놀로지에 해박한 친절한 점원들이 대기하는 공간을 '천재들의 바(Genius Bar)'라고 부른다. 특히 뉴욕 예술의 중심 거리 소호에 위치한 매장은 과거 우체국으로 사용되던 장소로, 천창으로부터 유입되는 햇빛이 투명 유리로 만들어진 계단에 반사되어 금속성의 컴퓨터와 카메라에서 빛나는 모습은 이 공간의 하이라이트다. 소호에서 인터넷을 무료로 사용하거나 화장실 가고 싶을 때 이용하는 비밀 장소이기도 하다.

B&H Photo-Video Pro Audio

420 Ninth Ave. (bet. 33rd & 34th Sts.) / **Tel.** (212) 444-6615 / **www.bhphotovideo.com**

S3 • **B&H 포토 비디오 프로 오디오** 사진, 컴퓨터, 비디오, 오디오 및 디지털과 관련해서 없는 것이 없이 구색을 갖추어놓은 뉴욕 최대의 전문 상점이다. 대형 슈퍼마켓만큼이나 커다란 공간 안에 약 13만 개의 첨단 상품이 갖추어져 있다. 미국 전역의 사진가, 영상 관계자들이 늘 온라인이나 전화로 주문하다가 뉴욕을 방문하는 길에 꼭 들러보는 일종의 전문가 관광 명소로도 유명하다. 이 매장의 하이라이트는 뭐니 뭐니 해도 천장의 컨베이어 벨트 시스템이다. 상품은 판매되는 즉시 컨베이어에 의해서 운반되며, 고객은 대금을 지불한 후에 상품을 찾게 되어 있다. 가장 짧은 시간에 가장 최소한의 공간에서 가장 안전하고 효율적인 방법으로 돈을 벌 수 있도록 고안된 시스템은 경악을 금하기 어려울 정도다. 유대인들이 과거 도망 다닐 때 챙기기 쉽도록 값지고 작은 물건을 가지고 다니던 전통이 오늘날 귀금속과 카메라의 세계적 유통을 장악할 수 있었던 배경이 되었다. 이 상점의 번영과 시스템을 보면 세계 경제를 주름잡는 유대인 상술의 단면을 보는 것 같아 소름이 끼치기도 한다.

S4 • **블룸** 흔히 꽃으로 가득 차 있고 한쪽 구석에서 꽃을 다듬는 꽃집의 풍경을 탈피한 개념으로, 공간에 들어서는 순간 마치 도심의 번잡스러움을 벗어난 것 같은 고요가 느껴지는 곳이다. 작은 폭포가 흐르고 물이 고이는 바닥, 색채별로 분류해놓은 꽃들, 양초, 시집, 포장지 등의 예술적 전시는 아주 독특하다. 소매와 더불어는 결혼이나 각종 파티 등의 꽃 장식을 전문으로 하여 『뉴욕 타임스』는 물론이고 『마사 스튜어트 웨딩』, 『모던 브라이드』 등과 같은 결혼 관련 잡지 등에 여러 번 소개되었을 정도로 부케와 꽃꽂이 연출이 뛰어난 것으로 유명하다.

Bloom

541 Lexington Ave. (at 50th St.) / **Tel.** (212) 832-8094 / **www.bloomflowers.com**

Bodum

413-415 W. 14th St. (bet. Ninth & Tenth Aves) / **Design.** Jacobson Shinoda & Middleton Architects / **Tel.** (212) 367-9125 / **www.bodum.com**

S5 • **보둠** 1944년 덴마크의 코펜하겐에서 피터 보둠에 의해 창립되었으며, 커피메이커를 전문으로 성장을 거듭, 오늘날 각종 주방기구를 파는 회사로 발전하였다. '좋은 디자인은 취하고 나쁜 디자인은 버려라'라는 회사의 슬로건에서 알 수 있듯이 디자인에 각별한 노력을 기울여 국제적인 인지를 획득하였고, 훌륭한 디자인의 상품으로 각종 국제 산업디자인 관련 상도 수상하였다. 디자인 연구와 개발을 집중적으로 하는 보둠 디자인 그룹도 별도로 운영하고 있다. 현재 본사는 스위스 루체른 지방에 있고, 세계 17개국에 매장이 있는데, 뉴욕의 이 매장은 주방 기구 이외에도 각종 디자인 소품들을 전시, 판매하고 있다. 시원하고 간결한 공간 구획과 마치 도서관과 같이 잘 정돈된 디스플레이가 인상적이다. 특히 상품들이 색채별로 구분되어 있어 크레용 박스에서 원하는 색을 집듯이 좋아하는 색상의 상품을 선택할 수 있도록 유도하는 독특한 디스플레이 전략이 돋보인다. 내부에 카페가 있어 부티크들로 가득찬 미트 패킹 디스트릭트 주변을 쇼핑하다가 쉬어 가기 좋은 장소다. 이 카페는 고유의 브랜드 커피 10종과 100여 가지의 차를 제공하고 있다.

Cassina USA

155E. 56th St. (bet. Lexington & Third Aves.) / **Design.** Giancarlo Tintori / **Tel.** (212) 245-2121 / **www.cassinausa.com**

S6 • **카시나** 밀라노에 본사를 둔 이탈리아의 유명 가구 회사 카시나의 마스터 컬렉션은 르 코르뷔지에, 게리트 리트벨트, 찰스 레니 매킨토시, 필립 스탁과 같은 디자이너의 가구 명품들을 포함하고 있다. 뉴욕의 전시장은 2005년 밀라노 카시나의 쇼룸을 디자인한 지안카를로 틴토리에 의해서 확장 리모델링되었다. 부분적인 벽의 조각적 처리를 제외하고는 모두 흰색의 배경으로 독특한 디자인의 가구들을 돋보이게 하고 있다. 붉은색 정사각형의 카시나 로고와 기둥을 가리는 두꺼운 주황색 벽이 공간에 악센트 역할을 한다.

Condomania

351 Bleecker St. (bet. Charles & W.10th Sts.) / **Tel.** (212) 691-9442 / **www.**condomania.com

S7 • **콘도매니아** 아담 글리크만이 1991년 탄생시킨 콘돔 전문점이다. 개점 당시 『뉴욕 타임스』, 『월스트리트 저널』과 같은 신문, CNN, MTV 등의 방송에서는 콘도매니아의 성공을 '예방학의 하드록 카페', '금기시되던 성의 역사에 획을 그은 사건' 등으로 비유하며 경쟁적으로 보도했다. 실제로 원색의 콘돔이 일렬로 진열된 매장에서 상품을 고르며 재미있는 성생활을 상상하는 시간은 고객들의 인기를 얻기에 충분했다. 뉴욕에 이어 L.A, 도쿄, 싱가포르 등에 매장이 열렸으며 콘도매니아의 웹사이트는 연간 100만여 명의 네티즌이 방문하고 있다. 1999년에는 팬클럽 '콘도매니악'이 출범하기도 했다. 콘도매니아의 성공은 고정관념의 타파, 즉 슈퍼마켓의 후미진 구석이나 주유소의 자동판매기에서 쭈뼛거리며 구입했던 콘돔을 양지로 끌어낸 용기가 인정을 받은 것에 기인한다. 또 한 가지는 초콜릿, 호두, 막대기 사탕 모양의 콘돔, 오렌지 맛 콘돔, 형광 콘돔, 로이 리히텐슈타인의 만화가 그려진 콘돔 등 용도와 형태에 관한 무궁무진한 아이디어와 획기적인 포장의 기발함이다. '건전한 성생활'을 슬로건으로 올바른 성문화 정착에 기인한 회사의 기업정신 역시 사회를 위해서 봉사하는 모습의 좋은 예다.

DDC(Domus Design Collections)

181 Madison Ave. (at 34th St.) / **Design.** Philip Johnson, Alan Ritchie, Michael Gabellini / **Tel.** (212) 685-0800 / **www.**ddcnyc.com

S8 • **DDS** 이탈리아 굴지의 가구 회사 중 하나인 도무스의 뉴욕 매장으로 2000년 아르 데코 양식의 문화재로 등록된 건물 1층에 문을 열었다. 개점 당시에는 필립 존슨이 설계를 했으나 2003년 마이클 가벨리니에 의해서 대대적인 수리를 하였다. 구조 변경은 없었으나 조명과 색채, 플랫폼 등의 요소를 변화시키면서 공간을 훨씬 돋보이게 연출하였다. 다른 가구 매장과 다른 점은 34가 코너에 면한 아홉 개의 커다란 창 하나하나마다 각기 다르게 가구와 소품을 연출하여 백화점식 쇼윈도 디스플레이를 선보이는 점으로 마치 블루밍데일이나 삭스 백화점의 쇼윈도를 관람하는 듯한 인상을 풍긴다. 내부에는 천장부터 바닥까지 매달려 연결된 카를로 스카르파의 선반을 포함, 론 아라드, 카림 라시드, 마이클 그레이브스 등의 가구를 취급하고 있다. 도무스 가구는 고가인 만큼 뉴욕의 호화 아파트, 현대식 디자인의 고급 레스토랑 등에 제한적으로 사용되고 있다.

DWR(Design Within Reach)

Design. Alberto Rivera / **www.dwr.com** • 142 Wooster St. (bet. Prince & Houston Sts.) / **Tel.** (212) 475-0001 • 408W. 14th St. (bet. Ninth & Tenth Aves.) / **Tel.** (212) 645-1797

S9 • **DWR** 가구, 조명을 비롯한 디자인 명품들을 판매하는 샌프란시스코 태생 DWR 회사의 뉴욕 전시장이다. 창립자 롭 포브스의 "바우하우스의 이념과 같이 좋은 디자인을 대중에게 널리 공급한다"는 철학으로 사업을 시작, 정기적으로 발행되는 카탈로그 및 온라인 판매를 이용한 매우 공격적인 마케팅으로 단시간 내에 인지도를 획득하였다. 또한 주요 도시에 퍼져 있는 전시장은 기존의 건축적 조건을 최대한 활용하고 마치 미술관의 조각품들과 같이 가구를 전시해놓은 연출로 유명하다. 소호지점은 특히 바닥부터 천장에 이르는 거울로 공간의 수직성을 강조하고 있으며, 14가에 위치한 매장은 1900년대의 문화재 건물에 위치하여 콘크리트나 벽돌 등 본래의 건축적 구조재의 질감을 전시의 배경으로 사용한 가운데 가구 명품들을 강조하고 있다.

F.A.O. Schwartz

767 Fifth Ave. (at 58th St.) / **Tel.** (212) 644-9400 / **www.fao.com**

S10 • **F.A.O. 슈바르츠** 1870년 독일에서 이민 온 프레드릭 아우구스트 오토 슈바르츠가 뉴욕에 개점한, 미국에서 가장 오래된 장난감 상점이자 미국 최대의 장난감 체인이다. 입구에 군인 인형 옷을 입고 서 있는 바비 인형, 정문을 들어가자마자 시선을 잡는 대형 장난감 시계탑, 요정나라의 공주, 영화 「빅」에서 톰 행크스가 탭 댄스로 '젓가락 행진곡'을 연주하던 대형 피아노 등 수없이 유명한 풍경을 만들어냈던 곳이기도 하다. 바비와 같은 추억의 인형부터 최첨단 비디오 게임에 이르기까지 4층 건물 전체를 메운 끝도 없이 진열된 장난감들은 이 상점의 대표적 풍경이다. 이 안에는 어른들을 위한 특별실이 있는데 금으로 만든 모노폴리(Monopoly, 미국의 유명한 부동산 놀이 장난감), 대형 미니벤츠 등 값비싼 추억의 장난감들이 배치되어 있다. 이곳에서는 동물 인형을 만들 때 미국 자연사 박물관 연구소의 협조를 얻어 철저하게 고증할 만큼 연구 개발에 노력하는 것으로도 유명하다. 또한 매달 많은 장난감 디자이너나 제작회사들에게 자신들의 발명품을 소개, 선택이 되면 이 매장에서 판매하는 특별한 프로그램까지 운영하고 있다. 한때 경영난으로 문을 닫기도 했으나 2005년 데이비드 로크웰에 의해 개조되어 다시 문을 열었다.

Flowers of the World

150 W. 55th St. (bet. Sixth & Seventh Sts.) / **Tel.** (212) 582-1630 • 80 Pine St. (bet. Pear & Water Sts.) / **Tel.** (212) 363-6495 / **www.flowersoftheworld.com**

S11 • **플라워즈 오브 더 월드** 50년이 넘은 꽃집으로 창의적인 꽃꽂이, 새로운 개념의 전시와 판매를 추구한다. '꽃은 예술이다'라는 평범한 이치를 시각적으로 증명하듯 꽃과 예술을 긴밀하게 연결시킨 아트 마케팅이 매우 인상적이다. 또한 감정에 따라 꽃의 색채와 향기를 선택하여 소비자에게 제시하는 새로운 문화를 정립하고 있다.

Fresh

57 Spring St. (bet. Lafayette & Mulberry Sts.) / **Tel.** (212) 925-0099 / **www.fresh.com**

S12 • **프레시** 신선한 자연 재료만으로 만든 화장품 · 목욕용품 전문점이다. 청주 목욕 젤, 우유 비누, 설탕 스크럽 등 마치 음식 재료점을 연상시키는 품목들이 특이하며, 상품 포장 디자인 역시 경쟁사들에 비해 월등히 뛰어나다.

H2O+

511 Madison Ave. (bet. 52nd & 53rd Sts.) / **Tel.** (212) 750-8119 / **www.h2oplus.com**

S13 • **H_2O+** 도심 속의 오아시스를 만든다는 생각으로 신디 멜크에 의해서 창립된 H_2O+의 뉴욕 매장이다. H_2O+는 물을 주성분으로 연구하여 헤어케어, 스킨케어, 메이크업, 목욕용품 등의 제품을 개발, 판매하는 회사로 오일 성분이 일체 포함되어 있지 않은 것으로 유명하다. 또한 환경오염을 고려하여 포장을 최소한으로 하는 것도 특이한 점이다. 특유의 시원한 청색으로 매디슨 애버뉴에서 눈길을 사로잡는 이 매장은 제품 판매와 함께 스파와 클리닉의 기능도 갖추고 있다. 매장의 상호가 물(H_2O+)인 것과 관련하여 공간 전체가 푸른색으로 연출되는 야경은 아주 신비로운 느낌을 준다. 제품의 패키지, 공간, 웹 사이트 모두 컬러 마케팅의 두드러진 예로 꼽히는 브랜드이다.

Ink Pad, the

22 Eighth Ave. (at 12th St.) / **Tel.** (212) 463-9876 / **www.theinkpadnyc.com**

S14 • **잉크 패드** 1998년 문을 연 뉴욕 유일의 고무 스탬프 전문 상점으로 무려 2,000종류가 넘는 스탬프가 진열된 선반들이 장관이다. 창립자 애너 치앙은 뉴욕에서 고등학교 미술 선생님이었던 어머니로부터 영향을 받았으며, 20여 년이 넘게 스탬프를 연구해왔다. 미국 전역의 수십 군데가 넘는 스탬프 생산 공장으로부터 엄선된 디자인만을 취급하므로, 꼼꼼히 살펴보면 기발한 도안들이 많다. 뉴욕의 미술, 디자인 대학생들이 아이디어를 위해서 자주 찾는 상점 중 하나로도 잘 알려져 있다. 필자를 비롯한 단골들은 이곳에 올 때마다 수없이 사고 싶은 유혹을 억제하느라 종종 힘든 시간을 보낸다. 직원들은 스탬프에 관해서 지식이 아주 많고 친절하여 구체적으로 원하는 것을 어렵지 않게 구할 수 있다.

Kartell

39 Greene St. (bet. Broome & Grand Sts.) / **Tel.** (212) 966-6665 / **www.kartell.com**

S15 • 카르텔 전 세계 60여 개국에 제품을 수출하고 있는 이탈리아의 세계적인 가구회사 카르텔의 뉴욕 매장으로, 2004년 현재의 위치로 확장, 이전하였다. 플라스틱 재료(경우에 따라서는 재활용 플라스틱도 사용한다)를 이용한 가구와 제품이 특히 유명하여 전시장 전체가 바이브레이션이 느껴지는 디지털 형광 색조로 장식되어 있다. 벽면은 필립 스탁, 안토니오 치테리오, 론 아라드 등 유명 디자이너의 현대 의자와 제품들로 층층이 가득 차 장관을 이룬다.

Kate's Paperie

561 Broadway (bet. Prince & Spring St.) / **Tel.** (212) 941-9816 / **www.**katespaperie.com

S16 • 케이츠 페이퍼리 이 상점의 이름인 케이트는 CEO인 레너드 플렉스(Leonardo Flex)의 아내 이름에서 따온 것이다. '종이의 무한한 가능성을 고객들에게 즐겁게 알려준다'는 신념으로 1988년 처음 세상에 선을 보였으며, 미국에서 가장 독특하고 사랑받는 제지 상점이 되었다. 40여 개국으로부터 수입되는 4,000종류가 넘는 종이, 1,500종류가 넘는 리본과 더불어 펜, 편지, 카드, 앨범, 액자, 책 등 소위 '종이 문화, 인쇄 문화, 글을 쓰는 문화'와 관련된 모든 것을 판매하고 있다. 가득한 종이 관련 제품들, 어느 부분을 둘러보아도 화려한 색채와 다양한 질감들로 매장의 분위기는 시각적으로 아주 쾌적하다. 대부분의 고객들이 이 매장 안에서 쇼핑하는 것 자체가 아주 즐겁고 흥분되는 경험이라고 생각한다. 현재는 맨해튼에 네 군데 지점이 있으나 두 번째로 문을 연 소호점의 구성이 가장 잘 짜여져 있다. 1970~1980년대에 대학을 다니며 휴대폰이 아닌 편지와 쪽지로 친구, 애인과 커뮤니케이션을 했던 기억이 있다면 이 공간에 한층 매료될 것이다. 이메일과 디지털이 범람한 이 시대에 전통적 의사소통 수단인 편지의 문화, 종이의 문화를 전달한다는 생각은 정말 대단한 것이었다. 상품 이전에 하나의 문화를 이룸으로써 크게 성공한 브랜드 중 하나다.

La Table O & Co.

92 Prince St. (at Mercer St.) / **Tel.** (212) 219-3310 / **www.**oliviersandco.com, www.loccitane.com

S17 • 라 타블 오 앤드 컴퍼니 프랑스인인 올리비에 바우산은 '프로방스 지방의 색채와 향기, 전통을 판매한다'는 철학으로 두 가지를 만들었다. 하나는 우리나라에도 수입되어 있는 화장용품 전문점 록시땅으로 1976년 창립되었고, 또 하나는 '올리브와 관련된 모든 문화'를 판다는 식자재 전문점 올리비에스(Oliviers & Co.)로 1996년 첫 상점을 열었다. 맨해튼에 여러 군데에 올리비에스와 록시땅 매장이 있지만 이곳은 두 매장이 결합된 최초의 모델이다. 화장품, 보디용품에서부터 올리브 오일, 파스타, 잼, 각종 소스 등의 음식 재료 그리고 주방 액세서리에까지 이르는 다양한 제품 영역, 거기에 레스토랑까지 결합된 형태는 아주 새로운 제안이다. 매장 전체를 지배하는 노란색과 올리브색 그리고 브라운 컬러는 프로방스 지방의 황금빛 햇살과 나무, 벌판의 색채를 응용한 것이다. 아주 잘 정돈되어 있는 식자재 창고처럼 가지런히 전시된 상품과 매장의 중앙에 위치한 구식 올리브 압착기는 이 공간의 하이라이트다. 이 매장에서 자랑하는 '실제 이야기(True Stories)'와 같은 콘텐츠, '식자재를 판매하는 것이 아니라 식사에 관한 생각'을 제공한다는 철학은 아주 강력한 것이다. 마치 여행을 하다가 유럽의 아주 작은 마을에서 구멍가게 겸 식당에 들어가는 기분이 드는 이 공간은 지역성, 풍토성에 기인하여 새로운 라이프스타일을 제시하고 문화를 만든 하나의 성공 모델이다.

Lush

1293 Broadway (at 33rd St.) / **Tel.** (212) 564-9120 / **www.lush.com**

S18 • 러시 유기농 채소와 과일로부터 성분을 축출해 신선한 화장품을 만드는 영국 회사 러시의 뉴욕 매장이다. 마크 콘스탄틴에 의해 창립되었으며, 이미 한국을 비롯하여 세계 26여 개국에 180개가 넘는 상점을 가지고 있어서 인지도가 높다. '보디용품 델리'의 콘셉트가 독특한데, 델리의 샐러드 바와 같이 얼음 위에 화장품을 전시, 판매하고 마치 델리에서 파는 햄과 같이 비누를 원하는 크기만큼 잘라주기도 한다. 신선한 과일, 꽃 등의 재료로 만들었으므로 냉장 보관이 필요한 점도 신선함을 부각시키는 마케팅 전략이다.

Mercedes-Benz Showroom

430 Park Ave. (bet. 55th & 56th Sts.) / **Design.** Frank Lloyd Wright, 1954 / **Tel.** (212) 629-1666

S19 • 메르세데스 벤츠 쇼룸 프랭크 로이드 라이트의 뉴욕시 최초 작품이다. 기계의 시대를 상징하는 유리와 철을 사용하였으며 자동차의 굴곡과 리듬을 맞추기 위해서 원형의 형태를, 좁은 공간을 시각적으로 확장시키기 위해서 넓은 면적의 거울을 사용하였다. 도처에 흩어져 있는 여타의 자동차 전시장들에 비해서는 다소 새로운 개념이 도입되었으나 좁은 공간 안에 설치된 램프는 답답함을 지울 수가 없다. 작품의 우수성보다는 작가의 명성으로 더욱 유명한 곳이다.

MOMA Design Store

44 W. 53rd St. (bet. Fifth & Sixth Aves.) / **Tel.** (212) 767-1050 • 81 Spring St. at Crosby St. / **Tel.** (646) 613-1367 • **Design.** 1100 Architect / **www.momastore.org**

S20 • 모마 디자인 스토어 뉴욕 현대미술관(MoMA)이 운영하는 디자인 상점으로 각종 디자인 관련 서적과 디자인 우수 제품을 취급한다. 우리에게 잘 알려진 유명 디자이너들의 기구와 제품은 물론 스카프, 액세서리, CD 및 각종 장난감, 책과 포스터 등이 즐비하며 한 시간 이상을 즐겁게 보낼 수 있는 곳이다. 높은 층고를 이용하여 가구들을 상부 층에 매달아 전시하는 등 상점과 미술관의 중간적 성격을 띠는 디스플레이가 인상적이다. 특히 입구에서 정면으로 바라보이는 선반이 네온 조명으로 빛나며 전체 벽을 장식하는 모습은 이 매장의 하이라이트다. 컴퓨터로 자동 변환되는 이 환상적인 조명 시스템은 빌 슈윙해머(Bill Schwinghammer)의 디자인으로 유심히 관찰해볼 필요가 있다.

Morgenthal Frederics

399 West Broadway at Spring Street / **Tel.** (212) 838-3090 • 699 Madison Avenue at 62nd Street / **Tel.** (212) 838-3090 • 944 Madison Avenue at 75th Street / **Tel.** (212) 744-9444 • **Design.** David Rockwell / **www.morgenthalfredrics.com**

S21 • 모겐탈 프레데릭스 '안경의 롤스로이스'라는 명성이 붙은 고급 안경점이다. 셰이커 교도들의 디자인에서 영감을 받아 고안된 디스플레이 케이스에서 소박한 간결미와 적절한 보라색의 사용이 돋보인다. 가구와 거울이 지나치게 큰 것은 안경을 착용했을 때 크고 환하게 보이는 세상을 상징하는 재미있는 접근법이며, 과감한 색채의 도입이나 스케일의 변화는 무대 세트에서 자주 사용되는 기법으로 로크웰 디자인의 특성을 고스란히 반영한다. 이 안경점은 수백 개가 진열된 안경 더미 중에서 고르는 슈퍼마켓과 같은 개념이 아니라 안경에 관해 해박한 지식을 지닌 점원들이 손님에게 적합한 안경을 서랍에서 하나씩 찾아주는 새로운 행태를 제시한다. 실제로 전시되어 있는 안경은 그다지 많지 않으며, 전시된 몇 가지 제품 또한 대부분은 캐비닛 안에 들어 있다. 손님은 우아한 고급 거실과 같이 꾸며놓은 실내의 안락한 소파에 앉아 점원이 추천하는 몇 가지의 제품 중에서 차분하게 선택을 하게 된다. '여유로운 오후에 한가하고 사치스럽게 차를 마시는 것'과 같은 콘셉트의 디자인이다.

Moss

146 Greene St. (bet. Houston & Prince Sts.) / **Design.** Harry Allen / **Tel.** (212) 204-7100 / **www.**mossonline.com

S22 • **모스** 1994년 패션 산업에 종사하던 머레이 모스에 의해서 문을 연 디자인 상점이다. 과거 갤러리로 사용하던 공간을 개조, 1층과 지하 모두 상품을 전시하기 위한 건축적 구조를 성공적으로 설치했다. 현대 가구들은 물론, 조명 기구, 주방용품, 시계, 보석, 장난감, 책 등의 구색을 고루 갖추고 있으며, 다른 가구 매장들과 달리 독특한 가구 디스플레이 방식이 돋보이는 것은 『뉴욕 타임스』, 『워싱턴 포스트』 등의 일간지에서 격찬을 했던 해리 앨런의 기발한 연출 덕분이다. 즉 판매 위주가 아닌 전시 위주로 매장을 연출하여 마치 미술관을 관람하는 것과 같은 느낌을 창출한 것이다. 특히 대부분의 제품이 유리 박스 안이나 플랫폼 위에 전시되어 있는 점은 소비자들에게 우선 제품에 대한 감상을 제공한 후에 직접 만져보고 앉아보도록 한 다음 판매로 이어지도록 의도한 것이다. 한편 매장의 분위기와 잘 어울릴 뿐 아니라 판매의 욕구를 자극하도록 프로그래밍 된 음악 역시 귀 기울여 들어볼 필요가 있다.

Niketown

6 E. 57th St. (bet. Fifth & Madison Aves.) / **Design.** Gordon Thompson and John Hoke / **Tel.** (212) 891-6453 / **www.**niketown.com

S23 • **나이키타운** 기존의 스포츠용품 상점이 아닌 전시, 판매 그리고 정기적인 스포츠 이벤트의 개최와 정보 제공 등의 복합기능을 갖춘 '쇼케이스 스토어'다. 건축을 전공하여 디자인에 관한 이해가 높았던 나이키의 부회장 고든 톰슨의 지휘로 1960년대 캠퍼스의 체육관 건물을 흉내 내어 외관을 만들었다. 인테리어는 '병 속의 배'라는 개념으로 진행되었다. 하이테크의 첨단 재료를 사용하여 기술력을 자랑함과 동시에, 낭만적인 향수를 자아내기 위하여 벽돌, 나무와 같은 따뜻한 재료를 매장에 도입하였다. 지하철 입구와 같은 매장의 로비, 대형 시계가 걸린 아트리움, 전화로 주문한 운동화를 실어 나르는 원형 튜브 모양의 덤 웨이터 등 이 매장은 흥미의 연속이다. 오늘날 정치, 경제, 사회, 문화의 각 부분에서 미국을 이끌고 있는 엘리트들이 학창시절 꿈과 낭만을 키웠던 캠퍼스, 그중에서도 운동 클럽의 서클 룸이 디자인의 콘셉트로 설정되었다.

Pearl Paint

308 Canal St. (bet. Broadway & Church St.) / **Tel.** (212) 431-7932 / **www.**pearlpaint.com

S24 • 펄 페인트 뉴욕 차이나타운의 한복판에 위치한 세계 최대의 미술 재료 할인상점이다. 1933년에 문을 연 이래 70여 년이 넘도록 뉴욕의 예술가, 디자이너, 학생들의 창작활동을 지원해왔다. 국제적인 예술가들도 뉴욕을 방문할 때면 꼭 들르는 곳이기도 하다. 전체 6층으로 구성되어 있는데, 층마다 다른 미술용품을 모아놓은 컬렉션은 예술적 흥분을 불러일으키기에 충분하다. 수백 가지가 넘는 제도용품, 원하는 정확한 질감의 종이와 보드, 다양한 모양과 크기의 붓 등 상상할 수 있는 모든 공작 도구들이 무궁무진하게 전시되어 있다. 색채로 분류된 물감, 마커 및 파스텔 섹션은 이 매장의 하이라이트로 마치 설치 작품을 감상하는 것 같다.

Puma

421 W. 14th St. (bet. Ninth & Tenth Aves.) / **Tel.** (212) 206-0109 • 521 Broadway (bet. Broome & Spring Sts.) / **Tel.** (212) 334-7861 / **www.**about.puma.com

S25 • 퓨마 1948년 독일에서 창립된 운동용품 생산회사 퓨마의 새로운 스토어다. 아디다스 창립자의 동생이 독립하여 만든 회사로 2002 한일월드컵에서 안정환의 골든 골로 8강에서 탈락한 이탈리아 국가대표팀의 유니폼을 후원하기도 하였다. 최근 퓨마의 회장 요헨 자이츠은 2002년부터 뉴욕, 시드니, 런던, 밀라노, 도쿄 등 세계 주요 도시에 콘셉트 스토어를 오픈하고 필립 스탁과의 공동 연구로 운동화를 개발하는 등 디자인에 사력을 다하고 있다. 미트 패킹 디스트릭트에 문을 연 이 상점은 나이키타운을 의식하듯 기존에 운동화를 비롯한 스포츠용품의 판매 중심에서 상품의 디자인을 부각시키는 디스플레이로 매장을 꾸며놓았다. 따라서 공간의 개념은 '실험실', 또는 '인큐베이터'로 설정되었다. 항상 새로운 아이디어를 실험한다는 점을 강조한 접근인 셈이다. 전체 매장을 검은색 배경으로 처리하여 상품을 부각시켰으며, 매장의 구조물들은 스포츠에서 영감을 받아 디자인하였다. 이전에 만들어진 소호의 콘셉트 스토어는 좀 더 색채가 뚜렷하고 운동화 쇼핑이 재미있도록 꾸며놓았다.

Restoration Hardware

935 Broadway (bet. 21st & 22nd St.) / **Tel.** (212) 260-9479 / **www.**restorationhardware.com

S26 • **리스토레이션 하드웨어** 자신의 집을 고치다가 필요한 하드웨어와 조명 기구 등을 살 수 있는 곳이 없어서 화가 난 스테판 고든이 직접 창설한 상점이다. 캘리포니아에서 시작하였으나 현재는 전국에 체인점을 가지고 있으며, 기존 하드웨어 상점이라는 개념을 깨고 새로운 문화를 제시하는 곳이다. 즉 상점의 이름은 '하드웨어'를 포함하고 있지만 일반적인 하드웨어 이외에도 직물, 조명 기구, 책, 앤티크 제품, 가구, 장난감 등 다양한 상품과 홈 데커레이션에 필요한 모든 것을 구비하고 있다. 또한 단지 다양한 상품의 구색만을 갖추어놓은 것이 아니라 향수를 불러일으킬 만한 추억의 장난감 등으로 상품과 생활을 조화시킴으로써 하나의 여유 있는 라이프 스타일을 제시하고 있다. 대부분의 고객이 이 매장의 한구석에서 꼭 원했던 상품을 발견한다는 것은 참으로 놀라운 사실이다. 이 상점에는 문화가 있다.

Swatch

1528 Broadway # 241 (bet. 44th & 45th Sts.) / **Tel.** (212) 764-5541 • 438 W. Broadway (at Prince St.) / **Tel.** (646) 613-0160 • 100 W. 72nd St. (at Columbus Ave.) / **Tel.** (212) 595-9640 / **www.**swatch.com

S27 • **스와치** 젊은 고객을 대상으로 한 패션 시계로 세계 시장을 석권한 스위스의 브랜드 스와치의 뉴욕 본부 매장이다. 초기의 전략은 '아무렇게나 쓰다가 버리는 싸구려 플라스틱 시계'였으나 오늘날 그러한 시계들이 전 세계의 수집가들에 의해서 고가로 판매되고 있을 정도로 브랜드 가치가 상승하였다. 독특하고 순발력 있는 디자인을 위해서 세계적으로 재능 있는 예술가, 디자이너들에게 의뢰하여 디자인을 공급 받는 것은 스와치의 오랜 전통이다. 스와치의 매장은 과거 멤피스의 멤버였던 알렉산드로 맨디니의 개념 디자인을 기본으로 '시간과 공간의 컬러'라는 모토를 강조하며 구성되었다. 현재 타임스 스퀘어 매장의 인테리어는 '해파리'를 테마로 반짝이는 천장, 화려한 색채, 반투명의 기둥의 요소를 도입, 무한한 공간과 투명성의 철학을 추구한다. 이 철학은 또한 디자인과 창의성에 전념해온 스와치 회사의 모토와도 일맥상통한다.

Toys R Us

1514 Broadway (at 44th St.) / **Tel.** (646) 366-8800 / **www.**toysrustimessquare.com

S28 • **토이스 알 어스** '장난감 슈퍼마켓'이라는 개념으로 전국적으로 약 1,600개의 상점을 가지고 있는 토이스 알 어스는 1948년 25세의 젊은 청년 찰스 라자러스에 의해 워싱턴에서 어린이용품 전문 스토어로 처음 시작되었다. 2001년 개점하자마자 세계에서 가장 큰 장난감 가게로 기록을 올린 타임스 스퀘어 매장은 전국적으로 분포되어 있는 기존의 토이스 알 어스 매장과 다르게 판매 이상의 그 무엇을 추구하고 있다. 즉 장난감을 판매하기보다는 공간의 즐거운 경험을 판매한다는 '리테일테인먼트(Retailtainment)'의 개념으로 만들어진 것이다. 수직으로 회전운동하는 놀이기구인 약 18미터 높이의 페리스 휠, 2층 높이의 바비 인형 집, 「쥬라기 공원」 공룡 전시, 레고로 만든 뉴욕시, 캔디 랜드, 양배추 인형 보육소 등의 공간은 단지 판매가 아닌 하나의 스토리를 만들고 있다. 또한 바닥에 디지털로 투영되는 모노폴리 게임 위로 아이들이 뛰어노는 모습 등에서 인터랙티브 디자인의 좋은 사례들을 찾아볼 수 있다. 닌텐도, 포켓몬, 양배추 인형, 레고 등 추억의 전설적 장난감들이 즐비하며 하이테크의 사인 시스템, 화장실, 펩시 코너 등의 디자인도 눈여겨볼 만하다. 아이들에게나 어른들에게나 장난감은 언제나 즐거운 것이며 무궁한 상상력을 제공해주는 원천이다.

Vespa

13 Crosby St. (bet. Howard & Grand Sts.) / **Tel.** (212) 226-4410 / **www.**vespa.com

S29 • **베스파** 불멸의 영화 「로마의 휴일」에서 그레고리 펙과 오드리 햅번이 스쿠터를 타고 로마시내를 누비는 장면은 지금도 많은 영화 팬들의 기억에 살아 있다. 그 스쿠터의 이름이 바로 베스파. 이탈리아 디자이너 코라디노 다스카니오의 1946년 작품으로, 20세기 디자인 명품 중 하나로 손꼽히는 디자인이다. 소호 남단에 자리 잡은 이 상점은 베스파만을 전문으로 판매하고 있다.

Vitra

•29 Ninth Ave. (bet. 13th & 14th Sts.) / **Design.** Lindy Roy / **Tel.** (212) 929-3626 / **www.vitra.com**

S30 • **비트라** 스위스에 기반을 둔 가구 회사 비트라의 뉴욕 전시장이다. 미트 패킹 디스트릭트의 창고 건물을 개조해 만들어진 매장의 인테리어는 '가구 카탈로그를 3차원적으로 펼쳐놓은 것'과 같은 콘셉트로 전개되었다. 3개 층을 오르내리면서 곳곳에 전시된 가구 하나하나를 살펴보는 것은 하나의 탐험과 같다. 특히 지하에서 계단을 올려볼 때 높이가 다른 가구들과 어울려 연출되는 공간의 구조미는 압권이다. '혀(Tongue)'라고 이름 붙여진 기다란 수평 지지대는 캔틸레버(Cantilever) 구조로 만들어져 의자 하나하나마다 각각 새로운 각도로 감상할 수 있다. 오늘날 굴지의 명성을 구축한 비트라의 전설은 '의자' 하나에 인생을 걸었던 창업자의 스토리를 알면 더욱 의미 있게 다가올 것이다.

SHOPS

Williams-Sonoma

•1175 Madison Avenue at 86th St. / **Tel.** (212) 289-6832 / **www.williams-sonoma.com**

S31 • **윌리엄스 소노마** 캘리포니아 소노마 지역 출신인 척 윌리엄스는 음식에 관심과 열정을 가진 많은 사람들이 파리로 유학을 가서 요리를 배우던 시절, 파리의 백화점과 상점들을 다니며 요리 기구에 눈을 뜨고 수입하는 사업을 시작하여 오늘날의 윌리엄스 소노마를 만들었다. 1956년 자신의 고향인 소노마(샌프란시스코 근처 지역으로 와인이 아주 좋다)에 첫 상점을 오픈하였다. '요리하는 사람을 위한 공간'이라는 모토와 걸맞게 상점에는 쌍둥이 칼로 잘 알려진 헹켈, 믹서의 제왕 키친 에이드 등의 고급 요리 기구와 이탈리아산 올리브 오일 등 좋은 식자재를 판매하고 있다. '주방 기구를 예술품으로 전시한다'는 평과 같이 상품의 비주얼 머천다이징은 최고 수준이다. 요리 강습, 요리 책 판매 등으로 요리의 문화를 선도하고 있으며 카탈로그의 그래픽 디자인도 유명하다. 매장, 카탈로그 그리고 홈 페이지까지 파스텔 색채로 꾸며져 언제나 신선하면서 우아한 분위기를 제공한다. 생활용품 판매를 주로 하는 전국적 상점 포터리 반(Pottery Barn) 역시 윌리엄스 소노마의 자회사다.

Parks in new york:

In the movie Kramer vs. Kramer (1979), Meryl Streep meets her son on a windy day in autumn. Vivaldi's "Concerto for Mandolin, Strings, Harpsichord in C major" streams in the background. More than the music, more than the weather, and perhaps more than the drama, the choice of Central Park as the setting instantly connects millions of people from every corner of the world to each other and to an 843-acre patch of landscape directly in the center of Manhattan. In Love Story (1970), Ryan O'Neal and Ali MacGraw throw snowballs at each other in Central Park. This scene, with the familiar main theme music, leaves an enchanting impression in the hearts of lovers all over the world. •• New York has everything. The longer you live in the city, however, the more you begin to like the parks more than any other place. They say "If you do not know the parks, you do not know New York." While there are other parks to explore, Central Park, especially, has been referred to as "a living oasis in the city." In every spot that Broadway crosses the grid system, a small square is created. The luxury of these empty voids and parks attribute much to the joy of being in the city. Parks serve as the intelligent resting space for city people, who amazingly manage to get away from the stresses of living in an international metropolis by setting foot inside a quiet area. Small or large, parks are a huge space in the life of New Yorkers lucky enough to spend time in them. •• The purpose that people serve in the parks adds to the beauty of the functionality. Early in the morning, chefs can be seen out collecting herbs. Businessmen take a break to read the paper, or informally meet on a bench under a tree. Concerts and parties glitter through the summer nights. The park is used for events of huge cultural and historical impact, and a meeting place for lovers. No event is bigger than any other, though, because just one visit, and it has become a part of your life forever. So many secrets and memories are held within these parks, it is a tradition stay and create more. •• Like an oasis in the desert, or a pearl in a clam, New York's parks are jewels in the city. On a quiet afternoon, take the time, just once, to fly a kite alone in the park and watch everything around you. Slowly your mind will create a painting not unlike 'A Sunday Afternoon on the Island of La Grande Jatte' by Georges Seurat. All of the hardness of the city rests here, breathes here; the weightiness is lifted. Parks are New Yorker's ultimate spots of enlightenment, their constant, daily, paradise.

..."hardness of the city rests here." –jinbae park

...jewels in the city...

P

● 영화 「크래이머 대 크래이머(Kramer vs. Kramer)」에서는 메릴 스트립(Meryl Streep)이 바람과 낙엽이 뒹구는 스산한 센트럴 파크에서 아들을 만나는 장면이 등장한다. 이때 배경으로 흐르던 비발디(Antonio Vivaldi)의 음악 〈만돌린과 현, 하프시코드를 위한 협주곡〉은 여성 관객들의 심금을 울렸다. 센트럴 파크는 「사랑과 추억(The Prince of Tides)」, 「피셔 킹(The Fisher King)」 등 주옥같은 명화의 배경이 되었던 장소이기도 하다. 특히 「러브스토리(Love Story)」에서 라이언 오닐(Ryan O'Neal)과 알리 맥그로(Ali MacGraw)가 설경에서 눈싸움을 하는 장면은 감미로운 주제가와 함께 지금도 세계 연인들의 가슴속에 남아 있다.

● 모든 것이 다 갖추어진 환경이 뉴욕이지만, 뉴욕을 여러 번 방문하고 오래 살수록 좋아하게 되는 이유는 다름 아닌 뉴욕의 공원 때문이다. '공원을 모르면 뉴욕을 모른다'는 말처럼 센트럴 파크를 중심으로 뉴욕에는 곳곳에 공원들이 숨어 있다. '도심 속의 위대한 오아시스', '살아 있는 오아시스'로 표현되는 공원은 도시인의 지적인 휴식 공간을 대변한다. 공원의 규모는 매우 작지만 물리적인 규모보다 중요한 점은 사람들의 가슴에서 느끼는 크기다. 이용자들에게 공원은 아주 큰, 마음의 공간이다. 도시의 오아시스로서 생명을 간직하고 있는 것이다. 공원을 찾는 사람들의 모습은 제각기 다르다. 이른 아침엔 셰프들이 허브를 채집하고, 사업가들은 비즈니스를 위한 미팅을 하며, 저녁 때는 음악회, 밤에는 파티를 연다. 연인들은 이곳에서 만나고 사랑을 한다. 정보를 교환하는 사회적 커뮤니케이션의 장소, 각종 이벤트가 일어나는 문화의 장소 등으로 다양하게 이용되고 있으며, 도시의 많은 이야기가 간직되는 곳이다. 뉴요커들에게는 공원에서의 휴식이 매우 중요한 하루의 일과가 된 지 오래다.

● 뉴욕의 공원은 도시 계획과 함께 필연적으로 탄생한 것인지

...more than the music...

P

도 모른다. 철저하게 계획된 그리드 시스템과 그 축을 가로 지르는 브로드웨이가 만나면서 자연스럽게 스퀘어(Square)가 형성되었기 때문이다. 가장 유명한 타임스 스퀘어를 비롯하여, 주말 재래시장(Green Market)이 열리는 유니온 스퀘어(Union Square), 영화 「유브 갓 메일(You've Got Mail)」의 배경이 되었던 베르디 스퀘어(Verdi Square) 등이 유명하며, 이 밖에도 매디슨 스퀘어(Madison Square), 해럴드 스퀘어(Harold Square) 등이 어김없이 공원의 역할을 하고 있다. 이 많은 스퀘어들과 만나면서 형성되는 삼각형의 보이드(Void), 그 빈 공간의 여유는 마치 이탈리아 힐타운(Hilltown)에 우연히 형성된 캄포(Campo)와 같은 느낌을 준다.

● 공원의 대부분은 자연과 함께 숨쉬는 장소로 계획하여 길, 물, 나무, 조각, 벤치와 같은 요소를 도입하고 있는데, 한결같이 조경디자인이 매우 훌륭하다. 공원을 찾는 사람들과 이들의 행동을 유심히 살펴보면 디자인은 이용하는 사람과의 상호작용이 무엇보다 중요하다는 교훈을 실감할 수 있다. 경영학에서는 틈새시장 공략(Niche Marketing)이라는 용어를 자주 사용한다. 틈새를 뜻하는 니치(Niche)는 원래 건축이나 실내공간에서 조각상이나 화병, 촛대 등을 놓는 벽감(壁龕, Niche)을 뜻한다. 산업에서 틈새를 공략하여 벤처를 이루듯이, 도시의 틈새를 문화공간으로 이용하는 접근은 이상적이다. 실내 공간의 벽감이 예술품으로 채워지듯이, 뉴욕의 틈새에 위치한 공원들은 문화와 예술 그리고 그것을 즐기는 사람들로 완성된다. 사막에 오아시스가 숨어 있듯이, 조개가 진주를 품고 있듯이 뉴욕의 빌딩 숲에는 보석과 같은 공원들이 있다. 녹음과 공기와 물로 어우러져 도시의 한가운데 잠자듯 고요한 뉴욕의 공원…. '뉴욕의 모든 심각함은 이곳에서 숨을 쉰다'는 표현대로, 공원은 뉴요커들의 영원한 안식처이다.

Battery Park City

Lower Manhatan, on Hudson River / **Design.** Cooper, Eckstut Associates / **www.bpcparks.org**

P1 • **배터리 파크 시티** 맨해튼 서쪽 최남단 지역의 도시 공동화를 해결하고 시민을 위한 지연 공간 확보라는 두 가지 목적으로 계획된 대형 프로젝트. 현재 2만 5,000명의 인구가 거주하면서 보다 활기 있고 안전한 환경이 만들어졌다. 전체 면적의 4분의 1을 할애한 공원은 시민들에게 휴식을 제공하고 음악회, 배구 시합, 사생 대회 등 다양한 스포츠, 예술, 교육 행사들을 개최할 수 있도록 계획되었다. 어린이 놀이에 안성맞춤인 웨스트 템스 파크(West Thames Park)나 펌프킨 파크(Pumpkin Park), 아주 조용해서 휴식으로 적합한 쌍둥이 공원 렉토 파크(Rector Park) 그리고 폴리스 메모리얼(Police Memorial) 등의 디자인은 눈여겨볼 만하다. 특히 허드슨 강변을 따라서 계획된 산책로인 에스플러네이드(The Esplanade)와 요트장 사우스 코브(South Cove)는 그림엽서와 같은 풍경을 보여준다.

Brooklyn Promenade – Esplanade, the

bet. Remsen & Orange Sts. / **Design.** Gilmore Clarke & Michael Rapuano

P2 • **브루클린 프로미나드** 맨해튼에서 브루클린 브리지(Brooklyn Bridge)를 넘어 서쪽에 위치한 주거 지역 브루클린 하이츠(Brooklyn Heights)는 뉴욕시 최초로 역사 보존 지구(Historic District)로 지정된 곳이자 뉴욕시에서 가장 살기 좋은 지역 중 하나다. 자유의 여신상과 브루클린 브리지, 맨해튼의 다운타운이 보이는 작은 공원이 브루클린 프로미나드인데 그 경관이 일품이어서 영화 「문스트럭(Moonstruck)」이나 주윤발 주연의 「가을날의 동화」 등 많은 영화에 배경으로 등장하였다. 프로미나드에서 브루클린 브리지 방향으로 걷다가 유명한 피자집 그리말디(Grimaldi's)를 지나면 브루클린 피어(Pier)에 도달한다. 이곳에는 로맨틱한 경치로 잘 알려진 레스토랑 리버 카페(The River Cafe)와 유명한 아이스크림 가게인 브루클린 아이스크림 팩토리(Brooklyn Ice Cream Factory)가 있다. 특히 피어 바로 앞의 바지선을 개조하여 만든 바지 뮤직(Barge Music)에서는 수요일부터 일요일까지 클래식 음악 연주회가 개최된다. 줄리아드의 천재 비올리스트 폴 누바우어(Paul Neubauer) 교수 등이 주관하는 만큼 수준 또한 최고다.

Bryant Park

Sixth Ave. (bet. 41st & 42nd Sts.) / **Design.** Davis, Brody Associates & Hardy Holzman Pfeiffer Associates / **www.bryantpark.org**

P3 • **브라이언트 파크** 1884년 유명한 시인이자 언론가였던 윌리엄 브라이언트(William Cullen Bryant)의 이름을 따서 만든 이 공원은 뉴욕시립도서관(New York Public Library) 배면에 자리 잡아 계획되었다. 원래는 그다지 조경이 빼어나지도, 시민들의 사랑을 받지도 못했으나, 1995년 새로 공사를 마치고 고전 프랑스풍의 개방적인 구조로 바뀌면서 새롭게 변모했다. 스낵을 판매하는 키오스크(kiosk)와 스타벅스가 첨가되고, 시민들의 접근성과 도서관의 연계성이 높아지면서, 하루에 1만여 명이 방문하는 미드타운의 명소로 거듭 태어난 것이다. 공원의 상징으로 조경된 나무는 세월이 지나면서 자연스럽게 휘어져 가로수 터널을 만들면서 독서와 휴식을 위한 그늘을 만들고 있다. 푸른 잔디밭은 낮에는 일광욕을 즐기는 시민, 밤에는 인근 케이블 회사인 HBO에서 제공하는 야외 영화 상영, 이외에도 각종 음악회와 문화행사가 벌어지는 장소로 이용되고 있다. 공원의 북측에는 뉴욕시립도서관의 후원으로 마련된 야외 도서실(Bryant Park Reading Room)이 있어 책과 잡지 등을 대여해서 읽을 수 있다. 어린이를 위해서 책을 읽어주는 프로그램도 아주 인기가 있다. 이 공원 한가운데 서면 남측에 뉴욕의 상징인 엠파이어스테이트 빌딩, 동측에 지성과 민주주의의 상징인 도서관이 위치하는데, 공원의 자연과 맨해튼 건물 군의 인공미가 조화된 파노라마가 절경을 이룬다.

Central Park

5th Ave. to Central Park West, 59th St. to 110th St. / **Design.** F. L. Olmsted & C. Vaux / **www.centralpark.org**

P4 • **센트럴 파크** 맨해튼 고층빌딩 숲의 한가운데 위치한 시민의 오아시스로 뉴욕을 대표하는 상징이자 세계에서 가장 유명한 공원이다. 1844년 시인이자 신문 발행인이었던 브라이언트의 제의에 의해 도심 내 엄청난 면적을 시민을 위한 공간으로 할애하자는 계획으로 시작한 후 1858년 현상 설계 공모의 당선작을 기초로 실제 건설에 들어가면서 오늘날의 센트럴 파크가 탄생했다. 쓰레기 처리장을 16년에 걸쳐 도시의 공원으로 바꾼 이 역사적인 대형 프로젝트는 두고두고 타 도시의 모범이 되고 있다. 암벽, 폭포, 호수, 나무 등 센트럴 파크의 모든 구성물들은 인공적으로 만들어졌다. 동서 800미터, 남북 4킬로미터의 길이에 약 340만 제곱미터의 면적으로 모나코보다 넓다. 1년에 약 2,000만 명의 사람들이 방문하고, 50만 그루의 나무, 5만 마리의 물고기, 275종의 새와 너구리를 비롯한 각종 야생동물이 서식하는, 인간과 동물이 공유하는 공간이다. 센트럴 파크가 만들어질 때 전 세계 120개 유명 도시에서는 공원을 위해 선물을 기증했다. 예를 들어 이탈리아의 베니스는 '베니스의 신부(The Bride of Venice)'라는 이름을 붙인 오리지널 곤돌라를 보냈는데, 현재도 센트럴 파크에서 곤돌라를 탈 수 있다. 일주일에 다섯 쌍 정도의 남녀가 이 곤돌라에서 결혼을 약속한다. 또한 메트로폴리탄 오페라(Metropolitan Opera)나 뉴욕 필하모닉 오케스트라(New York Philharmonic Orchestra)의 여름 공연, 셰익스피어 연극 축제, 달마이 라마(Dalali Lama)의 강연 등 센트럴 파크에서는 1년 내내 많은 공연과 이벤트가 개최된다. 그리고 시민을 위한 공원이라는 취지답게 이곳에서 개최되는 모든 행사는 무료다. 센트럴 파크 안에는 베토벤, 셰익스피어, 괴테, 콜럼버스 등 많은 역사적 인물의 동상들이 숨어 있고, 야구장이 11개나 있다. 와인은 원하는 대로 얼마든지 마실 수 있다. 말을 타고 공원을 순찰하는 자원 봉사자들은 의사부터 대학 교수, 예술가에 이르기까지 다양한 직업을 가졌다. 유명 레스토랑의 셰프들이 새벽부터 나와 음식에 사용할 허브를 채취하며, 호텔의 직원들은 고객을 위해 공연 티켓을 교환한다. 한적한 오후 시간에 센트럴 파크에 방문하여 연을 날리는 사람들을 바라보노라면 쇠라(Georges Seurat)의 〈그랑데 자트 섬의 일요일 오후〉(A Sunday Afternoon on the Island of La Grande Jatte, 1886)가 저절로 떠오른다. 뉴욕의 가장 오래된 상징 가운데 하나인 센트럴 파크는 마차와 같은 유명한 풍경 이외에도 많은 비밀을 간직하고 있다.

센트럴 파크 추천 15 명소

1. Alice in Wonderland(East 74th St.) • 센트럴 파크에서 가장 인기 있는 조각물로 호세 크리프트(Jose de Creeft)가 『이상한 나라의 앨리스』를 테마로 만들었다. 큰 버섯과 앨리스의 친구 고양이가 같이 조각되어 있다. 고사리 손의 아이들이 타고 놀면서 닳아 생긴 매끈하게 반짝이는 부분이 군데군데 보인다.

2. Ancient Playground(East 84th St.) • 맨해튼에 있는 21개의 놀이터 중 가장 흥미로운 곳이다. 메트로폴리탄 박물관 북측에 위치하는데, 박물관과 연계성을 가질 수 있도록 고대 건축물을 테마로 하여 만든 놀이터다.

3. Belvedere Castle(Middle 79th St.) • 센트럴 파크에서 가장 높은 지대에 있다. 그리스 로마 양식의 신전과 고딕의 첨탑을 결합한 우스꽝스러운 외관은 절충적 양식이 유행했던 빅토리아 시대의 전형적 건물 형태를 풍자하고 있다. 이탈리아 말로 '아름다운 전경'을 뜻하는 성의 이름 '벨베데레(Belvedere)'의 의미처럼 꼭대기에 올라서서 그레이트 론(Great Lawn)과 터틀 폰드(Turtle Pond) 쪽을 바라보는 경치는 센트럴 파크 최고 전경이다.

4. Bethesda Terrace(Middle 79th St.) • 센트럴 파크의 건축적 중심으로 공원 안에 만들어진 가장 형식적이고 장식적인 구조물이다. 분수를 내려다볼 수 있는 테라스는 방문객들이 잠시라도 반드시 머물렀다가 움직이는 장소다. 분수 가운데 조각은 '물의 천사(Angel of the Waters)'라는 이름으로 불린다. 「레옹(Léon)」 등 많은 영화에서 만남의 장소로 등장하기도 했다.

5. Bow Bridge & Loeb Boathouse(East 74th St. - West 79th St.) • 캐스트아이언(Cast-iron)으로 만들어진 길이 18미터의 다리로 두 연못을 잇고 있다. 센트럴 파크의 가장 로맨틱한 장소 중 하나로 결혼 사진이나 영화 촬영 등에 단골로 애용되는 장소이기도 하다. 다리 위에서 꽃이 만발한 체리 힐(Cherry Hill)과 호숫가 벤치를 바라보는 전경 또한 매우 아름답다.

6. The Carousel(Middle 64th St.) • 1908년 만들어진 센트럴 파크의 회전목마로 어린 시절의 추억을 떠올리게 하는 놀이 기구다. 1년에 약 25만 명의 사람들이 탈 정도로 인기가 높다. 일반 회전목마에 비해서 말들이 크며, 시속 약 1.9길로미터로 두 배가량 속도가 빠르다. 손으로 일일이 조각된 58개의 말은 각기 디자인이 모두 다르다.

7. Central Park Wildlife Center & Tisch Children's Zoo(East 64th St.) • 센트럴 파크가 완성된 후 필라델피아 시가 사슴을 기증한 인연으로 오늘날의 센트럴 파크 동물원이 탄생하였다. 규모는 작지만 100여 종의 동물이 있으며 내부에는 어린이를 위한 연극 공연 장소도 마련되어 있다. 맨해튼의 한가운데 펭귄과 백곰, 하마, 물개가 산다는 사실만으로도 이색적인 느낌을 주기에 충분하다. 동물이 사람을 구경하도록 배치한 콘셉트가 매우 참신하다.

8. Great Lawn, the(Middle 84th St.) • 센트럴 파크의 각종 공연 및 달라이 라마, 포프(Pope) 등의 강연 행사가 이루어지는 곳이다. 여름밤 이 잔디밭에서 뉴욕 필하모니나 메트로폴리탄 오페라의 공연을 들으며 와인을 마시고, '잔디의 카펫'에 누워 밤하늘의 별과 맨해튼의 야경을 감상하는 느낌은 그 어느 것과도 비교할 수 없다.

9. Conservatory Garden(East 104th St.) • 1936년 토머스 프라이스(Thomas D. Price)에 의해 계획되었으며, 뉴욕 전체에서 유일하게 계획된 정원이다. 수천 종류의 꽃과 식물이 자라는 곳으로도 유명하며 야외 결혼식을 위한 최고 인기 장소 중 하나다. 이탈리아 가든, 프랑스 가든, 영국 가든 등 세 지역으로 구분되어 있다. 특히 영국 가든에 있는 두 어린이의 브론즈 동상은 프란세스 버넷(Frances Hodgson Burnett)의 유명한 소설 『비밀의 정원(The Secret Garden)』에 나오는 매리와 디킨을 모델로 하였다.

10. Conservatory Water(East 75th St.) • 낮게 만들어놓은 인공호수인데 모형 배를 띄우는 곳으로 더욱 유명하다. 토요일마다 '센트럴 파크 모터 요트 클럽(Central Park Motor Yacht Club)'의 행사가 열리는 곳으로, 영화 『스튜어트 리틀(Stuart Little)』의 모터 요트 경기 장면에서 이 장소가 멋지게 그려진다. 호수 서쪽에 위치한 '동화의 아버지' 〈안데르센의 동상(Hans Christian Andersen's Statue)〉은 어린이들에게 매우 인기 있는 장소로, 여름이면 학교와 단체에서 어린이들에게 동화를 읽어주는 이벤트를 자주 연다.

11. Delacorte Theatre & Shakespeare Garden(West 79th St.) • 여름 시즌, 뉴욕시립공연단(New York Public Theatre)에서 주최하는 셰익스피어 연극 축제가 열리는 곳이다. 한여름 밤 야외무대에서 관객들과 셰익스피어를 감상하는 기분 또한 각별하다. 1916년 셰익스피어 사망 300주년을 기해 만들어진 가든과 그 산책로 또한 매우 아름답다. 특히 셰익스피어의 소설과 시에 등장하는 꽃들만 심어놓은 것도 재미있다.

12. Strawberry Fields + Imagine Memorial(West 72nd St.) • 과거 비틀스(Beatles) 멤버였던 존 레넌의 추모 장소로 만들어졌다. 오노 요코가 직접 디자인하였으며 눈물 모양을 취하고 있다. 인근 72가 북서쪽 코너에 위치한 다코타(Dakota) 아파트와 함께 추모객과 많은 시민들이 찾는 곳이다. 이탈리아 나폴리 시가 바닥의 흑백 대리석 모자이크를 기증하였고, 'IMAGINE'이라는 글씨 위에는 추모객들이 헌정한 꽃이 항상 놓여 있다.

13. Mall, the(Middle 66th St.) • 공원의 숲 한가운데 직선으로 곧게 뻗은 통로. 양측으로 끝없이 늘어선 벤치는 강한 기하학적 축을 형성하여 매우 기념비적인 장소로 인식되고 있다. 영화 「크래이머 대 크래이머」에서 메릴 스트립이 아들을 만나는 바로 그곳이다. 남단 끝에서 동쪽으로 가면 의약품을 배달해 알래스카에서 수천 명의 목숨을 구한 개(시베리안 허스키, Siberian Husky) '발토(Balto)'의 동상이 있다.

14. Sheep Meadow(Middle 66th St.) • 센트럴 파크를 대표하는 풍경으로 늘 소개되는데, 피크닉을 위한 최고의 추천 장소다. 실제로 1934년까지 양들이 이곳에서 풀을 뜯었고 그런 까닭에 '시프 메도(Sheep Meadow)'라는 이름이 붙었다. 뉴욕 마천루의 스카이라인이 마치 병풍처럼 둘러싸인 가운데 펼쳐진 잔디에 누워 피크닉과 휴식을 즐기는 사람들의 모습은 뉴욕 생활의 대표적 단면이다.

15. Wollman Memorial Rink(East 62nd St.) • 1949년에 개장한 이래 매일 평균 4,000명의 사람이 찾는 아이스 링크다. 이곳에서 스케이팅을 하며 파노라마로 느끼는 맨해튼 마천루의 로맨틱한 스카이라인은 뉴욕 최고의 경험 중 하나다. 너무나도 유명한 「러브 스토리」의 눈싸움 장면, 그리고 「시렌디피티(Serendipity)」의 라스트 신에서 배경이 되었던 곳이기도 하다.

Washington Square Park

bet. University Place & MacDougal St. (bet. Waverly Place & W. 4th St.) / **Design.** John J Kassner & Co.,Robert Nichols, Edgar Tafel & Associates

P5 • **워싱턴 스퀘어 파크** 미국 최초의 여류 신문 사진작가였던 제시 빌스(Jessie Beals)는 "캘리포니아의 꽃을 다 주어도 이 워싱턴 스퀘어 앞의 풍경과 바꾸지 않겠다"는 말을 남긴 적이 있다. 원래 개천이 흐르는 습지이자 공동묘지였던 장소를 1820년경 시민공원과 군대의 행사를 위한 장소로 개발한 것이 공원의 모태가 되었다. 이후 부지가 정리되면서 주변에 건물이 세워지기 시작, 현재 뉴욕 대학(New York University)의 캠퍼스가 되었는데, 최초의 뉴욕 대학 건물은 1837년에 지어졌다. 한 가지 재미있는 일화는 이 공원에 누군가 보라색 꽃을 심기 시작한 이후 보라색이 뉴욕 대학의 상징이 되었다는 사실이다. 이 공원의 상징인 기념 아치는 1889년 조지 워싱턴의 연설을 기념하기 위해서 매킴, 미드 앤드 화이트(McKim, Mead & White)가 나무로 처음 만들었으며, 피아니스트인 장 패드류(Jan Padrew)가 영원한 아치 건립을 위한 모금 연주를 시작하였다. 그 후 5번가를 통행하는 버스들의 우회 장소 등으로 사용되다가 1971년 전면 개수되어 오늘날과 같은 모습의 공원으로 자리 잡게 되었다. 공원 서쪽에 있는 조각은 모빌 디자인으로 유명한 칼더(Alexander Calder)의 부친(Alexander Stirling Calder)이 만든 작품이다. 1917년 프랑스 다다(Dada) 미술의 선구였던 마르셀 뒤샹(Marcel Duchamp)은 미국의 제1차 세계대전 참전 반대를 위한 시위를 하면서 이 아치에 기어 올라가기도 했다. 주변에 산재한 뉴욕 대학의 건물들이 대학가 분위기를 연출하고, 주말이면 각종 행사와 공연이 열리며 뉴욕 풍경의 단면을 유감없이 보여준다.

tip

뉴욕의 포켓공원

베스트 5

pocket parks in new york city

● 포켓공원(Pocket Park), 또는 마이크로 공원(Micro-park) 등으로 불리는 뉴욕의 쌈지 공원들은 빌딩 숲의 모퉁이에 감추어진 자그마한 휴식공간이라는 점에서 그 가치를 더한다. 사람들이 자연스럽게 모이고 이야기하며 독서를 즐기는 포켓공원은 센트럴 파크와 같은 대규모 공원과는 전혀 다르게 아주 작은 규모로 만들어지며 시내 중심가의 빌딩 틈새 곳곳에 숨겨져 있다. 포켓공원의 역사는 1960년대로 거슬러 올라간다. 당시 뉴욕시장이었던 린지(John Lindsay)는 고층빌딩이 운집한 삭막한 도시에서 시민들에게 쾌적한 휴식공간을 제공해주자는 정책을 추진했다. 신축 건물에 고도 제한을 다소 완화해주는 대신 시민을 위한 작은 공원을 건물 귀퉁이에 설치하고 관리하는 의무를 부여하는 방식으로 생겨나기 시작한 공간들이 이제는 뉴욕의 디자인 명물들이 되었다. 이러한 포켓공원에서 벌어지는 일은 제각기 다르다. 이른 아침, 비즈니스를 위한 미팅 장소가 되는가 하면 밤에는 멋진 파티 장소가 된다. 연인들은 이곳에서 만나고 사랑을 한다. 도시의 많은 이야기를 간직하고 있는 곳이다. 일반적인 관광으로는 만나기 힘든, 하지만 반드시 경험해야 하는 아주 아름다운 공간들이다. 도시에는 도로, 건물, 자동차, 간판과 같은 전형적인 풍경 이외에도 독특한 역할을 하는 공간이 있게 마련이다. '도심 속의 위대한 오아시스', '살아 있는 오아시스'로 표현되는 포켓공원은 도시인의 지적인 휴식공간을 대변한다. 포켓공원의 규모는 매우 작다. 하지만 물리적인 규모보다 중요한 점은 사람들이 가슴으로 느끼는 크기다. 이용자들에게 포켓공원은 아주 큰마음의 공간이 된다. 소중한 것을 간직할 수 있고, 겨울에는 차가운 손을 녹일 수 있는 곳이 바로 주머니, 포켓이다. 그 이름처럼 포켓공원은 살아 있는 도시의 오아시스로 생명력을 갖는다.

Balsley Park

57th St. & Ninth Ave. (southeast corner) / **Design.** Thomas Balsley

P6 • **발슬리 파크** 뉴욕에서 가장 기하학적이고 인공적인 모습을 갖춘 포켓공원이다. 간단한 스낵과 음료수를 파는 가판대, 열한 그루의 나무, 다섯 대의 자전거 파킹을 위한 구조물이 조화를 이루고 있다. 언뜻 외관은 인위적으로 짜여진 듯 보이나, 다른 여느 공원과 마찬가지로 독서를 하거나 사람을 만나거나 개를 데리고 산책을 하는 등 방문객들의 모습은 아주 자유분방하다.

Christopher Park

Christopher St. (at Seventh Ave.) / **Design.** George Segal

P7 • **크리스토퍼 파크** 그리니치빌리지의 모퉁이 삼각형 대지에 위치한 포켓공원이다. 뉴욕 일상의 한순간을 포착, 표현하기로 유명한 조각가 조지 시걸의 1992년 작품 〈게이 커플들〉이 마치 공원의 방문객인 것처럼 자연스럽게 앉아 있다. 유심히 살펴보면 이 조각과 공원 방문객의 어울림이 일품이다. 이 조각과 함께 그리니치빌리지의 동성연애 문화를 상징하는 게이 스트리트 137호에는 에드거 앨런 포가 살았으며, 영화배우 바브라 스트라이샌드도 근처의 크리스토퍼 스트리트 61번지에 살았었다. 1969년부터 매년 6월에 열리는 게이 프라이드 행진(Pride March) 역시 이 공원이 종착지이다.

Green Acre Park

217-221 E. 51st Street (bet. Second & Third Aves.) / **Design.** Sasaki, Dawson, DeMay Associates

P8 • **그린 에이커 파크** 2층 높이의 폭포와 화강석 블록, 나무들, 샌드위치를 파는 키오스크 등으로 가장 완성된 구성을 자랑하는 공원이다. 맨해튼의 중심가에서는 다소 벗어난 곳에 위치하여 사람들의 방문 빈도는 상대적으로 낮지만, 조경디자인의 짜임새와 수려함은 최고 수준이다. 입구와 중앙 정원, 서쪽의 벤치와 테이블, 그리고 북쪽의 분수는 각각 다른 높이로 구성되어 있다. 특히 도시의 오아시스를 상징하며 순수한 힘으로 공간에 역동성을 부여하는 폭포는 이 공간의 하이라이트다. 바로 가까이에 다가가면서 느낄 수 있는 물의 소리와 질감은 순간적으로 방문객을 다른 세계로 인도한다.

Paley Park

53rd St. (bet. Fifth & Madison Aves.) / **Design.** Albert Preston Moore

P9 • **패일리 파크** 공원의 이름은 CBS방송국의 설립자였던 윌리엄 패일리에서 따온 것이며 디자인은 매우 간결하다. 깨끗하게 포장된 바닥에 벽면을 따라 흐르는 가지런한 폭포와 조명, 아주 잘생긴 몇 그루의 히니 로커스트 나무와 야외용 의자가 전부다. 하지만 사람들은 그 공원을 포켓공원이라 부르며 점차 사랑하기 시작했다. 급기야 수년 후 바로 인접한 장소에 곧바로 '패일리 파크 2'를 탄생시키기에 이르렀다. 마치 흥행에 성공한 인기 영화의 속편처럼…. 패일리 파크 2는 기존의 패일리 파크에서 대형 벽화가 추가되는 등 약간의 형태 변화를 추구하였다. 오아시스를 상징하듯 긴 벽면을 타고 떨어지는 폭포의 물줄기는 도시의 화음을 만들어 본능적으로 마음을 깨끗하게 해준다.

Water Tunnel and Open Passage

bet. Exxon Building & McGraw Hill Building (bet. 48th & 50th Sts., bet. Sixth & Seventh Aves.)

P10 • **워터 터널과 오픈 패시지** 엑슨 빌딩 측면 통로에 물이 흐르는 터널로 원통형의 간결한 기하학 형태가 악센트이다. 건물을 관통하는 통로와 회색 화강암의 우아한 조화, 음악 소리와 같은 폭포의 흐름이 멋진 조화를 이루며, 양 방향으로 오가는 사람들의 실루엣으로 인해 공간이 항상 움직이는 느낌이 든다. 인근 6번가에 면한 맥그로 힐 빌딩의 주변엔 낮은 폭포가 흐르는 공간과 선큰 가든에 설치된 15미터 길이의 삼각형 조각품도 함께 어우러져 환경디자인을 완성하고 있다.

뉴욕의 물과 옥상

water and rooftop: new york's special feng sui

New York's history is the history of their use of water. Manhattan itself is an island and the Hudson River that floats dreamily past on the west side eventually leads to the Atlantic Ocean. The many islands surrounding Manhattan are all connected by bridges, tunnels, ferries, and cable cars. During the seventeenth and eighteenth centuries, the west side piers dictated the grid-like development of the city along their major axes. Along the rivers, peaceful parks provide a resting spot for Manhattanites who enjoy the beautiful landscapes. Between these parks, hot spots like the Fulton Fish Market, Pier 17, Chelsea Pier, and the Intrepid Sea Air Space Museum dot the shoreline. The New York Bay teems with wildlife such as crabs, eels, and bass, with seagulls hovering above. •• The lake, reservoir and ice rink, along with the cascades in several pocket parks, are the highlights of Central Park's use of water in a public space. The waterfall at Rockefeller Center, and Isamu Noguchi's design in the sunken garden at Chase Manhattan, and the lobby at the 666 building are three of the most famous water features in New York City. One interesting fact about water in New York City that many tourists don't know is the secret of the bagel. New York's iron supply creates a famous and distinct bagel that cannot be made elsewhere with a different water. •• A special space for many New Yorkers, the rooftop is a place to escape the tumult below. Due to limited land and the high price of real estate, most buildings are high-rise and expensive. There are many parks in the city, but compared to suburban or country living, there are not many open and private spaces. Therefore, the rooftop that can provide sunlight and privacy is a precious luxury. Penthouse owners, already paying exorbitant prices for real-estate, spare no expense in making full use of the roof space for entertaining and personal needs. Many choose to install a garden, insert a pool, or create an outdoor bar and grill setting. •• One breathtaking rooftop is the Pen-Top Bar at the New York Peninsula Hotel, a splendid vantage point for activity up and down Fifth Avenue. In 1905, the Peninsula Hotel was the tallest skyscraper in the world, emulating the Gotham Hotel. On the weekends, a crowd of beautiful people take in the equally gorgeous views. •• Perhaps the most intriguing pastime occurrence on the rooftops of New York City is the practice of beekeeping. New York surprisingly has fabulous conditions for beekeeping, as many citizens keep flowers on windowsills and verandas. Flower stands in front of every corner deli provide pollen to create the honey, which is very competitive in flavor. Another reason for the success of the bees is the impossibility of bears attacking the hives. David Graves, a New York city beekeeping success story, sells honey at the Green Market in Union Square. •• Several hotels and office buildings open their beautifully landscaped rooftops to their clientele and staff. It is a strange and pleasurable feeling to rest at the top of a forest of buildings, soaking up the sun while reading a good book. The pleasure lies in observing the seemingly mad rush of the daily life below. Many people, including the author, visit New York for this distinctive luxury.

● 뉴욕은 물과 인연이 많은 도시다. 우선 맨해튼 자체가 섬이고 허드슨 강은 곧바로 대서양과 연결된다. 리버티 아일랜드(Liberty Island), 엘리스 아일랜드(Ellis Island), 루스벨트 아일랜드(Roosevelt Island), 랜달스 아일랜드(Randalls Island) 등 맨해튼 주변의 작은 섬들과 주변 지역들은 맨해튼에서 가지를 친 다리나 터널, 페리, 케이블카 등으로 연결된다. 17~18세기에는 웨스트사이드를 중심으로 계속적으로 부두(Pier)가 건설되기 시작하여 무역과 산업의 인프라 역할을 담당했다. 또한 섬이기 때문에 강변의 수려한 경치를 제공하는 공원과 녹지, 산책로들은 시민이 애용하는 환경으로 자리를 잡았다. 풀턴 수산시장(Fulton Fish Market), 피어 17(Pier 17), 첼시 피어(Chelsea Pier)나 허드슨 강변에 정박해 있는 항공모함 인트레피드(Intrepid)호와 같이 강변의 명소들이 발달할 수 있었던 것도 이러한 연유에서다. 세계에서 가장 바쁜 항구답게 쉴 새 없이 화물선들이 오가는 허드슨 강과 뉴욕 만(New York Bay)이지만 그 물 속 깊은 곳에는 또 다른 풍경이 숨겨져 있다. 이 지섬은 바닷물과 민물이 교차하여 각종 야생 물고기의 서식에 적합한 환경을 제공한다. 실제로 이 지역에서는 장어와 게, 농어 등이 많이 잡혀 종류가 다른 갈매기들이 언제나 물 표면을 선회하고 있다.

뉴욕의 오아시스인 센트럴 파크 내부의 저수지와 호수들 그리고 아이스 링크를 비롯하여 작은 포켓공원들의 분수 등은 대표적인 물의 요소다. 뉴욕에는 강변이나 바다를 끼고 있는 공원들이 즐비하다. 맨해튼 내부의 환경디자인에서도 물의 요소를 많이 찾아볼 수 있다. 뉴욕의 대표적인 풍경으로 늘 소개되는 록펠러 센터의 아이스 링크는 도시 한복판에 독특하게 응용된 물 디자인이다. 이사무 노구치(Isamu Noguchi)가 연출한 체이스 맨해튼 은행(Chase Manhattan Bank)의 선큰 가든이나 666빌딩 내 인공 폭포 조각 역시 놓칠 수 없는 물의 요소다.

뉴욕과 물의 관계를 이야기할 때 가장 재미있는 것 중 하나가 바로 베이글(Bagel)이다. 원래 유대인의 음식인 베이글은 뉴욕에서 매우 유명하고 또 인기 있는 빵이다. 한데 이 베이글은 같은 재료, 같은 조리 방법을 가지고도 다른 도시에서는 절대 뉴욕의 그 맛이 나지 않는다. 그 비밀은 바로 뉴욕의 물에 있다. 뉴욕의 물은 매우 독특한 맛의 철분을 머금고 있다. 바로 이 물이 뉴욕 베이글을 완성시키는 비밀 재료인 것이다.

뉴욕의 물은 두 가지 점에서 유명하다. 우선은 깨끗하다는 것이고 또 하나는 공짜라는 것이다. 뉴욕의 물은 나이애가라 폭포로부터 복잡한 동 파이프로 연결되어 시내까지 공급되는데, 100년이 넘도록 이 식수원을 깨끗하게 보전했다. 또한 록펠러(Rockefeller) 재단에서 뉴욕시민의 수도세를 전액 부담하면서 뉴욕시민들은 한동안 무료로 물을 쓸 수 있었다. 한 기업가의 자선 정신이 시민들에게 복지 혜택을 제공한 좋은 예다. 뉴욕의 물은 생활의 필수 요소일 뿐만 아니라 다양한 상징과 정서로 작용하고 있다.

뉴욕에서 아주 특별한 공간 가운데 하나가 바로 건물 옥상이다. 제한된 토지로 인하여 맨해튼의 건물들은 높게 치솟고, 값은 비싸며, 휴식 공간은 충분하지 않다. 또한 군데군데 공원들이 있기는 하나 인구에 비례해서, 또는 전원도시들에 비해서는 턱없이 부족한 편이다. 따라서 직사광선을 받을 수 있는 옥상은 어느 도시보다 아주 값진 공간으로 여겨진다. 펜트하우스의 집값이 엄청나게 비싼 것도 그런 이유에서다. 이곳 거주자들은 취향에 따라 정원을 가꾸기도 하고, 수영장을 설치하거나 바비큐 파티를 즐기기도 한다. 호텔이나 사무실 건물들 중에도 직원이나 고객을 위해서 옥상 공간을 아름답게 조경해 개방하는 경우가 종종 있다. 빌딩 숲의 꼭대기에서 건물과 자동차, 사람들 등 도시의 심

각함을 내려다보면서 일광욕을 즐기거나 독서를 하고 휴식을 취하는 기분이 아주 묘하다. 사실 필자를 비롯해 많은 사람들이 바로 이런 휴식을 그리워하며 뉴욕을 찾는다.

아마 뉴욕에서 가장 독특한 옥상 이용 행위는 바로 양봉일 것이다. 언뜻 의아하게 들릴지 모르나 사실 뉴욕은 양봉을 하기에 매우 적합한 재미있는 조건을 갖추고 있다. 뉴요커들은 꽃을 좋아해서 많은 가구에서 아파트 베란다 등에 꽃을 키우고 있고 델리마다 도로변에 꽃을 진열해놓고 있다. 벌들에게는 꿀을 채취하기 충분한 양의 꽃이 존재하는 셈이다. 특히 맨해튼은 빌딩 숲이므로 곰들의 습격으로부터 자유롭다는 것 또한 아주 이로운 조건이다. 벌들은 맨해튼 도처에 널려 있는 꽃에서 꿀을 채취하고, 뉴욕 마천루의 옥상에서는 양봉업이 행해진다. 이렇게 만들어지는 꿀은 세계 어느 곳의 꿀보다 맛있다. 뉴욕 건물 옥상의 양봉으로 가장 유명한 사람은 데이비드 그레이브스(David Graves)인데 주말에 유니온 스퀘어(Union Square)에서 열리는 그린마켓(Green Market)에 가면 '옥상 꿀(Roof Top Honey)'이라고 이름 붙여진 그의 꿀을 살 수 있다.

또 한 가지 뉴욕의 근사한 옥상 공간은 뉴욕 페닌슐라 호텔(New York Peninsula Hotel)에 있는 '펜톱(Pen-Top)'이라는 이름의 바(bar)다. 원래 이 건물은 1905년 고담 호텔(Gotham Hotel)로 지어졌으며 신축 당시 뉴욕에서 가장 높은 마천루였다. 1978년 세계적인 패션 디자이너인 피에르 카르댕(Pierre Cardin)의 감독으로 리모델링되어 잠시 맥심 드 파리(Maxim's de Paris) 호텔로 사용되기도 하였다. 이 건물 옥상 꼭대기에 노천으로 만들어진 바에서 5번가(Fifth Avenue)와 주변의 마천루들을 내려다보며 도시 속의 휴식을 즐길 수 있다. 주말이면 멋진 남녀들로 가득 차는 뉴욕의 비밀 장소 중 하나다.

Libraries and bookstores in new york:

The typical American small town usually has a town square located in its center. Important buildings like the town hall, courthouse, post office, church, and library huddle around this small square. Of these buildings, the library contributed the most to the development of America over the centuries. Libraries supplied information in books determined what people thought to be right, and humane, the library helped to formulate people's ideas and values. A huge metropolis like New York City is not an exception. New York is famous for its libraries. The main public library has been one of the world's most precious heritages since it was built in 1895. New York is also known for its bookstores, New Yorkers are constantly searching for the next "must-read." One of the reasons that New York is grouped as a "Bohemian" city with Boston, Seattle, and San Francisco is because of the huge book- reading culture. Like the movie You've Got Mail, starring Meg Ryan and Tom Hanks, many movies have scenes inside of a bookstore in New York City. There are hundreds of possible bookstores to peruse, and there are many bookstores with certain themes, like Art & Design Bookstores, Movie & Theater Bookstores, Children's Bookstores, Cook Bookstores, Shakespeare Bookstores, and Rare Bookstores. New Yorkers use bookstores often as a place to meet, like Robert De Niro and Meryl Streep did in the movie Falling in Love. Another intriguing draw to the scene is that somehow, amidst the stacks and the thousands of customers, the New York bookstore staff remembers names and the types of books you enjoy or search for, on top of being highly knowledgeable and helpful. Perhaps what New Yorkers really love is not the huge selection or the intellectual atmosphere, but the hospitality of the warm and friendly staff. A current trend in interior design is to create a space that relates to a library or bookstore theme or feel, like the Library Bar in the Hudson Hotel, the Library at the Regency Hotel, and the Library Hotel itself. What is the essence of this phenomenon of these popular library-themed spaces? Most of the places in the world, including houses we live in and the stores at which we shop, differentiate our status. Wealthy people live in expensive houses and stay in five-star hotels; they visit expensive restaurants, drive different cars and even sit in different seats in airplanes. Yet there are places that almost everybody may – and are welcome to – visit: zoos, museums, and libraries where CEO is welcome with kids just as is a custodian. Wealth is no guarantee of finding a good spot to appreciate a painting, and its status has no value to the librarian helping someone find a good book. What are the common characteristics between libraries, museums and zoos? The notion of democracy; that these places and the environments they provide belong – or should belong – by their nature to those who would take pleasure or comfort in them without the consideration of wealth. Constructing places where a variety of people can visit and use equally is a very important mission of a city. The idea of a library is actually a step beyond the idea of a democracy. The purpose is to invite and provide everybody with information. The idea expresses intellectual culture, educational discovery and navigating experience.

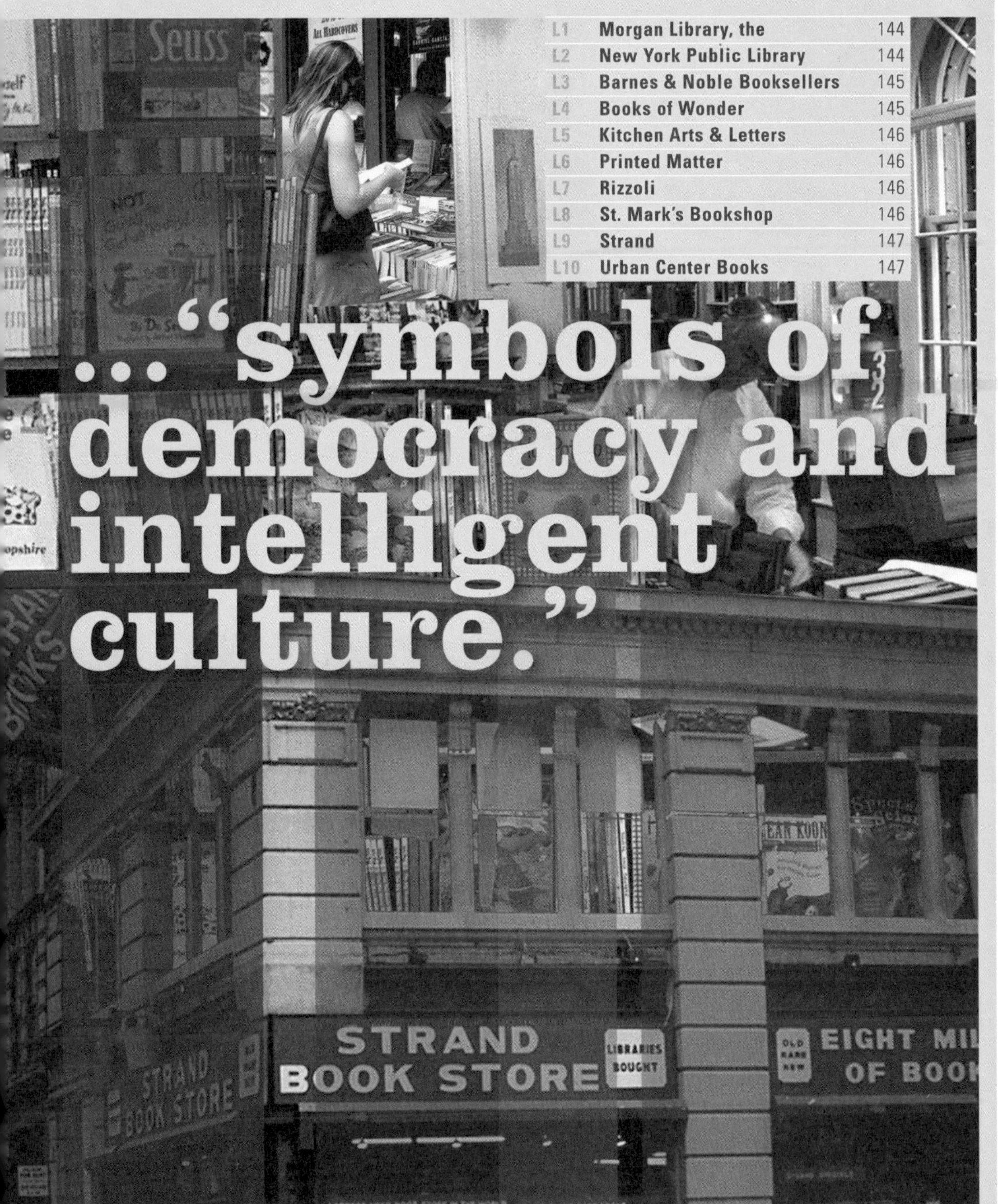

..."symbols of democracy and intelligent culture."

...formulate people's ideas and values...
Le Petit Prince
FIREBO
MY NEW YORK
THE RULE OF
ISLAND at the CENTER of the WORLD
BLUE BLOOD
OODNI
The Little Prince

L

전형적인 미국의 작은 마을을 방문해보면 일반적으로 마을 중앙에 시민을 위한 광장(Town Square)이 있고, 그 앞에 마을회관(Town Hall), 법원, 교회, 우체국 그리고 반드시 도서관이 자리 잡고 있다. 시민 지성의 상징이자 지역 사회에 대한 봉사 기관인 도서관은 문화적 성황당인 것이다. 사실 도서관은 미국 민주주의의 발전에 큰 기여를 해왔다. 누구나 도서관을 통해 책을 접하고, 지식을 얻음으로써 무엇이 정의롭고 인간다운 것인지를 인식하고 실현해왔던 것이다. 대도시 뉴욕도 예외는 아니다. 아니 오히려 뉴욕은 도서관으로 유명하기까지 하다. 예를 들어 맨해튼의 가장 중심부인 42번가에 자리 잡은 뉴욕시립 도서관(New York Public Library)은 1895년 설립 이래 지금까지 세계에서 가장 중요한 문화 기관 중 하나로 인식되고 있다.

'세계 출판의 수도'라는 명성과 함께 뉴욕은 서점 또한 유명하다. 그리고 뉴요커들은 책을 좋아한다. 뉴욕이 보스턴, 시애틀, 샌프란시스코와 함께 미국의 4대 보헤미안 도시(Bohemian City)로 불리는 것도 책을 읽는 문화 덕분이다. 브로드웨이 66가 반스 앤드 노블(Barnes and Nobles) 서점을 배경으로 한 영화「유브 갓 메일(You've Got Mail)」처럼 서점을 배경으로 한 영화들이 많은 것도 이 때문이다. 서점의 수도 수지만, 사실 전문 분야에 따라 특화되어 있는 서점들의 다양함도 놀랄 정도다. 예술 전문 서점은 물론이고, 영화 · 연극 전문 서점, 셰익스피어 전문 서점, 희귀본 전문 서점, 음식 및 요리책 전문 서점, 어린이 책 전문 서점 등이 곳곳에 숨어 있다. 또 한 가지 주목할 만한 것은 이 서점의 직원들이다. 많은 경우 서점의 직원들은 단골 고객의 얼굴이나 이름은 물론, 취향이나 관심 영역까지 기억하면서 언제나 웃는 얼굴로 고객이 원하는 책을 능숙하게 서가에서 꺼내준다. 뉴요커들은 서점에서 만남이 이루어진다. 영화「폴링 인 러브(Falling in Love)」에서 로버트 드 니로(Robert De Niro)와 매릴 스

...as a place to meet...

트립(Meryl Streep)이 운명적인 만남을 시작했듯이.

● 근래 들어 도서관, 또는 서점을 테마로 한 공간들이 많이 등장하고 있다. 가장 유명한 곳은 아마도 필립 스탁이 디자인한 허드슨호텔(Hudson Hotel)의 라이브러리 바(Library Bar)일 것이다. 소호에 위치한 안드레 발라즈(Andre Balazs)의 멀서 호텔(Mercer Hotel) 또한 로비 라운지와 서재를 결합한 개념을 보여주고 있다. 뉴욕이라는 도시의 바쁜 CEO들을 위해서 파워 브렉퍼스트(Power Breakfast)의 전통을 시작한 리젠시(Regency) 호텔 역시 파크 애버뉴를 면하고 있는 라이브러리를 호텔의 간판으로 홍보하고 있다. 이러한 시대적 흐름과 같이하여 급기야는 2001년 뉴욕시립도서관에서 멀지 않은 위치에 라이브러리 호텔(Library Hotel)이 탄생하기에 이르렀다.

● 술 마시는 바, 투숙하는 호텔과 공부하는 도서관은 무슨 관련이 있는 것인가? 1970년대 우리나라 주택의 거실마다 빠지지 않고 전시되었던 브리태니커 백과사전처럼 책은 단지 장식인가? 도서관과 서점, 또 이를 테마로 한 공간들의 유행, 과연 이러한 현상의 본질은 무엇인가? 우리가 살고 있는 집을 비롯해서 세상에 만들어진 대부분의 공간은 방문객을 차별한다. 부유한 사람은 좋은 집에 산다. 부유한 사람은 좋은 호텔을 이용하고, 호텔 내에서도 좋은 방에 투숙하며 비싼 레스토랑에 출입한다. 백화점, 부티크, 슈퍼마켓, 병원, 체육 시설 등 모든 공간들이 빈부의 차에 따라 방문객을 차별한다. 하지만 모든 사람들이 평등하게 이용하는 공간이 있다. 바로 미술관, 동물원 그리고 도서관이다. CEO도 아이들을 데리고 동물원에 놀러 오고, 노동자도 아이의 손을 잡고 동물원을 찾는다. 부자라고 해서 미술관에서 좋은 위치를 잡아 그림을 감상할 수 있는 것은 아니다. 부자라고 해서 항상 도서관에서 좋은 자리에 앉아 책을 보지는 못한다. 미술관, 동물원, 도서관의 공통점은 무엇인가? 답은 민주주의다. 뉴욕의 라이브러리 호텔의 탄생은 우연이 아니다. 도서관은 단지 모든 방문객을 평등하게 수용한다는 민주주의의 개념을 넘어서 지성의 문화를 표현한다. 교육적 발견과 항해적 경험 그리고 지성과 민주주의, 도서관은 이 모든 것이다.

Morgan Library, the

29E. 36th St. (at Madison Ave.) / **Tel.** (212) 685-0008 / www.morganlibrary.org

L1 • 모건 라이브러리 원래 이 건물은 현재 세계 금융계의 핵심 조직 중 하나인 제이피 모건(J. P. Morgan)의 창립자 존 모건(John Pierpont Morgan)의 주택이었다. 뉴욕 최고의 부자 중 한 사람이었던 모건은 소장품이 방대하여 자신의 서재에서 감당하기 어려워지자 1906년, 찰스 매킴(Charles McKim) 에게 의뢰하여 팔라초(Palazzo) 스타일의 맨션을 지었다. 입구의 로툰다(Rotunda)를 중심으로 사방으로 방들이 연결된 보자르 양식의 건축이 우아함의 백미를 이룬다. 1924년 모건의 아들이 이 도서관을 일반에 공개하여 오늘날의 도서관이 만들어졌다. 중세의 컬렉션과 희귀본 도서, 명화 모음 그리고 악보에 이르기까지 원고와 책을 포함한 엄청난 양의 컬렉션을 자랑하고 있어 '모세의 오리지널 십계명 빼놓고는 다 있다'는 말까지 만들어냈다. 현재는 박물관으로 보존되어 있어 책을 읽거나 자료를 찾는 도서관이라기보다는 구경하는 도서관이라는 편이 옳다. 하지만 매우 아름다워 꼭 방문해볼 가치가 있다.

New York Public Library

Fifth Avenue (at 42nd St.) / **Tel.** (212) 661-7220 / **www.**nypl.org

L2 • 뉴욕시립도서관 1,100만 권의 책과 세계 128개국으로부터 전달되는 1만여 종류의 정기 간행물 그리고 원판, 녹음, 지도 등 3,600만 개에 이르는 소장품을 보유, 연간 650만 명의 방문객을 맞이하는 도서관이다. 1895년 설립한 이래 지금까지 세계에서 가장 중요한 문화 기관 중 하나로 자리 잡고 있다. 1911년 현재의 장소로 옮겨온 뉴욕시립도서관 역시 보자르 양식으로 건축되었다. 버몬트(Vermont) 주에서 생산되는 흰 대리석으로 마감한 외벽을 배경으로 정문 앞에 서 있는 두 마리의 사자는 지성과 자유의 영원한 상징이다. 특히 도서관 앞 계단은 시민들이 앉아서 휴식을 취하는 장소로 메트로폴리탄 뮤지엄(Metropolitan Museum of Art)의 계단과 함께 마치 로마의 스페인 계단(Spanish Step)을 옮겨놓은 것과 같은 풍경을 연출한다. 애스터 홀(Astor Hall), 독서실(Reading Room), 리처드 하스(Richard Haas)의 벽화가 있는 정기 간행물실(Periodical Room) 등의 내부 공간 역시 매우 아름답다.

Barnes & Noble Booksellers

4 Astor Place (bet. Broadway & Lafayette St.) / **Tel.** (212) 420-1322 • 33 E. 17th St. (bet. Broadway & Park Ave.) / **Tel.** (212) 253-0810 • 1972 Broadway (at 66th St.) / **Tel.** (212) 595-6859 / **www.barnesandnobleinc.com**

L3 • **반스 앤드 노블** 1년에 무려 4억 5,000만 권의 책을 판매하는 명실공히 세계 최대의 서점 체인이다. 반스 앤드 노블의 역사는 1873년 일리노이(Illinois) 주에서 찰스 반스(Charles M. Barnes)로부터 시작되었으며, 1917년 뉴욕에서 클리포드 노블(G. Clifford Noble)과 합치면서 현재의 이름을 가지고 기반을 잡기 시작하였다. 오늘날에는 온라인 코스를 통해서 반즈 앤드 노블 대학(Barnes and Noble University)도 운영하고 있다. '정보의 광장'이라는 모토 아래 반스 앤드 노블은 도서관 분위기로 매장 인테리어를 디자인하였다. 이와 어울린 그래픽들은 정보를 제공함과 동시에 지적인 분위기를 잘 살려준다. 많은 지점 중 링컨 센터 매장은 가장 훌륭한 모델로 인식되고 있다. 이외에 애스터 플레이스(Astor Place) 매장과 유니온 스퀘어(Union Square) 매장도 방문할 만하다. 각 매장마다 약 300만 권의 책이 전시, 판매되고 있다. 영화 「유브 갓 메일」에서 '폭스(Fox) 서점'의 상징적 모델이 되기도 했던 서점이다. 한때 지성을 상징하는 서점과 커피 문화를 고급스럽게 정착시키기 위해 미국 최대의 커피 체인 스타벅스 카페를 접목시킨 문화공간을 만들어 상호 마케팅(Mutual Marketing)의 최고 성공 사례로 각광받기도 했다. 현재는 커피 원두만을 스타벅스에서 공급받고 카페는 자체적으로 운영하고 있는데, 이 반스 앤드 노블 카페가 미국 전체에서 두 번째로 큰 커피 체인이라는 것 또한 재미있는 사실이다. '보헤미안 도시의 지성파 시민들은 책과 커피를 좋아한다'는 평범한 진리가 떠오르는 현장이다.

Books of Wonder

16 W. 18th St. (bet. Fifth & Sixth Aves.) / **Tel.** (212) 989-3270 / **www.booksofwonder.net**

L4 • **북스 오브 원더** 1980년 개점하였으며, 뉴욕에서 가장 크고 오래된 어린이 문학 전문 서점이다. 어린이를 위한 모든 책을 구비해 놓은 곳으로, 세계 각국의 동화책, 소설책, 그림책과 완구를 구입할 수 있다. 어린이의 눈높이에 맞추어 낮게 정돈된 디스플레이가 인상적이며, 아주 오래전에 출판된 어린이 서적이나 희귀본 그리고 초판 다량이 아동 작가나 일러스트레이터의 사인이 적힌 상태로 보존되어 있다. 『오즈의 마법사(Wizard of Oz)』와 관련된 서적, 장난감, 기념품 등을 취급하는 섹션이 특히 유명하며, 어린이 서적의 일러스트레이션으로 이름난 작가들의 그림 등을 전시, 판매하기도 한다. 어린이 서적은 편집과 디자인에서 기발한 상상력과 인터페이스를 요구하기 때문에 일러스트레이터나 디자이너라면 꼭 방문해볼 가치가 있다.

Kitchen Arts & Letters

1435 Lexington Ave. (bet. 92nd & 93rd Sts.) / **Tel.** (212) 876-5550 / **www.**kitchenartsandletters.com

L5 • **키친 아츠 앤드 레터스** 전 세계 요리책 1만 1,000여 권을 모아놓은 곳으로 미국에서 가장 큰 음식 전문 서점이다. 최근 유행 경향대로 분류한 섹션, 요리사별 · 요리 종류별로 찾아볼 수 있는 다양한 도서는 물론 희귀본 · 절판본 그리고 각국에서 수입한 원본들이 서점 전체를 장식하고 있다. 뉴욕 최고의 셰프들, 전 세계의 요리 애호가들이 주 고객이다. 이 서점 직원들의 요리와 음식에 관한 지식은 정말 감탄할 만하다. 이 서점에서 책을 구입하고 받은 영수증은 책갈피로 이용할 수 있다.

Printed Matter

535 W. 22nd St. (bet. Tenth & Eleventh Aves.) / **Tel.** (212) 925-0325 / **www.**printedmatter.org

L6 • **프린티드 매터** 디자이너라면 꼭 정기적으로 방문해야 하는 아주 특이한 서점이다. 예술가들의 출판 활동을 후원할 목적으로 1976년 창립한 조직인 프린티드 매터(Printed Matter, Inc.)에서 운영하는 서점이다. 원래 소호에 있다가 2001년 현재의 첼시로 이주해왔다. 정기적으로 예술가들의 작품 전시를 기획하며, 5,000여 명이 넘는 예술가들의 전시 팸플릿, 카탈로그, 포스터 1만 5,000여 점을 구비하여 전시 및 판매하고 있다. 예술가, 디자이너들이 직접 디자인하고 편집한 책들이 즐비한데, 유심히 보면 책표지는 물론이고 한 페이지 한 페이지를 신경 써서 예술적으로 디자인해 감탄을 금할 길이 없다. 언더그라운드 출판 예술의 정수를 맛볼 수 있는 곳으로 디자인 아이디어를 얻기 위한 최고의 장소 가운데 하나다.

Rizzoli

31 W. 57th St. (bet. Fifth & Sixth Aves.) / **Tel.** (212) 759-2424 / **www.**rizzoliusa.com

L7 • **리졸리** RCS는 이탈리아에 기반을 두고 신문, 잡지, 라디오 등을 운영하는 회사다. 이 가운데 리졸리는 출판 전문 회사로 뉴욕에 소매를 목적으로 서점을 열었다. 57가에 위치한 이 서점은 건축, 디자인, 사진, 조경 및 각종 예술과 음식 관련 서적을 전문으로 판매하고 있다. 건축, 디자인 전문서점으로 책의 가지 수나 규모 면에서 보자면 뉴욕에서 가장 크다. 마치 고급 맨션의 내부와 같은 고급 인테리어 역시 지성미를 마음껏 풍긴다. 영화 「폴링 인 러브」에서 남녀 주인공이 처음으로 만나는 곳이다.

St. Mark's Bookshop

31 Third Ave. (bet. 8th & 9th Sts.) / **Design.** Don Zivkovik & Brian Connelly / **Tel.** (212) 260-7853 / **www.**stmarksbookshop.com

L8 • **세인트 마크스 북숍** 1977년 이스트 빌리지(East Village)의 핵심 대로변에 자그맣고 쾌적한 환경으로 문을 열었다. 뉴욕 대학, 쿠퍼 유니온, 파슨스 스쿨 오브 디자인 등 인근 미술 대학의 학생, 교수 그리고 실무에 종사하는 디자이너들이 매우 좋아하는 서점이다. 건축, 사진, 디자인 등의 예술 서적과 철학, 문학, 역사책, 시집, 국내외 저널 등을 주로 취급한다. 내부의 인테리어는 예술과 지성을 함께 담은 아늑한 분위기로 완성되었다.

Strand

828 Broadway (at 12th St.) / **Tel.** (212) 473-1452 • 95 Fulton St. (bet. William & Gold Sts.) / **Tel.** (212) 732-6070 / **www.**strandbooks.com

L9 • **스트랜드** 미국 최대의 할인 서점으로 그리니치빌리지에 본점이, 월스트리트 지역에 지점이 있다. 서점의 이름 '스트랜드(Strand)'는 런던의 유명한 길이자 오래된 문학잡지에서 따온 것이다. 예술과 디자인 분야의 책이 특히 많고, 희귀본이나 절판본 등을 좋은 가격에 구입할 수 있다. 매일 수천 권의 책이 사고 팔리는 장소인 만큼 첫 방문이라면 서너 시간 정도를 할애하는 것이 좋다. 먼지 쌓인 책들이 높은 서가마다 빽빽히 꽂혀 있는 풍경은 마치 중세의 성당에 들어와 있는 느낌마저 들게 한다. 하긴 예일대학의 도서관은 과거 교회 건물을 개조한 것으로 책은 종교만큼 성스럽다는 의미를 상징하기도 한다. 한 가지 재미있는 사실은 무대 디자이너나 인테리어 데커레이터, 즉 읽는 책이 아닌 장식용 책이 필요한 사람들에게는 책을 길이로 재서 판매하거나 대여해 주는 시스템이 있다는 것. (책의 종류에 따라 가격이 다르며, 싸게는 30센티미터를 10달러에 구할 수도 있다.) 이 시스템은 사실 매우 인기가 있어 뉴욕의 최고급 호텔 플라자를 비롯, 영화감독 스티븐 스필버그, 그리고 폴로 브랜드로 유명한 랄프 로렌 등이 이용하기도 하였다.

Urban Center Books

457 Madison Ave. (50th St.) / **Tel.** (212) 935-3595 / **www.**urbancenterbooks.org

L10 • **어번 센터 북스** 1980년 뉴욕의 시립예술단체(Municipal Art Society)에서 뉴욕의 건축과 디자인 문화 보급이라는 취지로 이 서점을 개관하였다. 건축과 디자인 전문 서적 약 9,000여 점을 전시 및 판매하며, 예술 작품 전시와 강연 등의 프로그램도 병행하고 있다. 이 서점은 건축과 디자인에 관한 책 컬렉션뿐 아니라 서점이 위치한 곳의 낭만적인 환경으로 뉴요커들의 사랑을 받고 있는 뉴욕의 숨겨진 보석이라 할 만하다. 1884년 매킴, 미드 앤드 화이트에 의해 보자르 양식으로 지어진 빌라드 하우스(Villard House)의 북쪽 지하에 자리 잡고 있다. 복잡한 매디슨 애버뉴의 현실로부터 벗어나 나무마다 작은 전구로 불을 밝힌 정원을 통해서 서점으로 진입하노라면 마치 도심 속 절을 방문하는 것 같은 명상에 빠진다.

Hotels in new york:

Throughout history, luxury has never been more appreciated than it is now. Once exclusive to certain classes of people, luxury is a lifestyle sought by almost everyone. Hotels have been always the symbol expressing these luxuries, their symbolism itself epitomized by the star rating system. Hotels make their customers experience life outside of the ordinary. •• Like many other big cities, New York has lots of hotels with important history such as the Plaza, Pierre, Carlyle, and the Waldorf-Astoria. There are also small hotels with interesting histories, such as the Chelsea and the Algonquin, along with the boutique hotels that have become very popular since the early 1990's. Boutique hotels became popular with the help of the young business professional, the design junkies, and the career woman. When Ian Shrager opened his hotel based on Philippe Starck's design, it quickly became worldwide news. W Hotels were also born in New York under the leadership of Barry Sternlicht, who believes that design is the only strategy that sets his hotels apart. •• Two particularly famous New York City hotels are shown frequently in the movies. The Waldorf-Astoria, where many U.S. presidents and celebrities have stayed, is one of New York's most historical hotels. The Waldorf-Astoria was built in a luxurious Art Deco style, with design elements such as mahogany panels, marble columns, chandeliers and a huge clock all adding to the allure. The hotel appears most recognizably in The Godfather III (1990), Scent of a Woman (1992), and Serendipity (2001). Another equally photogenic hotel is The Plaza. This classic landmark appeared in the films North by Northwest (1959), Scent of a Woman, and Home Alone 2: Lost in New York (1992) sealing its legendary status. The Plaza also served as an exterior background in The Way We Were (1972), and Love Story (1970). •• Paraphrasing Conrad Hilton, the hotel industry is show business. There are endless details, tasks, surprises, and obstacles. The staff become actors that should help the patrons to experience unordinary life. The actors should convert it all to an experience that provides pleasure, and lasting impression on the audience. The environment created, from the entrance to the exit should delight and enhance customer, while they are the center of every consideration and attention. We must remember that a hotel is not a place, but rather an experience, an essence, or a philosophy. Customers of hotels do not buy products, food, rooms, or spa services. Real customers buy the image of the hotel. Ultimately, the purpose of the hotel is to establish values and to sell the image of the particular lifestyle. New York visitors think they are choosing their hotels, but really the hotels are choosing their own select group of customers.

...we treat you right.

H

● 어느 오래된 도시와 마찬가지로 뉴욕도 유서 깊은 호텔을 많이 보유하고 있다. 플라자, 피에르, 칼라일, 월도프 아스토리아와 같이 전통과 호화로움을 자랑하는 호텔이 있고, 첼시, 앨곤퀸과 같이 작지만 나름대로의 역사와 스토리를 간직한 호텔도 있다. 그 외에도 19세기 유럽의 귀족 문화를 제시하는 어빙 플레이스 인, 열두 겹의 침대 시트, 아홉 종류의 다른 베개로 숙면을 보장하는 벤저민, 비즈니스맨들이 주로 이용하는 트라이베카 그랜드 호텔 등 그 성격 또한 다양하다. 1990년대부터 유행하기 시작한 부티크 호텔들도 한몫을 한다. 패션에 민감한 디자인 정키(Design Junky, 디자인에 중독된 사람들)나 전문직 여성들의 선호에 힘입어 성공한 부티크 호텔은 이미 하나의 유행으로 자리를 잡은 지 오래되었다. 부티크 호텔을 이야기할 때 빠뜨릴 수 없는 사람은 이안 슈레거로 자신의 호텔 디자인을 필립 스탁에게 의뢰함으로써, 호텔을 개관할 때마다 세계적인 화제가 되어 매스컴을 떠들썩하게 만들곤 하였다. 직감적으로 디자인만이 다른 호텔들과 차별화를 이루는 성공 전략이라는 사실을 깨달았던 배리 스턴리트의 리더십으로 성공을 이룬 W 호텔 역시 바로 뉴욕에서 시작되었다.

● 호텔은 흔히 '환대 산업의 꽃'으로 비유된다. 다양한 기능적 수요와 규모뿐 아니라 서비스와 경영, 디자인 등 환대 산업이 추구하는 모든 중점 요소가 최고의 수준에서 집약된 공간이기 때문이다. 호텔에는 갖가지 사연과 업무를 가진 사람들이 출입한다. 이들 모두는 개인화된 서비스와 쾌적한 분위기를 원한다. 호텔은 낭만적인 호화로움, 유행의 첨단, 사활이 걸린 비즈니스 같은 모든 요구를 수용해야 한다. 훌륭한 가치를 만들고 그 가치 기준이 창조한 이미지를 판매하는 것이 호텔의 궁극적 과제인 셈이다.

● 뉴욕의 호텔 고객은 음식, 객실 또는 사우나를 사지 않는다.

...endless details...tasks ...surprises obstacles...

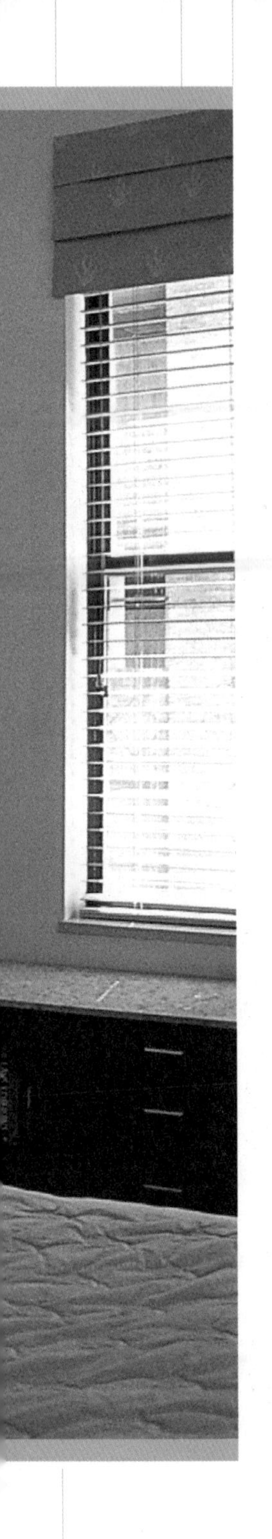

호텔의 이미지를 산다. 또 뉴욕에는 호텔의 가치를 인정할 줄 아는 수준의 고객이 많다. 이들에게는 호텔의 서비스, 디자인, 음식 등 섬세한 디테일의 의미가 크다. 여기서 한 가지 매우 중요한 사실이 있다. 많은 고객들은 뉴욕의 호텔에 묵으면서 이 호텔이 자신의 선택이라고 생각한다. 하지만 진정으로 고객이 되어 서비스를 받고 호텔 전통의 일부가 되는 고객은 제한되어 있다. 뉴욕의 호텔이 재미있는 것은 처음에는 고객이 호텔을 선택하나 궁극적으로는 호텔이 고객을 선택한다는 사실이다. 성숙하지 않은 고객은 호텔이 외면하며, 호텔은 멋쟁이 고객 층을 구축한다. 그 고객은 먼 훗날 자신이 머물렀던 호텔에 관해서 자랑을 하고 특별한 경험을 이야기한다. 그리고 그것이 호텔의 전통이 된다. 많은 뉴욕의 호텔들이 결국 이미지를 팔고 이미지로 승부하는 것도 바로 이런 이유에서다. 뉴욕의 호텔을 방문하고 싶은 이유는 바로 그 호텔만이 제공하는 문화와 라이프스타일이 있기 때문이다.

Algonquin Hotel

59 W 44th Street (bet. Fifth & Sixth Aves.) / **Tel.** (212) 840-6800 / **www.**algonquinhotel.com

H1 • **앨곤퀸 호텔** 1902년 문을 연 뉴욕의 역사적 호텔이다. '앨곤퀸(Algonquin)'이라는 이름은 16세기 맨해튼 지역에 거주했던 인디안 부족에서 따온 것이다. 이 호텔이 있는 44번가는 과거 유명한 사교클럽들이 있던 길로 오늘날에도 몇 개의 클럽이 남아 있으며, 일부는 호텔이나 레스토랑으로 바뀌었다. 앨곤퀸의 로비 역시 과거의 사교클럽 분위기를 반영하는 듯하다. 호텔에는 반드시 유명한 공간이 하나 있어서, '그 호텔!' 하면 누구나 생각나는 장소가 있어야 한다. 이 호텔의 로비 후면에 자리 잡은 '라운드 테이블 룸(Round Table Room)'이 바로 그런 곳이다. 이곳에는 1920년대 시인이자 단편소설 작가인 도로시 파커(Dorothy Parker)가 점심을 먹으며 동료들과 문학을 논하던 라운드 테이블이 현재도 보존되어 있고, 이를 기념하는 그림이 액자에 걸려 있다. 이 호텔의 또 한 가지 명물이 바로 앨곤퀸 고양이(The Algonquin Cat). 1930년대에 길을 잃고 호텔로 찾아온 고양이를 보살펴주기 시작한 이래로 오늘날까지 고양이를 키우는 것이 전통이 되었다. 현재 호텔에 거주하고 있는 고양이는 마틸다(Matilda)라는 이름을 갖고 있다.

Carlyle

35 E. 76th St. (at Madison Ave.) / **Tel.** (212) 744-1600 / **www.**thecarlyle.com

H2 • **칼라일** 1930년에 지어져 75년이 넘도록 세계 각국의 대통령과 수상, 왕자와 공주들을 맞이했던 뉴욕의 명물이다. 꼭대기 층에서 센트럴 파크를 내려다보는 전경은 뉴욕 최고 중 하나며, 오랜 전통을 상징하듯 로비에는 항상 카사블랑카 백합만을 장식하여 호텔 칼라일만의 향기를 풍기고 있다. 이 호텔의 인테리어는 20세기 중반에 페미니스트로 유명했던 여류 실내장식가 도로시 드레이퍼에 의해서 꾸며졌다. 그 이후 몇 번의 리모델링를 거쳤으나 원래의 아르데코풍의 분위기는 그대로 간직하고 있다. 이 호텔에 묵었던 고객의 집을 디자인했던 디자이너만이 이 호텔의 실내장식을 담당할 수 있는 것도 칼라일 호텔만의 독특한 정책이다. 재클린 케네디와 오드리 햅번이 우연히 만나 서로를 소개하고 담소를 나누었던 레스토랑 갤러리가 여전히 우아하게 남아 있다. 하지만 직접 이곳에서 식사를 해보면 '아직 우리는 이곳에서 아침 식사할 만큼 연륜이 쌓이지 않았다'는 사실을 절실히 깨닫게 된다. 카페 칼라일은 매주 월요일 밤 우디 앨런이 클라리넷 연주를 하는 곳으로도 유명하다.

Chambers A Hotel

15 W. 56th Street (bet. Fifth & Sixth Aves.) / **Design.** David Rockwell / **Tel.** (212) 974-5856 / **www.**chambershotel.com

H3 • **체임버스 호텔** 77개의 객실을 보유한 그리 크지 않은 규모의 부티크 호텔이다. 나무와 같은 고전적 재료와 더불어 로크웰 특유의 이국적 소재를 절충시킨 연출이 호텔 전체를 지배하고 있다. '회화와 조각이 있는 아늑한 거실'을 테마로 구축된 로비 라운지는 아시아적 평온함과 박제화된 아프리카의 장식이 조화를 이루고 있다. 2층 높이로 치솟은 벽난로, 유리로 마감된 엘리베이터, 스텝 하나하나가 떠 있는 것 같은 유리 계단 등이 첨단의 세련된 디자인을 자랑한다. 지하에 위치한 레스토랑에 진입할 때 계단참에 위치한 한 개의 테이블을 놓치지 말고 유심히 볼 필요가 있다. '사람들이 오르내리는 계단 중간에서의 식사'는 과연 파격적인 개념이다. 객실은 예전에 소호의 창고를 개조한 스튜디오인 '로프트(Loft)'라는 콘셉트로 실제 유명 예술가들의 500여 작품들이 각 객실에 맞도록 전시되어 있다. 재미있는 것 하나는 객실의 전화기 버튼 하나를 누르면 인근 헨리 벤델 백화점이 곧바로 연결된다는 점이다. 이제까지 아무도 생각하지 못했던 서비스이자 상호 마케팅의 진수를 보여주는 예다. 이 호텔의 옥상에는 빌딩으로 둘러싸인 도시 한가운데에서 일광욕을 즐길 수 있는 공간이 마련되어 있다.

Chelsea Hotel

222 W. 23rd St. (bet. Seventh & Eighth Aves.) / **Tel.** (212) 243-3700 / **www.**hotelchelsea.com

H4 • **첼시 호텔** 첼시의 대로변에 1884년 지어져 아파트로 사용되다가, 1905년 호텔로 개조된 명소다. 오 헨리, 테네시 윌리엄스, 마크 트웨인, 토머스 울프 등 이루 다 헤아릴 수 없을 만큼 많은 작가들과 영화 「이지 라이더」의 감독이자 배우인 데니스 호퍼, 대형 팝 아트 조각으로 유명한 클레즈 올덴버그, 시인 딜런 토머스, 특유의 감미로운 목소리가 유명한 프랑스의 여가수 에디트 피아프, 그리고 봅 딜런, 제인 폰다 등에 이르기까지 이 호텔에 묵었던 사람들을 니열하는 것이 아마 이 호텔의 명성을 설명하는 가장 빠른 방법일 것이다. 현재에도 이곳에 머물렀던 유명인들과 그 역사 때문에 보헤미안의 숙소로 잘 알려져 있다. 붉은 벽돌과 장식적인 철제 발코니가 특징인 건물 외관에 어설픈 갤러리와 같은 로비 그리고 호화롭지는 않지만 소박하고도 고풍스러운 객실은 유럽의 오래된 호텔과 같은 느낌을 준다. 앤디 워홀이 만든 1966년 영화 「첼시의 여인들」의 세트로 사용되기도 하였다.

Hudson Hotel

356 W. 58th St. (bet. Eighth & Ninth Aves.) / **Design.** Philippe Starck / **Tel.** (212) 554-6000 / **www.** hudsonhotel.com, www.morganshotelgroup.com

H5 • 허드슨 호텔 2000년 겨울 뉴욕의 웨스트사이드에 세워진 허드슨 호텔. 뉴욕 주 상원의원 힐러리 클린턴을 비롯하여 수많은 유명 인사들이 지켜보는 가운데 거행된 이 호텔의 개관식은 하나의 큰 문화적 사건이었다. 허드슨 호텔은 '이완 슈레거 · 필립 스탁' 콤비의 또 다른 걸작품이라는 의미를 넘어 디자이너로서 필립 스탁의 커다란 성장을 보여주는 작품이었다. 세련된 형태와 색채, 기발한 재료와 무대적 조명 효과로 환상적인 공간을 반복적으로 만들던 작업에서 발전하여 필립 스탁은 강한 문화적인 요소를 도입하기 시작하였다. 아프리카 테마가 바로 그것으로, 첨단의 세련된 디자인과 거칠고 투박하고 어두운 아프리카 예술의 대비가 공간의 숨겨진 요소이자 강한 힘으로 작용하고 있다. 중앙에 배치된 오픈 키친과 식자재의 전시, 커뮤니티 테이블의 배치가 절묘한 조화를 이루는 레스토랑, 도서관과 바의 개념을 결합시킨 라이브러리 바, 그리고 리셉션 데스크의 배면에 전개되는 옥외 정원은 흥미로운 탐험적 경험을 제공한다. 호텔 정면의 틈으로 노란 빛이 새어나오는 바는 허드슨 호텔의 하이라이트다. 프란체스코 클레멘테의 확대된 회화로 마감된 천장과 조명으로 빛나는 바닥은 마치 공간 전체가 부유하는 듯한 움직임을 만들어낸다. 또한 신고전주의 양식부터 현대에 이르기까지 다양한 양식에 따라 공간에 배치된 의자, 그곳을 가득 메운 다양한 사람들의 모습은 뉴욕의 특유한 밤 풍경을 스케치해놓은 것과 같다. 이와 대조적으로 객실은 '나는 우리 호텔의 투숙객이 객실에서 많은 시간을 보내기를 원하지 않는다'는 이완 슈레거의 생각에 기인하여 아주 최소한의 필요 공간만이 배치되었다.

Library Hotel

299 Madison Ave. (at 41st St.) / **Design.** Stephan Jacobs / **Tel.** (212) 983-4500 / **www.libraryhotel.com**

Paramount Hotel

235 W. 46th St. (bet. Broadway & Eighth Aves.) / **Design.** Philippe Starck / **Tel.** (212) 764-5500 / **www.paramount-hotel.net411.com**

H6 • **라이브러리 호텔** 뉴욕 출신의 작은 집안에서 운영하고 있는 이 호텔의 테마는 도서관이다. 이 호텔은 실제로 1만 2,000여 종의 서적을 보유하고 있으며, 1층의 로비와 2층 투숙객 라운지의 높은 벽면 등 호텔의 많은 공간이 책으로 장식되어 있다. 호텔 직원들은 '도서관 직원'으로 불리며, 12층으로 이루어진 객실은 '듀이 십진법 분류'에 따라 주제별로 나뉘어 있다. 즉 사회과학은 3층, 인문과학은 8층 그리고 역사는 9층 등의 식이다. 또 층마다 위치한 방 역시 세부적인 영역에 의해서 분류되어 있다. 예술의 층인 7층을 예로 들면 701호실은 건축, 702는 회화, 703호는 조각, 704호는 사진, 705호는 음악, 706호는 공연 예술 등이 그것이다. 각 영역별로 분류된 방마다 그 분야에 관한 책들이 진열되어 있어 자유롭게 열람할 수 있는 서비스 역시 특징이다. 또 하나의 매력적인 공간은 옥상의 선 룸으로, 올라가 보면 뉴욕시립도서관과 매디슨 애버뉴가 시야에 들어오는데, 실제로 많은 투숙객들이 화창한 날씨를 즐기면서 독서를 하는 모습을 쉽게 찾아볼 수 있다. 뉴욕에서의 지적 휴식을 원할 때 떠오르는 최고의 장소다.

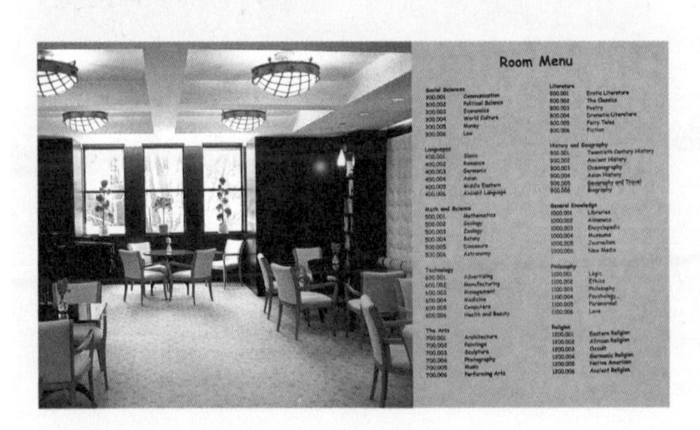

H7 • **파라마운트 호텔** 파라마운트 호텔은 극장가로 유명한 브로드웨이의 다소 외진 지역에 세워졌다. 하지만 입구를 찾기 어려울 정도로 평범한 외관과는 대조적으로 장미꽃으로 장식된 입구를 들어서면 하나의 연극무대와 같은 공간이 등장한다. 화려한 색채와 질감의 효과, 극적인 조명계획으로 빛나는 로비에는 웅장한 계단이 있다. 이 계단은 필립 스탁이 가장 중점을 둔 요소로 그 우아한 디자인과 독특한 난간 장식, 탁월한 조명의 연출효과는 인테리어 디자인의 진수를 보여준다. 똑같은 소파가 하나도 없는 가구 세팅, 유기적인 형태를 추구하는 디자인으로 유명한 마크 뉴슨의 금속 의자, 테이블 위에 놓인 구식 전화기, 이 공간을 위해서 특별히 제작된 화분 등의 조화 역시 일품이다. 화장실의 세면대, 소변기 디자인도 매우 독특하며, 객실로 올라가는 네 개의 엘리베이터 내부는 무대조명과 같이 각각 빨강, 초록, 파랑, 노랑의 빛으로 채워져 있다. 객실에서는 더욱 특별한 경험을 할 수 있다. 벽면 크기로 세워져 있는 베르메르의 대형 유화는 침대의 헤드보드 역할을 함과 동시에 방마다 다른 주제를 부여한다. 객실의 테이블과 침대의 배치, 벽장의 구멍을 통해서 비추는 TV 화면, 화장실의 집기에 이르기까지 평범한 것은 하나도 없다. 호텔의 로비와 개방되어 연결된 2층은 레스토랑과 바(Bar)로 매우 인기가 높다. 원래 이안 슈레거 소유 호텔 중 하나였으나 얼마 전 매각하여 현재는 독립적으로 경영되고 있다.

Pierre Hotel

2 E. 61st St. (at Fifth Ave.) / **Tel.** (212) 838-8000 / **www.**fourseasons.com/pierre

H8 • **피에르 호텔** 1930년 찰스 피에르 카살라스코에 의해서 창립되었으며, 마주 보고 있는 플라자 호텔과 함께 오늘날까지 뉴욕의 양대 호화 호텔로 상징되는 곳이다. 이 호텔에 사용된 모든 가구 및 집기는 물론 천 하나까지도 디자이너 연합 명예상을 받았을 만큼 고급이다. 1981년부터 세계적인 호텔인 포 시즌에서 경영하고 있다. 마이클 제이 폭스가 주연을 맡은 「사랑게임」은 호텔의 이야기를 배경으로 만들어진 대표적인 영화다. 이 영화에 등장하는 브래드베리 호텔은 뉴욕의 피에리 호텔을 이름을 바꾸어 사용한 경우다. 한편 호텔의 일층에 위치한 로툰다(Rotunda)는 뉴욕 최고의 아침 식사를 제공하는 아름다운 곳이다. 로툰다와 연결된 코틸리온 룸(Cotillion Room)은 영화 「여인의 향기」에서 알 파치노가 가브리엘 안와와 함께 탱고를 추던 명장면의 바로 그 장소다.

Regency Hotel

540 Park Avenue (at 61st St.) / **Design.** David Rockwell / **Tel.** (212) 759-4100 / **www.loewshotels.com**

H9 • **리젠시 호텔** 고급스러움과 우아함이 어울린 이 호텔은 파크 애버뉴의 위치상 아는 고객만이 찾는 숨겨진 고급 공간이다. 실제로 이 호텔에 묵어보면 그 기간 동안은 방문객이 아닌 마치 뉴욕의 고급 주거단지 이스트사이드의 주민이 된 것과 같은 기분을 느끼게 된다. 호텔 내부에 있는 레스토랑인 라이브러리는 고급스러운 장소에서 중요한 약속이 필요할 때 가장 먼저 추천받는 곳으로 책을 대형화시켜 건축적 구조물로 사용한 로크웰의 디자인이 돋보인다. 특히 이곳은 뉴욕에서는 처음으로 1970년대 파워 브렉퍼스트(Power Breakfast, 기업의 최고 경영자들의 조찬)를 시작한 장소로 아주 유명하다. 미국과 캐나다의 주요도시에 유서 깊은 호텔들을 하나씩 매입해서 운영하는 로스 호텔(Loews Hotels)에서 경영하고 있다.

Royalton Hotel

44 W. 44th St. (bet. Fifth & Sixth Aves.) / **Design.** Philippe Starck / **Tel.** (212) 869-4400 / **www.morganshotelgroup.com**

H10 • **로열튼 호텔** 오늘날 부티크 호텔의 전설이 된 '이안 슈레거 · 필립 스탁' 콤비의 첫 작품이다. 원래 이 건물은 1897년 네오 조지안 양식으로 지어졌으며, 호텔로 개조된 직후부터 독특한 인테리어로 다운타운의 명소가 되었다. 가장 유명한 부분은 레스토랑과 바가 위치한 로비인데, 저녁 시간이면 이 공간을 즐기려고 모여드는 뉴욕의 여피들로 인산인해를 이룬다. 조각적인 전체 구성은 물론이고 색채, 질감 효과, 조명까지 나무랄 데 없는 완벽한 디자인의 조화를 이루고 있다. 각각 다르게 배치된 테이블 세팅과 거기에 따르는 조명 연출은 방문객 모두를 연극의 관객, 또는 배우로 변환시킨다. 이 공간에 놓인 하나하나의 물건들은 모두 시각적인, 그리고 정신적인 상징으로서, 인생의 환영을 추구하는 사람들에게 다양한 경험을 성공적으로 제공한다. 특히 재미있는 부분은 남자 화장실로 세면대, 소변기의 디자인이 독특할 뿐 아니라 처음 방문하는 사람들은 대변기를 찾지 못해 당황하는 모습을 종종 볼 수 있다. 또한 로비 입구의 우측 뒤에 숨겨진 라운드 바 역시 발견하기 어려운 비밀 공간이다. 슈레거 호텔은 현대 사회의 흐름과 고객의 요구에 예술을 접목시킨 '도시 세련미의 오아시스'다.

Time Hotel, the

224 W 49th St. (bet. Broadway & Eighth Ave.) / **Design.** Adam D. Tihany / **Tel.** (212) 246-5252 / **www.thetimeny.com**

H11 • 타임 호텔 디자이너 아담 티하니는 27세의 젊은 호텔 주인 비크램 채트월의 요구에 따라 멋지고, 매끈하고, 섹시하며 미래적인 호텔 공간을 탄생시켰다. 이 호텔은 아주 독특하게 지상 층에 리셉션 데스크가 없다. 리셉션 데스크는 2층에 위치하며 지상 층의 대부분 면적은 호텔주의 요청에 따라 길거리에서 볼 수 있는 레스토랑으로 만들어졌다. 거리를 걷는 뉴욕시민과 레스토랑에서 식사하는 고객, 그리고 투명 엘리베이터를 타고 2층으로 올라가는 투숙객이 서로를 감상할 수 있도록 공간이 열려 있다. 마치 유리 상자와 같은 공간이다. 티하니 자신은 이 공간을 '살아 있는 빌보드'라고 표현했고, 『뉴욕 타임스』는 이 공간을 '섹시한 밤하늘의 보석 상자'라고 격찬하였다. 티하니의 작업은 아주 예리하고 명확한 공간 구성으로 완성되었다. 객실은 아방가르드의 색채 이론을 도입, 고객의 선택에 따라 레드 · 블루 · 옐로 룸으로 구분되어져 있다. 중성색인 베이지와 검은색, 회색 그리고 흰색의 바탕 위에 세 가지 다른 색채를 도입, 투숙객에게 각각 다른 색채를 보고, 느끼고, 음미하는 경험을 제공하는 것이다. 티하니는 지적이고 감성이 풍부한 고객을 겨냥, 객실마다 '얼리 버드(Early Bird)'와 '나이트 버드(Night Bird)'라는 이름의 커피 스낵 바구니를 포함한 패키지 일체를 디자인하였다.

W-New York

541 Lexington Ave. (49th St.) / **Design.** David Rockwell / **Tel.** (212) 755-1200 / **www.whotels.com**

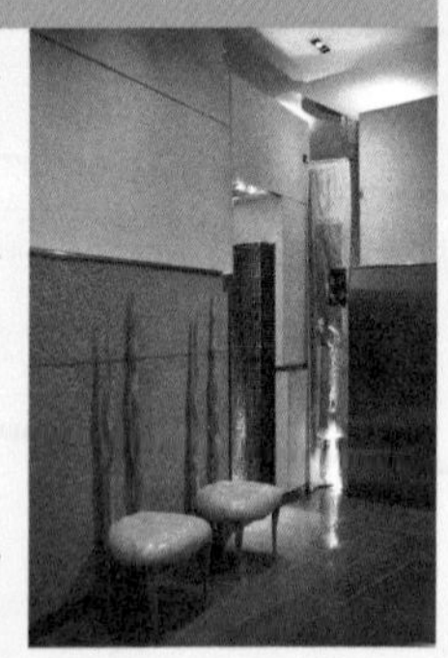

H12 • W 뉴욕 '브랜드의 차별화는 기업의 성공 열쇠다'라는 모토 아래 새로 탄생된 스타우드 그룹 산하의 호텔 체인이다. 스타우드 그룹의 창시자이자 47세의 젊은 회장인 배리 스턴리트는 이미 구축된 원숙한 조직력을 바탕으로 체인화된 부티크 호텔의 개념을 도입, W 호텔을 창조했다. 바로 이 호텔로부터 오늘날 W 호텔의 신화가 탄생된 것이다. '리빙룸'이라 불리는 W 호텔의 로비 라운지에는 큼직하고 안락한 소파, 잔잔한 음악, 촛불, 도자기, 과일, 그림, 체스판과 함께 다양한 예술, 장식품 등이 조화를 이루어 마치 집 안의 거실과 같은 분위기가 연출되고 있다. 여기서 주목할 만한 것은 베리 스턴리트와 디자이너인 데이비드 로크웰 모두가 아시아 문화에 깊은 영감을 받고 선불교에 심취했다는 사실이다. 따라서 호텔의 디자인 역시 그러한 영향을 물씬 풍긴다. 낙엽과 한지로 마감된 유리창 등 자연적 소재의 조화로운 연출은 호텔 로비를 '자연 속의 거실'로 만들었다. 실제로 한가로운 오후 이 로비에 앉아 은은한 햇빛을 받는 느끼는 기분은 숲 속에 누워 하늘을 바라보는 것과 그리 다르지 않다. 배리 스턴리트가 코네티컷의 가구 전시회에서 골랐다는 콘크리트 벤치, 엘리베이터 홀 벽면을 타고 소리 없이 흐르는 작은 폭포는 미니멀리즘의 디테일을 완성시켜준다. 뉴욕에는 현재 이곳을 포함, 다섯 개의 W 호텔(W 뉴욕, W 코트, W 투스카니, W 타임스 스퀘어, W 유니온 스퀘어)이 있다.

W-Times Square

1567 Broadway (at 47th St.) / **Design.** Yabu & Poshelberg / **Tel.** (212) 930-7400 / **www.**whotels.com

H13 • **W 타임스 스퀘어** 뉴욕에서 다섯 번째로 개관한 W 호텔로 캐나다 출신의 디자이너들에 의해 완성되었다. 호텔의 이름으로 선정된 'W'는 월드(World), 우먼(Women), 웹(Web) 등을 상징하는 미래적 네이밍이다. 부티크 호텔이지만 독특하게 체인을 구성하였고 현재까지는 아주 성공적으로 운영되고 있다. 작은 인공 폭포를 테마로 만들어진 1층의 로비에서 엘리베이터를 타고 리셉션 데스크가 위치한 7층에 도착하면 새로운 광경을 만나게 된다. 마치 특별한 파티에 초대된 것 같은 인상을 주는 곳이다. 외부와는 완전히 다른 매혹적인 W 호텔의 분위기는 '55세의 고객을 35세로 느끼게 만든다'는 표현까지 만들어내었다. W 호텔의 성공은 새로운 라이프스타일을 구축한 배리 스턴리트의 경영 철학과 디자인의 반영이다. 1층에 위치한 레스토랑 블루 핀은 뉴욕 레스토랑 경영의 귀재인 스티븐 한슨에 의해 운영되고 있다.

Waldorf Astoria Hotel

301 Park Ave. (bet. 49th & 50th Sts.) / **Tel.** (212) 355-3000 / **www.**waldorfastoria.com

H14 • **월도프 아스토리아** 1893년, 당시의 백만장자 윌리엄 월도프 아스토리아에 의해 창립되었다. 원래는 34가에 위치하였으나 엠파이어스테이트 빌딩의 건립으로 1931년 현재의 위치인 50가 파크 애버뉴로 이전되었다. 맨해튼의 한 블록 전체를 차지하는 규모로 1,300개가 넘는 객실, 각종 상점과 고급 레스토랑, 연회실, 웨딩 스튜디오, 스파 등 거의 모든 시설을 완벽하게 갖추고 있다. 역대 미국 대통령들, 윈스턴 처칠 등의 국가 원수, 맥아더 장군 등 수많은 유명인사들이 투숙했던 역사적 호텔로 우아함과 호화로움을 상징하는 공간이 되었다. 특히 아르 데코 양식의 로비는 1893년 시카고 박람회를 위해서 만들어진 대형 시계와 벽화, 벨벳, 샹들리에, 마호가니 패널과 대리석 기둥 등으로 장식되어 눈길을 끈다. 호텔의 메자닌 층과 층 사이의 중간 층에 전시된 피아노는 많은 관련된 일화를 가진 이 호텔의 또 다른 명물이다. 이 호텔은 「대부 3」, 「세렌디피티」, 「여인의 향기」 등의 영화에 배경으로 등장한다. 현재는 힐튼 그룹의 소유로 경영되고 있다.

Restaurants in new york:

An espresso-colored chair tucks into an oak table covered by a gleaming white tablecloth, topped with shining china-ware and shimmering candlesticks. The portrait on the wall captures no glare from the warm lighting. The music is elegant and soft; the food is beautifully garnished. When we dine, we notice the energy of the environment first, and then enjoy the food we are served. Dining is about enjoying the food with the atmosphere, and the conversation of the company. The design of the restaurant strongly affects and should enhance this multi-sensory experience. •• The word "restaurant" originates from the Latin word for "restore". This reiterates the responsibility of the owner and chef to give energy to their patrons. There are numerous reasons why people select certain restaurants such as food, design, location, service, ease, parking, or a good review. The number one reason why anyone chooses to come back more than twice is because of the food, with the overall experience being the second reason. The entire experience of the food, the service, the design, the atmosphere, and the culture together make the restaurant. Rather than feeding ourselves literally, we view dining as feeding our brains and souls as well as our bodies. •• A parallel comparison to the experience of dining is the experience of the theater. Restaurant staff become actors and actresses, the kitchen becomes the stage, the food and design are the stage props, and the service becomes the dialogue. Restaurant and the theaters also share similar design elements such as seating, lighting, sound and acoustics, and the importance of facility. Visiting a restaurant should be like watching an amazing performance. Each customer expects a slightly different experience, and to meet this demand, a restaurant should provide an extraordinary environment that creates an extraordinary experience. Of the thousands of successful restaurants, there are many that provide interesting and stimulating attention to design. •• New York has hundreds of impressive restaurants, and food from all countries and culture is served in any of the 27,000 from which one may choose. The number of immigrants that have flooded into New York is the explanation for the huge variety that is available, and the richness of flavor that still exists in the dishes served. •• One of the most risky business ventures in the world is to open a restaurant in New York City. Ninety percent of new restaurants that open in the city go out of business within two years. New Yorker's appetites can be picky, and management must understand this to attempt to achieve as close as possible to perfection. New York restaurants armed with professionalism are always ready to greet their patrons. •• In French, the moment in the kitchen right before the restaurant opens is called "mise en place", meaning a perfect preparation where everything is in order. It is the chef who announces "La maison est ouvert !" before the doors open to the customers, just as the theatre house manager declares when the house is open and all is ready for the patrons to enter.

...biting into the big apple.

...covered by
a gleaming white
table cloth...

● 오크 테이블에 에스프레소 빛 의자, 눈부시게 흰 테이블보. 반짝이는 그릇과 촛대, 불빛에 반사되지 않도록 걸린 액자와 조용한 음악, 그리고 하나하나가 예술같이 장식된 음식. 음식은 맛 자체뿐 아니라 음식을 즐기면서 함께하는 사람들과 행복한 시간을 보내는 모든 행위를 포함하는 문화다. 요리의 기쁨과 정성껏 준비한 음식을 담는 그릇, 식사를 즐기는 훌륭한 공간의 디자인은 언제나 우리에게 행복을 전달한다.

● 레스토랑은 원래 '회복(Restore)'의 뜻을 지닌 라틴어에서 유래되었다. 즉 레스토랑의 주인과 셰프는 손님에게 활력을 줄 의무가 있는 것이다. 사람들이 레스토랑을 방문하는 경우는 음식, 디자인, 위치, 주차, 서비스, 신문이나 잡지의 소개, 프로모션 등 다양하다. 사람들이 레스토랑을 다시 방문하는 첫 번째 이유는 바로 음식 때문이다. 그리고 두 번째 이유가 경험이다. 레스토랑은 음식, 서비스, 디자인, 분위기, 문화가 결합된 총체적인 경험이기 때문이다. 신체 보존을 위해서가 아니라 행복함을 추구하기 위해서 음식을 먹는 시대가 이미 도래한 것이다.

● 전 세계 도시 중 가장 멋진 레스토랑이 많은 곳은 단연 뉴욕이다. 각계 각층의 고객을 위한 다양한 음식들이 약 2만 7,000개의 레스토랑에서 연중 제공되고 있다. 뉴욕에 정착한 이민자들은 이 도시를 제2의 고향으로 만들면서 음식 역시 포기하지 않았다. 경우에 따라서 이 음식들은 본국의 것보다 더 훌륭할 때도 많다. 반면 세상에서 가장 위험한 사업 중 하나가 뉴욕에 레스토랑을 여는 것이라는 이야기도 사실이다. 뉴욕에서 문을 여는 90%의 레스토랑이 1년 만에 문을 닫는다. 비싼 임대비와 까다로운 뉴요커들의 식성, 완벽을 요구하는 매니지먼트 등이 호락호락하지 않기 때문이다. 이러한 경쟁과 험난한 사업성을 극복하고 성공적으로 운영되고 있는 뉴욕의 레스토랑은 여러 가지 측면에서 관찰해볼 가치가 있다.

...the kitchen becomes the stage...

● 뉴욕에서 살펴볼 만한 레스토랑은 크게 몇 가지 부류로 나누어 볼 수 있다. 우선 전설적인 셰프들이 주도하는 최고급 레스토랑들로 장 조지, 다니엘, 앨런 두카스, 노부 등이다. 음식은 물론 인테리어, 서비스까지 흠잡을 데 없는 최고의 수준이다. 두 번째는 유서가 깊은 장소들인데, 브루클린 브리지 밑의 브리지 카페, 조지 워싱톤의 일화를 담고 있는 프란시스 태번, 뉴욕의 가장 오래된 술집 맥솔리 등으로 모두 100년이 넘는 역사를 자랑하고 있다. 또 한 가지 부류는 레스토랑의 인테리어가 작품으로 가치가 있는 곳으로 데이비드 로크웰의 봉과 아담 티하니의 오스테리아 델 서코, 딜러 앤드 스코피디오의 브라세리, 마크 뉴슨의 리버 하우스 레스토랑 등이다. 또한 시설은 허술하지만 맛이 뛰어나 꼭 가봐야 하는 곳들로 피터 루가 스테이크 전문점이나 스기야마 등이 포함된다.

● 근래 뉴욕 레스토랑의 두드러진 경향 몇 가지가 있다. 우선 1980년대를 풍미하던 테마 레스토랑의 몰락이다. 아직도 관광객들을 위한 장소들이 몇 군데 남아 있기는 하지만 건강에 나쁜 냉동 음식을 데워서 제공하는 곳들은 몰락하고 있다. 반면에 유기농, 건강식의 관심 확대는 가장 큰 경향이다. 이에 따라 레스토랑들도 신선한 재료를 바탕으로 한 건강 메뉴들을 늘리고 있다. 와인 리스트를 보유한 레스토랑의 증가 또한 두드러지는 특징 중 하나다. 퓨전 음식은 여전히 강세지만 곧 정리될 것으로 보인다. 최고의 경지에서 다른 문화의 음식을 결합시킬 수 있는 소수만의 고급 퓨전 레스토랑을 제외하고는 이미 경영의 돌파구를 찾지 못하고 있다. 또한 혼자 와서 편하게 먹을 수 있는 레스토랑이 증가하고 있는 현상은 뉴욕만의 독특한 문화를 반영하는 특징으로 분석된다.

● 철저한 프로 정신으로 무장한 뉴욕의 레스토랑들은 언제나 고객을 맞을 준비를 하고 있다. 영업 시작 전에 홀과 주방의 상태는 프랑스어로 '미장플라(Mise en Place)'라고 한다. 모든 것이 제자리에 위치한 완벽한 준비 상태를 뜻하는 말이다. 연극에서 리허설이 끝나고 관객이 입장하기 시작하면 무대 뒤에서 "House is open!"이라고 신호하듯이 레스토랑에서도 문을 열기 직전, 셰프가 "La maison est ouvert!(집의 문이 열렸다)"이라고 외친다.

Bar 89

89 Mercer Street (bet. Spring & Broome St.) / **Design.** Ogawa & Gilles Depardon / **Tel.** (212) 274-0989

R1 • **바 89** 소호 중심거리 한가운데 주차장 자리에 구축한 2층 높이의 단순한 건물로, 흑백의 간결한 인테리어에 곡선으로 열린 천창이 자연광을 유입하고 있다. 이곳은 화장실 하나로 장안의 화제가 되었다. 독립적인 방으로 이루어진 남녀공용 화장실은 들어가 문을 잠그면 투명하던 유리가 불투명해지면서 시선이 차단된다.

Balthazar

80 Spring St. (bet. Crosby St. & Broadway) / **Tel.** (212) 965-1785 / **www.balthazany.com**

R2 • **발타자** 창립자 키스 매넬리는 런던의 택시 기사인 아버지와 사무실 청소부였던 어머니 사이에서 태어나 나이 16세에 런던 힐튼 호텔의 벨보이로부터 시작하였다. 영국의 신분 차별이 싫어서 뉴욕으로 건너온 그는 각고의 노력 끝에 이 레스토랑을 성공시켰다. '뉴욕에서 가장 파리다운 곳'이라는 평을 듣는 발타자는 이미 소호의 명물이 된 지 오래다. 와인이 진열된 벽, 동으로 만든 신주, 타일 바닥, 녹슨 거울, 그리고 붉은 가죽 소파 등의 요소는 파리의 다소 오래된 비스트로(Bistro)의 정취를 재현한 듯 그 분위기가 운치 있다. 유명 배우들이 많이 찾는 장소로도 유명하지만, 평소에 들러봐도 마치 파리의 연인들과 같은 멋진 사람들로 가득 차 있다. 메뉴에 있는 음식 대부분이 훌륭하고, 바로 옆에 붙어 있는 베이커리 역시 맛있는 바게트와 다양한 빵을 제공한다.

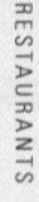

RESTAURANTS

Brasserie

100 E. 53rd St. (bet. Park & Lexington Aves.) / **Design.** Diller + Scorfidio / **Tel.** (212) 751-4840

R3 • **브라세리** 시그램 빌딩 지하의 브라세리가 1995년 화재로 전소한 이후, 딜러 앤드 스코피디오의 디자인으로 2000년 새롭게 문을 열었다. '시간'과 '움직임'에 관하여 오랫동안 연구해온 딜러 앤드 스코피디오 부부답게 이 공간의 콘셉트도 '시차(Jet Leg)'로 설정하여 그 시간성과 역동성을 표현하고자 하였다. 입구를 지나면 계단을 통해서 레스토랑으로 내려오게 되는데 마치 무대 중앙을 걷는 것과 같은 느낌이 든다. 또한 배나무 재료로 만든 경사진 천장이 벽을 휘감고 수직으로 연결되는 단면은 구조적 긴장감을 자아낸다. 외부로 통하는 창이 일체 없는 공간에서 외부와의 유일한 연결은 고객이 회전문을 열고 들어올 때 CCTV로 찍힌 모습이 바 카운터 위에 설치된 모니터들에 투영되는 것으로 역시 '시간'과 '움직임'의 주제를 디지털을 이용하여 표현한 것이다. 화장실 세면대의 구조와 재료 또한 눈여겨볼 만하다.

Cafe Pierre

2 E. 61st St. (at Fifth Ave.) / **Tel.** (212) 838-8000 / **www.fourseasons.com/pierre**

R4 • **카페 피에르** 뉴욕 최고의 아침식사는 물론, 우아한 오후의 티타임, 피아노 연주가 있는 로맨틱한 저녁까지 어느 시간에 방문해도 좋은 곳이다. 아름다운 공간 디자인뿐 아니라 가구, 접시, 커피, 케이크에 이르기까지 이곳에서 제공되는 모든 것은 최고다. 다이닝 공간과 호텔 로비를 연결하는 로툰다는 피에르 호텔의 간판이자 뉴욕에서 가장 아름다운 레스토랑 공간이다. 타원형의 공간에 천장과 벽은 눈속임 회화(Trompe L'oeil)로 그려져 있어 깊이를 더한다. 아마 세상에서 가장 아끼는 사람과 뉴욕에서 아침식사를 하거나 오후에 차를 마신다면 이곳을 추천하고 싶다. 「여인의 향기」에서 가슴 뭉클한 탱고 장면의 배경이 되었던 연회장 코틸리온 룸이 로툰다에서 바로 연결된다.

Cafe Sabarsky

1048 Fifth Ave. (at 86th Street) / **Tel.** (212) 288-0665 / **www.wallse.com**

R5 • **카페 사바스키** 뉴욕의 뮤지엄 마일 북단 끝부분에 위치한 누에 갤러리는 빈 분리파의 작품을 포함, 독일과 오스트리아의 예술을 전시하는 미술관이다. 1층에 위치한 카페의 인테리어는 지역 음식과 맞추어 빈 분리파 스타일로 만들어졌다. 요셉 호프만의 조명기구나 오토 바그너의 직물, 아돌프 루스의 의자 등이 배치되어 빈의 한 살롱을 방문한 것 같은 착각마저 불러일으킨다. 다뉴브 강가의 작은 마을에서 태어난 셰프, 커트 구텐브루너가 선보이는 굴라시(Goulash, 헝가리의 쇠고기 스튜로 우리나라의 육개장과 유사하다)와 청어 샌드위치가 별미다. 스트루들(Strudel, 사과 주스와 계피를 넣어 만든 페이스트리의 일종)을 비롯한 독일, 오스트리아 지방의 디저트 또한 유명하며, 특히 '커피의 수도' 빈에서 직접 공수해오는 커피는 뉴욕 최고라는 평이다.

Daniel

60E. 65th St. (bet. Fifth & Madison Aves.) / **Design.** Patrick Naggar / **Tel.** (212) 288-0033 / **www.danielnyc.com**

R6 • **다니엘** 장 조지(Jean Georges), 르 베르나딘(Le Bernadin), 앨런 두커스(Alan Ducasse) 등과 함께 뉴욕의 4대 최고 레스토랑으로 손꼽히는 곳이다. 『뉴욕 타임스』 등의 일간지를 비롯, 『와인 스펙테이터(Wine Spectator)』, 『봉 아페티트(Bon Appetit)』와 같은 음식 잡지로부터도 다양한 상을 받았다. 와인으로 유명한 프랑스의 론(Rhone) 지역 출신 셰프인 다니엘 불루(Daniel Boulud)는 이곳 이외에도 뉴욕에 카페 불루(Cafe Boulud), DB 비스트로 모던(DB Bistro Moderne) 등의 레스토랑을 운영하고 있다. 계절에 어울리는 재료만을 선정해 만드는 메뉴별, 코스별로 등장하는 음식 하나하나는 예술성과 맛에서 최고의 경지를 자랑한다. 중정(中庭, 건물 중심에 정원이 만들어진 것)을 갖춘 베니스의 르네상스 양식의 저택을 모델로 설계한 인테리어 디자인에 무려 1,000만 달러(약 100억 원)가 소요되어 장안에 화제가 되기도 하였다. 부드러운 보르도 와인 색채가 주를 이루는 배경에 뉴욕 최고의 플라워 아티스트 올리비에 기그니(Olivier Giugni)의 꽃 장식이 화려하게 공간을 빛내고 있다. 이 레스토랑에서 사용하는 도자기와 실버 웨어는 프랑스, 크리스털과 유리그릇은 독일, 리넨은 이탈리아에서 주문, 제작한 것들이다. 자연광이 들어오는 주방의 디자인 또한 효율성과 기능성으로 유명한 사례다.

8 1/2 Brasserie

9 W. 57th St. (bet. Fifth & Sixth Aves.) / **Design.** Hugh Hardy / **Tel.** (212) 829-0812 / **www.wallse.com**

R7 • **8 1/2 브라세리** 이탈리아의 거장 페데리코 펠리니(Federico Fellini) 감독의 1963년 영화 「8 1/2」에서 이름과 영감을 따온 레스토랑이다. 오렌지색 라운지 공간을 휘감으며 올라가는 우아한 회전 계단은 휴 하디가 에로 사리넨(Eero Saarinen)의 TWA 터미널에 조각품처럼 설치된 회전 계단에서 영감을 받아 디자인한 것이다. 공간의 내부에 설치된 마티스(Henri Matisse)와 레제(Fernand Léger)의 작품 역시 휴 하디가 기증한 예술품이다. 특히 오픈 키친 앞에 설치된 작품은 레제의 유일한 스테인드글라스 작품으로 매우 희귀한 작품이다. 오닉스 대리석으로 빛나는 바는 밤이면 멋진 남녀들로 가득 차 아름다운 야경을 연출한다.

Erminia

250 E. 83rd St. (bet. Second & Third Aves.) / **Tel.** (212) 879-4284

R8 • **에르미니아** "뉴욕에서 결혼을 하려면 우선 이 레스토랑을 예약해야 한다. 왜냐하면 결혼식장, 사진 촬영, 웨딩드레스, 신혼여행, 주례 섭외 등 모든 것이 예정되어 있어도 이 레스토랑을 예약하지 못하면 '청혼' 자체를 할 수 없고, 청혼을 하지 못하면 결혼을 할 수 없기 때문이다"라는 말이 있다. 그만큼 매일 밤 한 쌍 내지 두 쌍의 커플이 청혼하는 장면을 목격할 수 있는 곳이다. 아주 로맨틱한 곳으로, 촛불로 밝힌 공간에서 식사를 하는 사람들을 유심히 보면 대부분 아름다운 커플들이다. 음식 또한 아주 훌륭하다.

Good Enough to Eat

483 Amsterdam Ave. (bet. 83rd & 84th Sts.) / **Tel.** (212) 496-0163

R9 • **굿 이너프 투 잇** 주말 브런치가 유명하여 입구에는 늘 사람들이 줄을 서는 풍경을 목격할 수 있다. 팬케이크와 직접 만든 버터, 잼이 맛있으며, 실내는 얼룩소 등의 시골 분위기가 나는 장식으로 편안함을 준다. 오랫동안 뉴욕에서 유학을 했던 아내가 가장 좋아하는 레스토랑이다.

Honmura An

170 Mercer St. (bet. Houston & Prince Sts.) / **Tel.** (212) 334-5253

R10 • **혼무라 안** 밀가루 섞는 데 1년, 반죽 미는 데 1년, 국수 뽑는 데 1년 걸린다는 일본의 메밀국수 전문점이다. 집안에서 3대째 메밀국수집을 하고 있는 고이치 고바리가 일본의 전통 국수를 뉴욕에 소개한다는 야심으로 1991년 문을 열었다. 직접 국수를 뽑는 집에서만 할 수 있다는 국수 삶은 물을 제공하며, 내부 한 귀퉁이에 유리를 통해서 국수를 뽑는 장면을 관람할 수 있다. 국수 이외의 음식들도 대부분 훌륭하며 소호 인근의 예술가들이 단골로 찾는 곳이기도 하다.

Jean-Georges

1 Central Park West (at Broadway) / **Design.** Adam D. Tihany / **Tel.** (212) 299-3900 / **www.jean-georges.com**

R11 • **장 조지** 명실 공히 뉴욕 최고의 셰프라고 불리는 장 조지 본게리텐(Jean-Georges Vongerichten)의 레스토랑이다. 프랑스 알사스(Alsace) 지방 출신인 장 조지는 심오하고 복잡한 소스를 중요시하는 정통 프랑스 요리에 반기를 들고 새로 시작된 운동인 누벨 쿠진(Nouvelle Cuisine)의 선두 주자다. '가장 신선하고 좋은 재료를 구해 최소한의 조리로 원재료의 맛을 극대화한다'는 미니멀리즘을 추구하는 것이 그의 요리 철학이다. '소설보다도 더 창의적인…'이라는 평을 듣는 그의 음식은 과연 완벽의 경지가 무엇인지를 보여준다. 셰프의 이러한 철학에 대한 존경으로 이 레스토랑의 디자이너 아담 티하니는 내부 인테리어를 지극히 미니멀하게 완성하였다. 흰색의 대리석 바닥, 최소화한 나무 요소와 꽃 장식, 아침부터 저녁까지 은은하게 테이블을 비추는 조명 등의 처리가 훌륭하다. 참고로 약 600여 종류를 갖춘 와인을 담당하는 이 레스토랑의 여성 소믈리에는 뉴욕 최고다.

Jo Jo

160 E. 64th St. (bet. Lexington & Third Aves.) / **Design.** Adam D. Tihany / **Tel.** (212) 299-3900 / **www.jean-georges.com**

R12 • **조조** 장 조지의 또 다른 레스토랑이자 아담 티하니가 디자인한 또 하나의 레스토랑이다. 어퍼 이스트사이드의 고급스러운 타운하우스에 위치하며 마치 대사관 내의 클럽에서 식사하는 것 같은 느낌을 준다. 그린색 벽과 벽돌 바닥, 금색의 악센트 그리고 보라색 소파가 조화를 이루어 티하니 특유의 색채 질감 계획과 가구 및 조명 기구의 선택으로 매우 로맨틱한 분위기를 만든다. 음식은 아주 간결한 프렌치인데, 어떤 음식은 장 조지의 동양적 재료에 관한 취향을 지나치게 표현하는 것 같아 약간 거슬린다.

Lever House Restaurant, the

390 Park Ave. (at 53rd St.) / **Design.** Marc Newson / **Tel.** (212) 888-2700 / **www.leverhouse.com**

R13 • **리버 하우스 레스토랑** 소호의 레스토랑 칸틴의 실패로 타격을 입은 존 맥도널드의 야심 찬 역작이다. 칸틴을 디자인했던 마크 뉴슨은 바, 벽면, 바닥, 와인 저장고 등에 흐르는 벌집 모양의 '육각형' 패턴을 공간 전체의 기하학적 테마로 선택하였다. 터널을 통하는 경사진 입구는 새로운 공간으로의 진입에 대한 기대와 긴장을 부여하며, 맞은편에 마치 방송 스튜디오같이 막힌 공간과 함께 단정한 유기적 기하학 형태를 이루고 있다. 은은한 조명과 인조 대리석, 아메리칸 오크, 회벽, 알루미늄 패널 등 다양한 재료의 조화가 만들어내는 풍요로움이 돋보인다. 마치 TV 프로그램 「스타 트랙」 안의 비행선처럼 외부로부터 격리된 다른 세상과 같은 느낌은 영화의 한 장면을 위한 세트로 거의 손색이 없을 만큼 완벽하다. 개점한 지 2년 정도밖에 되지 않았지만 이미 마사 스튜어트와 같은 유명인사들이 눈에 띄는 명소가 되었다.

McDonald's

220 W. 42nd St. (bet. Seventh & Eighth Ave.) / **Design.** Beyer Blinder Belle / **Tel.** (212) 582-5882 / **www.mcdonalds.com**

R14 • **맥도널드** 건강에 안 좋다는 인식으로 시장을 계속해서 잃고 있는 맥도널드가 이미지 개선을 위해 새롭게 시도한 뉴욕의 모델 점포다. '백 스테이지'를 디자인 콘셉트로 선택한 3차원의 역동적인 공간은 디지털 시대에 맞는 새로운 이미지를 부여한다. 브로드웨이의 다른 극장들과 같은 구조물에 네온이 빛나는 입구의 휘장, 노출된 벽돌과 설비 시스템, 무대와 같은 조명의 설치, 디지털의 결합이 공간의 주요 디자인 요소로 부각되어 보인다. 그러나 인테리어 디자인에 엄청난 돈을 들였지만 결과는 저조한 판매뿐이었다. 사람들은 디자인을 보러 식당에 가지 않으며, 음식이 나쁘고 디자인이 훌륭해서 성공한 식당의 예는 없기 때문이다. 건축과 인테리어 디자인은 기념비적인 구조물이 아니라 라이프스타일의 반영이라는 교훈을 다시 한 번 실감하게 해주는 프로젝트다. 2005년 50주년을 맞이한 맥도널드지만 축하하기엔 미래가 불안하다.

Megu

62 Thomas St. (bet. West Broadway & Church St.) / **Design.** Yasumichi Morita / **tel.** (212) 964-7777

R15 • **메구** 일본에 레스토랑을 수십 개 가지고 있는 코지 이마이(Koji Imai)의 뉴욕 진출 작품이다. 레스토랑을 열기 전 최고의 음식 재료 구입을 위해 미국 전 지역의 50여 개가 넘는 농장을 방문한 것으로도 유명하다. 일본 홋카이도 부근에서 10만 마리에 한 마리 꼴로 잡힌다는 전설의 연어가 제공된다. 참치 뱃살 오도로 스시 한 개에 16달러(약 1만 6,000원) 정도를 할 정도로 가격이 비싸다. 인테리어로 중앙의 개방된 공간에 매달린 대형 종과 매일 만들어 세워두는 얼음 조각을 중심으로 분재, 기모노 천, 청주 병 등의 문화적 요소를 사용하고 있다.

Mercer Kitchen, the

99 Prince St. (at Mercer St.) / **Design.** Christian Liaigre / **Tel.** (212) 966-5454 / **www.**jean-georges.com

R16 • **머서 키친** 머서 호텔(Mercer Hotel) 지하에 자리 잡은 장 조지의 또 하나의 히트작으로 프로방스(Provence) 지역의 음식을 미국식 단순함으로 결합시킨 새로운 형태의 퓨전 레스토랑이다. 석화부터 리소토(risotto), 홍어 요리, 디저트까지 어느 것을 먹어도, 그리고 언제 가서 먹어도 실패하지 않는 레스토랑이다. 지하에 위치한 단점을 디자인으로 극복한 점이 눈여겨볼 만하다. 호텔의 로비와 연결된 1층은 음료와 간단한 식사를 파는 공간이자 지하의 정식 식사 공간으로 진입하는 입구 역할을 한다. 원래 건물의 구조인 벽돌을 노출하는 등 기존의 건축 구조를 최대한 이용한 공간 구분이 훌륭하다. 소명 디자인 역시 아주 수준급이며, 보기 드물게 성공적인 오픈 키친의 구조를 볼 수 있다. 이 레스토랑에서 가장 권하고 싶은 테이블은 바로 오픈 키친 옆자리의 긴 패밀리 테이블이다. '오픈 키친은 무대'라는 개념의 완벽한 사례로 셰프의 조리 과정 대부분을 관찰할 수 있다.

Mesa Grill

102 Fifth Ave. (bet. 15th & 16th Sts.) / **Design.** Pentagram / **Tel.** (212) 807-7400

R17 • **메사 그릴** 미국의 요리 채널 푸드 TV에 늘 등장하는 유명 셰프 바비 플레이의 레스토랑이다. 미국 인디언 음식을 비롯한 미국 남서부의 토속 음식에서 영감을 받아 고급화시킨 형태로 버펄로 스테이크와 옥수수 요리가 특히 맛있다. 인테리어는 뉴욕 굴지의 디자인 회사 펜타그램이 담당했으며 파스텔 색조를 중심으로 한 독특한 색채 계획으로 개점 당시 각종 디자인 매체에 소개가 되었다. 기존의 코린트 양식의 기둥을 원색의 색채로 칠한 포스트 모던적 기지가 돋보이며 대형 흑백 사진들, 자그마한 빛을 확산시키는 철제 조명 기구 등이 돋보인다.

Nobu

105 Hudson St. (Franklin St.) / **Tel.** (212) 219-0500 / **www.**noburestaurants.com

R18 • **노부** 레스토랑의 주인인 로버트 드 니로의 유명세와 노부 유키 마쓰히사의 퓨전 일식이 조화를 이루며 일약 유명세를 탄 집이다. 디자인은 값싼 나무를 이용하여 마치 숲 속에서 식사하는 듯한 느낌으로 자연과의 교감을 중요시 하는 일본 음식과의 조화를 추구하고 있다. 세계적인 패션디자이너 조르지오 아르마니는 노부 마쓰히사에 대한 존경으로 그를 위한 셰프 의상을 직접 디자인하여 선사하기도 하였다. 바로 옆에 약간 캐주얼한 '노부 넥스트 도어'와 57가에 로바다야키 전문점 '노부 57가'가 연속적으로 문을 열었다. 노부는 런던, 밀라노, 도쿄, 라스베이거스 등에 분점이 있으며 레스토랑의 이야기와 레서피를 담은 『맛의 제국 노부』도 출판되어 있다. 현재는 너무 유명해져 복잡하며 초창기의 독특한 개성과 분위기가 많이 감퇴되었다.

Nooch

143 Eighth Ave. (at 17th St.) / **Design.** Karim Rashid / **Tel.** (212) 691-8600

R19 • **누치** 이집트 출신의 세계적인 디자이너 카림 라시드의 작품이다. 레스토랑 외관에 설치된 불투명 유리와 대형 여성 실크스크린 사진이 눈길을 끌고, 내부에는 라시드 특유의 정돈된 유기적 형태와 현란한 디지털 색채, 대형 슈퍼 그래픽 디자인이 조화를 이루고 있다. 디지털 메시지가 벽면 상부에 흐르는 화장실 디자인 역시 매우 미래적이다. 누치는 싱가포르에 기반을 두고 있는 국수 전문점인데 음식과 서비스는 최악이다.

Odeon, the

145 West Broadway (at Thomas St.) / **Tel.** (212) 233-0507

R20 • **오디온** 음식은 일반 다이너(diner, 미국식 대중식당) 메뉴들이지만 트라이베카 지역에서 일하는 멋쟁이 비즈니스맨들의 캐주얼한 파워 런치 장소로 인기다. 밤늦게 유명인사들이 종종 방문하면서 더욱 알려졌다. 레스토랑 디자인은 1920~1930년대의 다이너 양식을 지배했던 아르 데코로 꾸며졌다. 영화 「뉴욕 스토리」에도 등장할 만큼 지역 명물이다.

Osteria del Circo

120 W. 55th St. (bet. Sixth & Seventh Aves.) / **Tel.** (212) 265-3636

R21 • **오스테리아 델 서코** 르 서크 2000의 주인이었던 시리오 마치오니의 아들들이 운영하는 투스카니 음식 전문 레스토랑이다. 아담 티하니는 두 레스토랑 모두 서커스를 주제로 디자인했다. 다른 점은 아버지의 식당 르 서크가 서커스의 분위기를 고급스러운 색채와 질감으로 호화롭게 접근했다면, 아들의 식당은 보다 밝고 경쾌하며 유머스러운 분위기로 풀어나갔다는 점이다. 화려한 색채의 서커스 텐트를 연상시키는 빨갛고 노란 천, 가구 및 조명기구 모두 티하니의 디자인이다. 특히 벽 상부에 설치된 금속으로 만든 광대와 원숭이는 매 30분마다 움직여 키네틱 아트의 결합을 보여준다. 화장실로 연결된 통로에서는 주방을 한눈에 볼 수 있는데, 주방 시스템이 놀라울 정도로 정리가 잘되어 있으며 오픈 키친의 입구 부분 처리가 아주 훌륭하다.

Remi

145 W 53rd St. (bet. Sixth & Seventh Aves.) / **Design.** Adam D. Tihany / **Tel.** (212) 581-4242

R22 • **레미** 뉴욕 최고의 레스토랑 디자이너 아담 티하니가 동업으로 경영하고 있는 베니스 음식 전문점이다. 음식과 맞추어 인테리어의 테마 역시 베니스인데 실제로 길게 배치된 좌석 중앙에서 식사를 해보면 마치 베니스의 좁은 운하에서 곤돌라에 앉아 있는 듯한 느낌을 받는다. 운하와 아치의 풍경을 담은 벽화, 유리공예로 유명한 무라노 섬의 샹들리에, 곤돌라 기사를 도식화한 레스토랑의 로고 등이 인상적이다. 해물 리소토와 라비올리, 이탈리아 와인과 그라파(Grappa, 포도를 원료로 만든 이탈리아 증류주), 치즈 케이크 등이 유명하다. 미드타운에 위치하여 멋쟁이 비즈니스맨들이 즐겨 찾는 곳으로 '조르지오 아르마니 옷을 입기에 가장 잘 어울리는 레스토랑'이라는 표현이 있을 정도다.

Ruby Foo's Dim Sum and Sushi Palace

2182 Broadway (at 77th St.) / **Design.** David Rockwell / **Tel.** (212) 724-6700

R23 • **루비 푸스 딤섬 앤드 스시 팰리스** 파크 아발론(Park Avalon), 블루 워터 그릴(Blue Water Grill) 등 레스토랑 여러 개를 연속적으로 히트시킨 뉴욕 레스토랑 경영의 귀재 스티브 한센의 작품이다. 그의 레스토랑은 특별히 음식의 깊이가 있지도, 서비스가 뛰어나지도 않지만, 인기 메뉴 개발과 치밀한 경영으로 뉴욕 레스토랑 업계에서 하나의 전설이 되었다. 붉은 도시락 박스를 크게 확대하여 수직으로 세워 놓은 것, 중국 마작 놀이를 응용한 공간 분리대, 한자(漢字)를 문양으로 새겨놓은 테이블과 좌석의 그래픽 등에서 동양 문화를 현명하게 응용한 로크웰의 재주를 느낄 수 있다. 특히 백 라이팅(Back Lighting) 조명 기법을 이용하여 스시 맨을 무대의 배우와 같이 보이도록 처리한 연출이 탁월하다. 메뉴판이나 포스터 등의 그래픽, 젓가락 받침 등 소품 디자인 또한 특이하다.

Shun Lee

43 W. 65th St. (bet. Columbus Ave. & Central Park West) / **Design.** Adam D. Tihany / **Tel.** (212) 595-8895

R24 • **션리** 아주 간단한 공간 배치, 불필요한 장식이 없는 디자인에 벽면을 따라 연결된 대형 금색 용 모양의 조명만이 공간의 하이라이트를 차지하고 있다. 바닥 레벨의 차이로, 식사를 하면서 다른 테이블의 사람들이나 공간 전체를 한눈에 볼 수 있는 피플 와칭(People Watching)의 요소를 강조, 멋쟁이들이 즐겨 찾는 명소가 되었다. 입구의 원숭이 조각 또한 인상적이다. 바로 옆의 션리 카페(Shun Lee Cafe)에는 띠를 의미하는 열두 종류의 동물을 소재로 만든 조명이 공간을 장식하고 있다. 이스트사이드의 션리 팰리스(Shun Lee Palace) 또한 아담 티하니의 디자인으로 완성되었다.

66

241 Church Street (at Leonard St.) / **Design.** Richard Meier / **Tel.** (212) 925-0202

R25 • **66** 봉(Vong) 이후 퓨전 음식에 자신감이 붙은 장 조지의 중식 퓨전 레스토랑이다. 처음 문을 열었을 때는 리처드 기어와 르네 젤위거 등 유명인들이 찾아올 정도로 많은 손님이 몰려 예약을 하기도 어려울 정도로 성황이었으나 현재는 파리만 날리는 경우가 많다. 실패의 원인은 두 가지다. 먼저 아무리 장 조지가 뉴욕 최고의 셰프라고 하여도 수천 년 역사의 중국 음식을 흉내 낼 수는 없다는 점이다. 바로 인근에 3분의 1 가격으로 더 맛있는 각종 산해진미를 실컷 맛볼 수 있는 차이나타운이 존재하는데, 굳이 이곳을 찾을 이유가 없다는 것이다. 다른 이유는 인테리어 디자인이다. 이 레스토랑은 유명 건축가 리처드 마이어가 설계하여 세간의 화제에 올랐다. 첨단의 구조적 디테일과 흰색, 은색, 검은색의 실루엣으로 이루어진 미니멀한 스페이스는 그 자체로 아무리 훌륭할지라도 중국 음식과의 조화시키기엔 무리가 따랐다. 더군다나 리처드 마이어는 찰스 임스(Charles Eames), 해리 버토이어(Harry Bertoia) 의자 등을 진열하다시피 배열하여 마치 오피스용 가구 전시장과 같은 분위기를 만들어놓았다. 결국 리처드 마이어는 레스토랑 비즈니스의 본질을 몰랐다는 한계를 실감하며 '디자인 작품'으로만 그럴듯한 공간을 생산하고 말았다. 이 레스토랑에서 특이한 것은 아마 비비엔 탬(Vivienne Tam)이 디자인한 종업원의 유니폼과 초콜릿이나 녹차로 만든 포춘 쿠키(Fortune Cookie)뿐일 것이다.

Sugiyama

251 W. 55th St. (bet. Broadway & Eighth Ave.) / **Tel.** (212) 956-0670

R26 • **스기야마** 일본 본토 수준의 카이세키(Kaiseki, 원래 다도에서 차와 함께 제공되는 가벼운 음식에서 유래된 말로 현대에 와서는 일반적으로 정식 코스 요리를 지칭한다) 요리를 맛볼 수 있는 곳이다. 일본 음식 하면 스시로 알려진 뉴욕이지만 셰프이자 주인인 나오 스기야마(Nao Sugiyama)는 '스시는 하지 않는다'는 자존심으로 카이세키의 정수를 보여주고 있다. 음식 하나하나가 말로 표현하기 어려운 아름다운 예술이다.

Sylvia's

328 Lenox Ave. (bet. 126th and 127th Sts.) / **Tel.** (212) 996-0660 / **www**.sylviassoulfood.com

R27 • **실비아** 미국 남부의 대표 음식 중 하나인 솔(Soul) 푸드의 메카다. 솔 푸드란 흑인들이 노예 시절 요리를 하고 남은 찌꺼기 재료로 만들어 발달한 것이 원조로, 그들의 눈물과 영혼이 들어 있다고 해서 붙은 이름이다. 주인인 실비아 우즈는 남부 사우스캐롤라이나에서 뉴욕으로 상경하여 크게 성공한 전설적 인물로 '사랑, 가족, 하나님'을 신념으로 현재도 가족들과 함께 매일 식당에서 직접 근무하고 있다. 프라이드 치킨, 햄, 연어 볼, 옥수수 빵 등이 유명하고, 디저트로 나오는 럼 케이크가 별미, 레스토랑의 소스와 요리책도 판매하고 있다. 1962년 35석의 좌석으로 시작했으나, 현재는 450석으로 확장되었으며, 미국 전역에서 관광버스를 대절해서 찾아올 만큼 인기가 많다. 우리에게도 잘 알려진 일본 만화 『아빠는 요리사』에도 등장할 정도니 그 유명세를 짐작할 수 있다. 할렘은 백인들에게는 그저 잠시 머물거나 지나가는 관광지일 뿐이지만 이 레스토랑은 한번 들러볼 가치가 있다.

Vong

200 E. 54st St. (at Third Ave.) / **Design.** David Rockwell / **Tel.** (212) 486-9592 / **www.jean-georges.com**

R28 • **봉** 퓨전은 '어느 나라의 음식을 최고 경지로 조리할 수 있는 수준에서는 다른 나라의 음식과도 만날 수 있다'는 것을 기본 철학으로 한다. 장 조지는 방콕, 싱가포르 등에서 3년 반가량을 셰프로 일하면서 오랜 연구로 타이 음식의 꽤 깊은 경지까지 도달한 후에 자신의 프랑스 음식과 결합시켜 봉을 탄생시켰다. 수백 종류가 넘는 향신료를 사용하는 동양 음식에 대한 관심과 존경은 장 조지로 하여금 새로운 도전에 직면하게 하였고, 급기야 봉을 탄생시켜 노부(Nobu)와 함께 뉴욕의 양대 산맥으로 퓨전 음식을 세계적으로 유행시킨 서막이 되었다. 150여 개가 넘는 허브와 향신료를 다루는 만큼 '요리는 과학이다'라는 장 조지의 철학에 따라 철저하게 정확한 레서피를 중요시하는 메뉴 구성이 인상적이다. 타이의 비단, 붉은 래커 칠, 대나무, 금박, 구리 등 특유의 동양적 소재와 질감을 이용한 데이비드 로크웰의 디자인 또한 나무랄 데 없다.

Zen Palate

34 Union Sq. E (at 16th St.) / **Tel.** (212) 614-9291 / **www.zenpalate.com**

R29 • **젠 팰리트** 아시아 각국의 국수와 채식 음식을 주 메뉴로 하는 팬 아시안(Pan-Asian) 음식점이다. 다소 캐주얼한 퓨전으로 어느 동양의 음식도 제대로 조리하지는 못하지만 차이점을 모르는 서양인들을 대상으로는 성공할 수 있었다. 레스토랑의 네이밍이 성공적인 예로 거론되고 있으며 건물의 외부와 내부, 메뉴 디자인 또한 수준급이다. 특히 외부의 창이나 내부의 목재 구조 등 아시아 공간 구성 요소를 현대적으로 응용한 색채와 재료의 질감 처리는 무척 세련되었다. 뉴 에이지적 디자인, 뉴 에이지적 음식인 만큼 아직은 음식 맛의 깊이를 잘 모르는 젊은 층이 주 고객이다. 맨해튼에 두 군데 지점이 더 있는데, 유니온 스퀘어 지점의 실내 디자인이 가장 훌륭하다.

tip

역사와 전통의 뉴욕 레스토랑

historic restaurants in old new york

Bridge Cafe

279 Water St. / **Tel.** (212) 425-1778 / **www.** bridgecafe.com

R30 • **브리지 카페** 브루클린 브리지 아래 1794년에 지어진 목조 건물에 자리 잡아 1826년부터 영업을 하기 시작한 곳이다. 살롱으로, 댄스 홀로, 스테이크 전문점으로도 사용되다가 1979년 현재의 주인이 구입한 이래 '브리지 카페(Bridge Cafe)'라는 이름으로 운영되고 있다. 1920년대의 인테리어를 그대로 유지하고 있으며 『뉴욕 타임스』에서 원 스타(One Star)를 받은 만큼 음식도 훌륭하다. 허름하지만 매우 로맨틱한 장소로, 특히 비안개가 낀 날 운치가 있다. 과거 뉴욕 시장이었던 에드 콕(Ed Koch)이 가장 좋아하던 장소로도 유명하다.

Delmonico's

56 Beaver St. (at S. Williams St.) / **Tel.** (212) 509-1144

R31 • **델모니코** 1831년 스위스에서 이민 온 델모니코(Delmonico) 가족에 의해 뉴욕 최초의 고급 프랑스 식당으로 문을 연 이래 약 175년간 영업을 지속하고 있다. 메뉴를 프랑스어로 인쇄한 첫 레스토랑이자 다이닝 룸에 여성 고객을 허락한 최초의 레스토랑으로도 기록이 남아 있다. 찰스 디킨스의 단골 레스토랑이었는데, 그의 동료 마크 트웨인은 이곳에서 정기적으로 생일 파티를 열었다고 한다. 1891년 현재의 위치로 이사 온 이후 월스트리트 지역의 기념비적 레스토랑으로 자리 잡았다. 이 집에서만 맛볼 수 있는 랍스터 뉴버그(Lobster Newberg)와 베이크 알래스카(Baked Alaska)가 유명하다.

Fraunces Tavern

54 Pearl St. (Broad St.) / **Tel.** (212) 425-1778 / **www.fraunces tavern.com**

R32 • **프런시스 태번** 1719년 주거용으로 세워진 건물을 사무엘 프런시스(Samuel Fraunces)가 1762년 구입, 태번으로 영업을 시작하였다. (태번은 서부 영화에서 보듯이 1층에는 바가 있고 상부 층에 숙박할 수 있는 객실이 있는 과거의 여관 양식인데, 당시 사람들의 회합을 위한 중심 장소였다.) 1783년 12월 4일, 영국군과의 전쟁에서 승리한 직후 조지 워싱턴이 그의 장교들과 마지막 작별 만찬과 연설을 했던 곳이기도 하다. 그 이후 살롱으로 사용되면서 몇 차례의 화재를 겪기도 했는데, 대대적인 보수를 거쳐 레스토랑으로 다시 문을 열었다. 1965년에 문화재로 지정되었으며 현재 2층은 박물관으로 사용되며 당시의 자료와 소품을 전시하고 있다.

McSorley's

15E. 7th St. (bet. Second & Third Ave.) / **Tel.** (212) 473-9148

R33 • **맥솔리** 1854년 아일랜드에서 온 이민자 존 맥솔리(John McSorley)가 개점한 뉴욕에서 가장 오래된 술집이다. '당신이 태어나기 전부터 있던 술집'이라는 윈도 문구에서 이곳의 역사를 어렴풋이 짐작할 수 있다. 오픈 당시부터 이제까지 링컨을 비롯한 역대 대통령, 유명 정치인, 월스트리트의 금융가, 노동자 등 다양한 고객을 확보하고 있다. 유명 정치인들의 단골 술집이었던 덕분(?)에 금주령 때도 별로 타격을 입지 않았던 것으로도 유명하다. 이 집의 오랜 모토인 '좋은 에일, 생 양파, 여성 출입 금지(Good Ale, Raw Onion, No Lady)'가 말하듯이 불과 35년 전인 1970년 8월 10일까지만 해도 여성은 출입할 수 없었다. 따사로운 햇볕이 가게의 오래된 유리로 스며드는 한가한 오후에는 술집의 정취가 한껏 고조된다. 내부에는 신문 잡지에서 오려낸 기사, 삽화, 사진 등이 가득 붙어 있으며 겨울철에는 아직도 석탄으로 때는 난로가 작동한다. 인근 공장에서 직접 제조하는 이곳의 에일(Ale) 맥주는 '인생에 어울리는 유일한 술'이라는 현재의 주인 매티 마허(Mattie Maher)의 표현처럼 과연 일품이다. 에일 맥주를 넣어 만든 양겨자소스 또한 이 집의 명물이다.

OIBL, TIBS(One if by Land, Two if by Sea)

17 Barrow St. (bet. 7th Ave. & W. 4th St.) / **Tel.** (212) 228-0822 / **www.**oneifbyland.com

R34 • **OIBL, TIBS** 1969년 그리니치빌리지의 타운하우스를 개조해서 문을 연 이래 35년이 넘도록 뉴요커들의 사랑을 받아온 레스토랑이다. 뉴욕에서 가장 로맨틱한 레스토랑 중 하나로 거의 매일 저녁, 한두 테이블에서 청혼 이벤트가 벌어지는 곳이기도 하다. 이 건물은 독립전쟁 당시 조지 워싱턴이 맨해튼을 수비할 때 본부 기지로 사용했던 건물이었을 만큼 유서가 깊다. 이 레스토랑의 이름인 'OIBL, TIBS(One If By Land, Two If By Sea)' 역시 영국군이 육지에서 쳐들어오면 불을 한 번, 바다에서 쳐들어오면 불을 두 번 깜박인다는 군사암호를 사용한 것이다. 내부는 크게 정원이 보이는 1층과 중간 층인 메자닌, 그리고 오른쪽의 숨겨진 계단을 따라 올라가면 환하게 열리는 컨스티투션 룸(Constitution Room) 등 세 부분으로 나뉘는데, 각각의 공간이 제각기 다른 특징을 갖고 있다. 네 개의 벽난로와 샹들리에, 테이블마다 장식된 촛불과 생화 그리고 피아노 음악 등이 완벽하게 어우러져 아름다운 저녁 풍경을 제공한다. 코스 메뉴로 나오는 저녁식사 역시 흠잡을 데 없이 훌륭하다.

Peter Lugar's

178 Broadway (at Driggs Ave.) - Brooklyn / **Tel.** (718) 387-7400 / **www.**peterlugar.com

R35 • **피터 루거** 1887년 독일인 이민자 피터 루거에 의해 창립된 이래 오늘날까지 뉴욕 최고의 스테이크 하우스로 평가받고 있다. 브루클린 유대인 지역인 윌리엄스버그(Wiliamsburg)에 위치한다. 현 주인은 1950년대 이 레스토랑을 구입하였는데, 지금도 고기를 구입할 때마다 할머니에게서 물려받은 금 도장을 사용하여 확인한다. 일반적인 통 스테이크와 달리 썰어서 나오는데, 냉동된 스테이크를 900℃의 오븐에 10분간 구운 후 버터를 바르고 썰어서 다시 400℃도 오븐에서 3~5분 굽는 것이 전부다. 고기 맛을 결정하는 것은 숙성 과정인데, 그건 이 집만의 비밀이다. 메뉴가 없는 것도 이 집의 특징 중 하나며 흔히 티본스테이크(T-bone Steak)로 불리는 포터하우스(Porterhouse)는 미국 전체에서 최고다. 일본 만화 『아빠는 요리사』에 등장할 만큼 유명한 레스토랑이다.

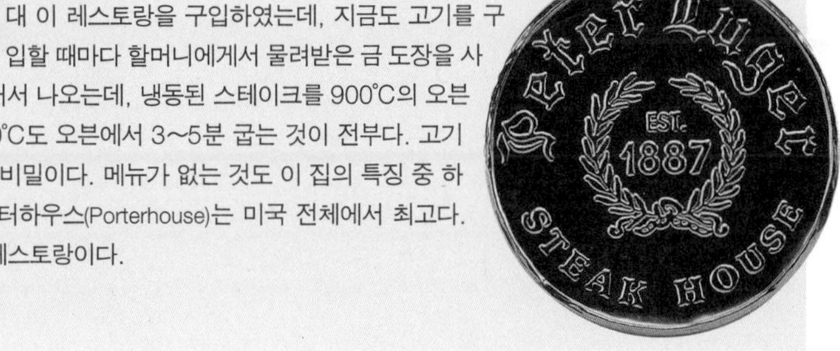

Pete's Tavern

129 E. 18th St. (at Irving Place) / **Tel.** (212) 473-7676

R36 • **피츠 태번** 〈마지막 잎새〉의 오 헨리가 자주 찾던 곳으로 유명하며, 입구에서 가까운 자기 지정석에서 〈크리스마스 선물(The Gift of the Magi)〉(1904)을 썼다고 알려진다. 케네디 대통령 또한 이곳의 단골이었다. 1864년부터 같은 장소에 자리 잡고 있으며, 양철 지붕 천장, 구식 램프, 낡은 나무 테이블 등 현재도 그 오래된 분위기를 간지하고 있다. 이 집 고유 브랜드인 에일(Ale) 맥주가 일품이다. 금주령 기간에는 바로 옆의 꽃집을 통해서 들어오는 비밀 통로가 마련되기도 하였는데, CNN을 비롯해 「사인필드(Seinfeld)」, 「섹스 앤드 더 시티(Sex and the City)」 등 다양한 TV 프로그램에 소개되기도 했다. 오 헨리의 〈크리스마스 선물〉 때문인지, 눈이 많이 오는 겨울날 이곳 실내 분위기는 더할 나위 없이 낭만적이다. 또 날씨가 좋은 봄날 밖에 앉아 인근 고급 주택가를 산책하는 사람들을 지켜보는 것도 평화로운 분위기를 만끽하기에 그만이다.

Rainbow Room

30 Rockefeller Pl. 65th Fl. / **Tel.** (212) 632-5100 / **www.rainbowroom.com**

R37 • **레인보 룸** 록펠러 센터의 65층에 위치한 고급 레스토랑으로 개관 이후 지금까지 화려하고 우아한 뉴욕 나이트라이프 풍경을 상징해왔다. 아르 데코 스타일의 피아노가 놓인 스테이지에서는 오케스트라가 연주를 하며, 댄스 플로어도 마련되어 있다. 유리공예 디자이너 데일 치훌리(Dale Chihuly)의 작품도 설치되어 있다. 쌍둥이 빌딩 꼭대기의 윈도즈 오브 더 월드(Windows on the World)가 사라진 지금 뉴욕 최고의 야경을 보여주는 레스토랑으로 군림하고 있다. 「사랑과 추억(The Prince Of Tides, 1991)」에서는 닉 놀테가 바브라 스트라이샌드와 춤을 추던 장소로 소개된 바 있다. 현재는 이탈리아 베니스 출신인 시아프리니 가문의 지우세페 시프리아니(Giuseppe Cipriani, www.cipriani.com)가 운영을 맡고 있다.

Sardi's

234 W. 44th St. (bet. Broadway & Eighth Ave.) / **Tel.** (212) 221-8440 / **www.sardis.com**

R38 • **사디** 빈센트 사디(Vincent Sardi)가 1927년 문을 연 이래 80년간 브로드웨이 극장가에서 배우와 감독, 작가 등 무대 관계자들의 사랑을 받아온 레스토랑이다. 아르 데코의 인테리어를 보존하고 있으며 마이클 토네트(Michael Thonet)의 유명한 곡목의자(Bentwood Chair)가 사용되고 있다. 실내 벽은 대부분 1,000점이 넘는 유명 배우와 감독들의 캐리커처로 장식되어 있다. 과거 이 레스토랑에서 캐리커처 화가를 고용하여 하루 한 끼의 식사를 제공하고 얻은 것들이다. 자세히 살펴보면 「내 사랑 루시(I Love Lucy)」로 유명한 코미디언 루실 볼(Lucille Ball)을 비롯해 프랭크 시나트라, 케빈 베이컨, 우피 골드버그 등 우리에게도 낯익은 얼굴들을 찾을 수 있다.

"21" Club, the

21 W 52nd St. (bet. Fifth & Sixth Aves.) / **Tel.** (212) 582-7200 / **www.**21club.com

R39 • **"21" 클럽** 잭 크렌들러(Jack Kriendler)와 찰리 번스(Charlie Berns)에 의해 만들어진 올드 스쿨(Old School, 과거 학창시절의 추억을 상징하는 말로, 오래된 고객들이 찾는 장소를 표현하기도 한다) 레스토랑이다. 현재의 위치에서 1929년부터 영업을 하기 시작하였고, 웨이터들은 평균 30년씩 이곳에서 근무하고 있다. 존 스타인벡(John Steinbeck), 어니스트 헤밍웨이(Ernest Hemingway)와 같은 문호뿐만 아니라 무하마드 알리(Muhammad Ali), 빌 클린턴(Bill Clinton), 캘빈 클라인(Calvin Klein) 등 지난 75년간 다녀간 유명 고객만도 수백 명이 넘는다. 이 레스토랑이 유명한 또 다른 이유는 바로 금주령 시대에 몰래 술을 팔던 '스피크이지(Speakeasy, 문 입구에서 암호를 은밀하게 말하고 출입했다고 해서 붙여진 명칭)'였던 장소라는 점이다. 하이라이트는 바로 지하의 비밀 와인 저장고인데 가느다란 철사로 열리는 벽으로 가장되어 있다. 주정부 단속반이 몇 시간을 샅샅이 뒤지고도 찾지 못한 채 포기하고 돌아간 게 여러 번이란다. 뉴욕의 스피크이지 중 가장 유명했던 곳으로 히스토리 채널(History Channel)에도 소개된 바 있다. 세 채로 연결된 브라운스톤 건물에 각양각색의 유니폼을 입은 33명의 경마 기수들 동상이 철제 계단 난간에 서 있는 모습 역시 특징적이다. 올드 스쿨답게 전통적인 붉은색과 흰색의 체크무늬 테이블보를 사용하며, 천장은 비행기 등의 장난감 등으로 장식되어 있다. 뉴욕 최고의 햄버거를 자랑하고, 사냥감으로 요리한 음식도 제공된다. 2층에는 보다 고급스러운 분위기에서 다이닝을 즐길 수 있는 공간이 마련되어 있다. 레스토랑으로는 보기 드물게 상세한 정보를 담은 홈페이지를 운영하고 있다.

White Horse Tavern

567 Hudson St. (at 11th St.) / **Tel.** (212) 989-3956 / **www.**whitehorsetavern.com

R40 • **화이트 호스 태번** 1880년부터 영업해온 그리니치빌리지의 명물 선술집이다. 과거 문호였던 딜란 토머스(Dylan Thomas)가 단골로 찾아 그의 이름을 딴 방과 테이블이 지금도 보존되어 있다. 딜란 토머스는 이곳을 너무 좋아한 나머지 어느 날 결국 18잔의 위스키를 마시고 이 집의 문 앞에서 쓰러져 죽었고 그 후 이 집은 이곳의 명물이 되었다. 여느 오래된 술집과 마찬가지로 오래되어 삐걱거리는 나무들과 괘종시계 그리고 이 집의 상징인 흰색 플라스틱 말이 독특한 풍경을 구성한다. 음식은 그저 그런 햄버거 외에는 추천할 만한 것이 없다. 과거 딜란 토머스가 주장했던 것처럼 "마시자, 하지만 먹지는 말자!"

Cafes in new york:

The cafe is a very special domain, especially among the great cities of the world. As with their architecture, art, music, and fashion, the name of a city alone can evoke in our minds a vivid picture of its coffeehouse/teahouse culture. Despite the increasing worldwide presence of coffee shop chains, we still picture Cairo's cafes filled with hookahs and backgammon boards, and Vienna's with elegant china and pastry carts. One can hardly imagine a day in Paris without spending time at a cafe or bistro on a street corner, and a trip to Kyoto without a visit to a formal teahouse would be missing a signature experience of Japanese tradition. Still, the cafe's in each of these cities share a common, communal purpose, of seeking to provide an atmosphere of relaxation and cultural exchange for its clients. •• New York cafes and teahouses are at once quite similar and quite different. They are different in that they represent an endless variety of tastes and styles, of simplicity and elegance, and they evoke no particular reflection of New York, except that it is indeed a city of a hundred cultures. But they are also very much like coffeehouses and teahouses in every other city, inasmuch as they seek to provide their clientele a place that is comfortable, communal, and cultural. The variety of New Yorkers inspires the variety of cafs in the city: quiet, noisy, plain & fancy; with live music or theatre, or nothing but the sound of pages turning; sometimes with food, sometimes just desserts, sometimes just coffee.

...endless variety of tastes and styles,

...of simplicity and elegance...
Once Upon a Tart...
Traditional Japanese
や

C

● 세계 각 나라마다 카페의 성격과 문화는 조금씩 다르다. 전통적으로 카페 문화가 강한 프랑스, 벨기에, 오스트리아를 비롯한 유럽의 나라들 그리고 유럽의 다양한 카페 문화가 혼합된 미국도 나름대로의 카페 문화를 지니고 있다. 우리나라의 경우도 카페는 참으로 독특하고 인상적인 문화 공간이었다. 동전을 넣고 사주를 볼 수 있었던 재떨이, 다방의 이름과 전화번호가 인쇄된 흰 천으로 덮인 소파, 그리고 대형 수족관 등은 우리나라 카페의 원조 격이던 다방의 친근한 풍경이었다. 또한 1960년대 연인들은 공원에서 만나고 기차가 떠나면서 헤어졌지만, 대학가마다 수십 개의 카페들이 호황을 누리던 1970~1980년대의 연인들은 카페에서 만나고 카페에서 헤어졌다. 현재는 커피 전문점, 케이크 전문점, 찻집, 일반 카페 등 그 종류도 다양하게 분류된 상태다. 한편 우리나라 카페의 인테리어 디자인 수준은 첨단을 걷기 시작한 지 오래되어 오늘날까지 그 호화로움과 사치는 여전히 세계 제일을 자랑하고 있다.

● 우리나라 카페가 음료와 공간 디자인에 치중한다면 뉴욕의 카페는 좀 더 식사에 치중한다고 보는 편이 옳을 것 같다. 큼직하고 안락한 소파보다는 작은 의자가 주를 이루며, 점심 · 저녁 시간이면 식사를 하는 고객이 대부분이다. 물론 디저트와 커피 음료 또한 수준급이다. 뉴욕 카페 문화의 특징은 그 다양성에 있다. 그리니치빌리지의 유명한 카페들처럼 가장 대표적인 뉴욕의 카페 형식은 역시 유럽식 카페다. 하지만 레이디 맨들(Lady Mandl's)과 같이 아주 고급 애프터눈 티(Afternoon Tea)를 제공하는 살롱이나 호텔 라운지, 베이커리가 결합되어 케이크나 디저트 판매가 주를 이루는 곳 등 다양한 형태의 카페들이 존재한다. 뉴욕의 유명한 카페들에는 공통적인 특징이 있다. 그것은 바로 제일 가는 메뉴가 한 가지는 있다는 것이다. 성공적인 카페 운영 뒤에는 역시 비밀의 레서피가 존재한다.

Cafe Lalo

201 W. 83th St. (bet. Broadway & Amsterdam Ave.) / **Tel.** (212) 496-6031 / **www.**cafelalo.com

C1 • 카페 랄로 영화 「유브 갓 메일」에서 톰 행크스와 멕 라이언이 말다툼을 하던 장면의 배경이 되었던 장소다. 핫초콜릿과 라테가 훌륭하며, 60여 가지의 치즈 케이크를 포함해 100여 가지가 넘는 디저트를 적어놓은 메뉴만 약 17페이지 분량에 달한다. 20세기 초 파리의 카페를 모델로 삼은 내부는 벽돌로 장식된 벽과 툴루즈 로트레크(Toulouse Lautrec)의 그림들로 마감되어 있다. 83가에 면한 유리벽은 날씨 좋은 날이면 밖으로 활짝 개방되어 카페를 새롭게 만든다. 1988년 오픈 당시 한동안은 인근 지역 주민들, 줄리아드와 콜럼비아 대학생들이 주 고객으로 아주 차분하고 지적인 분위기였다. 하지만 영화에 소개된 이후 뉴욕에서 가장 유명한 카페가 되어버려 현재는 너무 많은 관광객이 찾아와 시끄럽고 혼잡한 곳으로 변하고 말았다.

Caffe Reggio

119 MacDougal St. (W. Third & Bleecker Sts.) / **Tel.** (212) 475-9557

C2 • 카페 리지오 호화롭고 세련된 공간들이 언제나 새롭게 만들어지고 있지만 왠지 카페는 옛 분위기로 머물러 있었으면 하는 생각을 늘 가지게 된다. 그러한 소망에 딱 들어맞는 곳이 바로 이곳이다. 1927년 개점, 그리니치빌리지에서 가장 오래된 카페로 그 역사만큼이나 과거에 머물러 있고 싶게 만드는 곳이다. 내부에는 옛 스토브가 바흐와 쇼팽의 조각과 어울려 있으며, 아직도 옛 기구로 에스프레소를 끓인다. 휴대폰이 등장하기 전인 1970~1980년대에 약속을 하던 것처럼 아직까지 이 카페의 입구에 마련된 메모판을 이용해서 메시지를 전할 수 있다. 이곳에서 이야기하고 글을 쓰고 신문을 보는 사람들의 모습은 뉴욕 일상의 한 단면 그 자체다. 1959년 이 카페 앞에서 케네디 전 대통령이 연설을 하기도 했으며, 후에 영화 「대부 2」에도 등장했다.

Ceci-Cela

55 Spring St. (bet. Lafayette & Mulberry Sts.) / **Tel.** (212) 274-9179 • 166 Chambers St. (bet. West Broadway & Greenwich St.) / **Tel.** (212) 566-8933

C3 • **세시셀라** 프랑스인이 경영하는 정통 유럽풍의 카페다. 레몬 타르트와 초콜릿 크루아상이 특히 유명하다. 입구에서는 쇼케이스들이 연결되어 케이크 등의 디저트를 판매하지만, 뒤편 끝에 아늑한 카페 공간이 마련되어 있다. 번잡한 소호에서 다소 벗어난 놀리타(Nolita, North of Little Italy) 지역의 숨겨진 아지트다.

Edgar's Cafe

255 W. 84th St. (bet. Broadway & West End Ave.) / **Tel.** (212) 496-6126

C4 • **에드거스 카페** 상대적으로 덜 알려져 있지만 뉴욕 최고의 티라미수를 맛볼 수 있는 곳이다. 레몬 껍질에 나오는 소르베와 코냑 호박 치즈케이크가 특히 유명하다. 이 카페가 위치한 브렌넨 맨션은 1844~1845년 에드거 앨런 포가 살면서 소설『까마귀』를 쓴 곳으로 유명하다. 카페 내부에는 포의 초상화가 걸려 있으며, 높은 천장과 돌바닥, 부패되는 벽과 같은 무늬의 벽지는 그의 소설 속 분위기를 연상시킨다.

Ferrara

195 Grand Street (bet. Mott & Mulberry Sts.) / **Tel.** (212) 226-6150 / **www.ferraracafe.com**

C5 • **페라라** 이탈리아에서 이민을 온 엔리코 스코파(Enrico Scoppa)와 안토니오 페라라(Antonio Ferrara)는 오페라를 무척 사랑하는 팬이었다. 이들이 오페라 이후에 에스프레소를 마시며 카드놀이를 할 수 있는 공간을 만들기 위해 1892년 창업한 카페가 바로 페라라다. '미국 최초의 에스프레소 바'를 자칭하며 5대째 가족이 운영을 하고 있다. 리틀 이탈리아 중심 지역의 터줏대감으로 자리 잡으면서 오늘날까지 수백 종류의 케이크, 디저트, 과자를 생산, 판매하고 있다. 각종 케이크와 카놀리(Cannoli), 나폴레옹 등의 디저트가 유명하지만 한국이나 일본의 수준보다는 한참 떨어진다. 매장의 인테리어는 한심할 정도로 형편없으며 늘 혼잡하여 좋은 서비스를 기대하기 힘들다.

C6 • 그레이 독스 카페 그리니치빌리지의 오래된 카페 중 하나로 이곳의 오랜 단골 고객들은 뉴욕 대학 교수와 학생, 지역 주민 아저씨, 작가, 패션모델, 소방관에 이르기까지 그 층이 매우 다양하다. 카페 앞 길거리에 놓인 벤치, 칠판에 써놓은 메뉴, 커튼이 드리워진 창, 오래된 우편함과 드라이플라워 등이 작은 전원의 평화로움을 배달해주는 듯하다. 카페의 이름이 이야기하듯 애완견을 데리고 올 수 있다는 특징이 있다. 밤늦게는 술 마시는 바로서도 인기가 높기 때문에 밤과 낮의 풍경이 많이 다른데, 이곳에 오랜 시간 앉아서 관찰해보면 뉴욕 문화의 단면을 느낄 수 있다. 맨해튼에만 이미 180여 개의 점포를 가진 스타벅스가 판을 치는 현시대에 이와 같이 독특하고 독립된 카페들이 꿋꿋하게 버티고 있다는 것 또한 뉴욕의 매력이다.

Grey Dog's Cafe

33 Carmine St. (bet. Bleecker & Bedford Sts.) / **Tel.** (212) 462-0041

Lady Mendl's

56 Irving Place (bet. 17th & 18th Sts.) / **Tel.** (212) 614-9291 / **www.**ladymendls.com

C7 • 레이디 맨들스 1834년 지어진 빅토리아 양식의 타운 하우스에 위치한 찻집으로 19세기의 뉴욕 상류층의 문화를 경험할 수 있는 곳이다. 미국 최초의 여류 인테리어 디자이너 엘지 드 울프가 친구들과 애용하던 장소로도 유명하다. 개관한 이래 줄곧 '뉴욕에서 가장 로맨틱한 티 살롱'이라는 평가를 받고 있는 만큼 내부 인테리어는 고급 맨션의 거실과 같이 화려하며 장식품들도 매우 우아하다. 현재는 작고 고급스러운 호텔인 어빙 플레이스 인의 찻집으로 운영되고 있는데, 예약으로만 손님을 받으며 각종 차와 디저트가 풀코스로 제공된다. 결혼을 앞둔 신부를 위한 파티로 많이 이용되기도 한다. 엽서나 홈페이지에 그려진 일러스트레이션 역시 매우 인상적이다.

Le Figaro Cafe

184 Bleeker St. (at MacDougal) / **Tel.** (212) 667-1100

C8 • 르 피가로 카페 그리니치빌리지에서 가장 유명한 카페이며, 아마도 뉴욕에서 가장 파리 같은 곳 중 하나일 것이다. 고양이 그림의 벽화, 『르 몽드』 신문 조각으로 장식한 벽면은 오랜 상징적 풍경이다. 이곳의 밤거리 노천카페에 앉아 밤의 분위기를 감상하는 느낌은 꼭 한번 경험해볼 만한 일이다. 하지만 이 카페의 전성기는 1960~1970년대로 현재는 유명세 때문에 관광객이 워낙 많이 찾아 음식이나 서비스, 분위기가 예전과 같지 못하다. 음식과 디저트는 추천할 만하지 않지만 카푸치노를 비롯한 커피 음료들은 아직 괜찮다.

Le Pain Quotidien

100 Grand St. (bet. Greene & Mercer Sts.) / **Tel.** (212) 625-9009 • 922 Seventh Ave. (at 58th St.) / **Tel.** (212) 757-0775 • 38 E. 19th St. (bet. Broadway & Park Ave.) / **Tel.** (212) 673-7900 / **www.**lepainquartidien.com

C9 • 르 팽 쿠오티디앙 1990년대 초반 알랭 쿠몽이 벨기에에서 시작한 카페로 폭발적인 인기를 누리며 프랑스와 스위스 등의 유럽과 미국으로 확산된 브랜드다. '현대인에게 건강은 종교와 같다'는 생각과 '교육을 받고 지적인 사람일수록 채소와 과일, 유기농 재료로 만든 음식을 선호한다'는 믿음으로 '간결하고 건강한 식사'를 제시, 주로 보헤미안 도시를 중심으로 입주하고 있다. 맷돌로 간 밀가루를 사용하여 돌로 만든 오븐에 구운 빵, 직접 만든 잼과 스프레드, 유기농 설탕 등 모든 것이 건강에 초점을 맞추고 있다. 디자인의 콘셉트는 시골 농가로 공간 전체의 표면 처리가 매끄럽지 않고 의도적으로 거칠게 처리된 질감의 나무 재료들로 마감되어 있다. 이 카페의 하이라이트는 커뮤니티 테이블로 누구나 함께 어울려 식사를 하면서 서로 상부상조하고 즐거움을 나누는 시골의 넉넉한 마음을 느낄 수 있다. 리셉션 데스크 배면으로 마치 도서관의 책과 같이 전시된 빵들, 벽난로와 거울, 부드러운 조명, 큼직한 주발에 담겨 제공되는 커피, 도자기 판 위에 놓인 빵 등의 디테일은 이 카페의 상징적인 요소들이다. 맨해튼에만 열 군데 이상의 매장이 있으나 내부 구조와 분위기 면에서 가장 추천할 만한 매장은 소호와 유니온 스퀘어, 그리고 58가 지점이다.

Once Upon A Tart

135 Sullivan St. (bet. Houston & Prince Sts.) / **Tel.** (212) 387-8869 / **www.**onceuponatart.com

C10 • 원스 어폰 어 타르트 피카소의 〈아비뇽의 처녀들〉로 유명한 아비뇽 지역 출신 베이커인 제롬 오드리와 프랭크 맨테사나가 창업한 소호의 명물 카페다. 다소 한적한 설리번 스트리트를 걷다가 빵굽는 냄새에 끌려 눈길을 돌려보면 밝은 녹색의 허름한 카페, 그 앞에 언제나 아름다운 연인, 친구들의 모습이 마치 프랑스 영화의 한 장면처럼 다가온다. 간단한 식사와 디저트, 음료를 주로 제공하는데 특히 스콘과 머핀, 샌드위치가 아주 맛있다. 이 카페의 스토리와 레서피를 담은 책도 출판되어 있다.

Payard Patisserie and Bistro

1032 Lexington Ave. (bet. 73rd & 74th Sts.) / **Design.** David Rockwell / **Tel.** (212) 717-5252 / **www.**payard.com

C11 • 파야드 파티세리 앤드 비스트로 '디저트의 시인'이라는 별명을 갖고 있는 프랑스인 프랑수아 파야드(Francois Payard)가 1997년 문을 연 유럽풍의 비스트로 카페다. 레스토랑과 페이스트리 가게가 결합된 형태의 공간으로 입구 쪽에 진열된 페이스트리와 디저트, 초콜릿 등의 디저트는 뉴욕 최고다. 주로 커피와 디저트 공간으로 연출된 입구 부분은 마치 파리의 제과점 동네인 레프트 뱅크(Left Bank)의 노천 카페와 같은 느낌을 준다. 특히 이 공간은 좌우로 쇼케이스에 가득 진열된 디저트와 초콜릿으로 둘러싸여 있어 시각적으로 느껴지는 즐거움도 크다. 흔히 '돔(Dome)'으로 불리는 '루브르(Louvre)', 파리의 다리에서 이름을 떠온 '퐁네프(Pont Neuf)', '오페라(Opera)' 등이 유명하다. 특히 프랑스의 보르도 지역에서만 만드는 디저트 '카넬레(Canneles)'는 다른 상점에서 찾아보기 어려우므로 꼭 권하고 싶다.

Serendipity 3

225 E. 60th St. (bet. Second & Third Aves.) / **Tel.** (212) 838-3531 / **www.**serendipity3.com

C12 • 세렌디피티 3 과거 앤디 워홀, 마릴린 먼로, 그레이스 켈리, 캔디스 버긴부터 현재 니콜 키드먼, 멕 라이언에 이르기까지 수많은 유명인들이 단골로 찾는 명소다. 존 쿠삭과 케이트 베킨세일 주연의 「세렌디피티」라는 영화로 더욱 유명해진 카페다. 30센티미터나 되는 핫도그와 오프라 윈프리쇼에도 소개되었던 프로즌 핫초콜릿이 너무나도 유명한 곳이다. 미국에서 최고라는 이 프로즌 핫초콜릿은 반드시 먹어봐야 한다. 인테리어 장식은 유치하기 짝이 없어도 유명세 때문에 언제나 입구에는 긴 줄이 늘어서 있다.

Tea & Sympathy

108 Greenwich Avenue (bet. 13th & 14th Sts.) / **Tel.** (212) 807-8329 / **www.**teaandsympathynewyork.com

C13 • 티 앤드 심퍼시 그리니치빌리지가 자랑하는 또 하나의 오래된 찻집으로 뉴욕에서 가장 영국적인 차 문화를 제공하는 카페다. 작은 공간에 테이블과 의자가 비좁게 놓여 있지만 아주 로맨틱한 분위기를 풍긴다. 차는 각기 다른 다기에 제공되며 다양한 영국식 디저트와 간단한 샌드위치도 맛볼 수 있다. 카페의 바로 곁에 각종 차와 다기를 판매하는 상점도 직영하고 있다. 이 카페가 제공하는 차와 그 문화를 소개한 책도 출판되었다.

Veniero's

342 E. 11th St. (bet. First & Second Aves.) / **Tel.** (212) 674-7070 / **www.**venierospastry.com

C14 • 비니에로스 1894년 이탈리아에서 이민 온 안토니오 비니에로(Antonio Veniero)가 개점한 이래 110년이 넘도록 이탈리아 빵과 디저트를 전문으로 취급해오는 카페다. 이스트 빌리지 지역의 보석 같은 카페로 간판이 아주 눈에 잘 띈다. 인테리어는 형편없지만 가게 안은 언제나 고객들로 만원이다. 티라미수와 이탈리안 치즈케이크, 스펀지 케이크, 카놀리(Cannoli), 비스코티(Biscotti, 이탈리아 비스킷) 등이 특히 맛있다.

tip

뉴욕

먹을거리 산책

new york munchies

deli

● 세상에서 뉴욕만큼 델리(Delicatessen의 줄임말)가 발달한 도시도 없다. 뉴욕의 델리는 약간의 설명이 필요하다. 일반적으로 유럽의 델리들은 고기(주로 가공육), 치즈, 생선 등의 반찬거리를 파는 상점을 의미한다. 현재도 유대인 델리는 그러한 형태를 유지하고 있다. 하지만 일반적으로 회자되는 뉴욕의 델리는 그 의미가 다소 확대되어 취급 품목이 베이글, 샌드위치, 샐러드, 피자 및 각종 음료수와 스낵에 이른다. 거의 대부분이 간편한 아침 · 점심 식사를 할 수 있는 장소로 식료품점보다는 식당 형식으로 운영을 하는 경우가 많다. 뉴욕에는 말 그대로 코너마다 델리가 있으며, 이중 많은 델리는 그리스인과 한국인이 경영하고 있다. 이곳에 소개된 델리 이외에도 록시 델리카트슨(Roxy Delicatessen, 1565 Broadway, bet. 46th & 47th St. / Tel. (212)921-3333, www.roxydeli.com), 스테이지 델리(Stage Deli, 834 Seventh Ave., bet. 53rd & 54th Sts. / Tel. (212) 245-7850) 그리고 체인점으로 운영되는 유로파(Europa), 메트로 카페(Metro Cafe) 등이 있다.

Carnegie Delicatessen

854 Seventh Ave. (bet. 54th & 55th Sts.) / **Tel.** (212)757-2245 / **www.**carnegiedeli.com

C15 • 카네기 델리카트슨 1975년 이래 줄곧 뉴욕 최고의 코셔(Kosher, 유대인들의 규율을 따른 조리 방법) 음식 델리로 자리 잡고 있다. 이 델리를 방문했던 영화배우, 정치인, 방송인 등 수많은 유명인사의 흑백 사진이 벽을 가득 채우고 있다. 식사를 하면서 귀를 기울이면 웨이터들이 약자(예를 들어 RB는 Roast Beef, CB는 Corned Beef 등)로 주문을 외치는 것을 들을 수 있다.

City Bakery

3 W. 18th St. (bet. Fifth & Sixth Aves.) / **Tel.** (212) 366-1414 / **www.**thecitybakery.com

C16 • 시티 베이커리 가게의 이름은 베이커리로 디저트 종류가 유명하지만, 전체 구성은 일반적인 델리 개념이다. 복층으로 구성된 공간의 디자인이 입체적이며 미니멀하다. 이곳의 간판과 포스터, 포장 용기 디자인은 잡지에도 여러 번 소개된 적이 있을 만큼 훌륭하다. 시티 베이커리는 또한 매년 2월 뉴욕의 엄동설한 중에 20종류가 넘는 핫초콜릿을 제공하는 핫초콜릿 페스티벌(Hot Chocolate Festival, www.hot-chocolate-festival.com)을 개최하기도 한다.

Dishes

6 E. 45th St. (bet. Fifth & Madison Aves.) / **Design.** Studio GAIA / **Tel.** (212) 254-2246

C17 • 디시스 뉴욕의 델리 중 가장 모던하며 가장 디자인이 훌륭한 곳이다. 첨단의 미니멀한 환경에 주문, 제작된 설비와 집기류, 천장의 붙박이 조명과 아티초크 그래픽에 이르기까지 수준 높은 조화를 이루고 있다.

Katz's Delicatessen

205 East Houston (bet. Orchard & Ludlow Sts.) / **Tel.** (212) 254-2246 / **www.katzdeli.com**

C18 • 캐츠 델리카트슨 유대인이 경영하는 100년의 전통을 지닌 델리로 수많은 역대 대통령들이 방문했을 정도의 뉴욕 명소다. 「해리가 샐리를 만났을 때」에서 너무나도 유명한 멕 라이언의 오르가슴 연출 장면을 비롯하여 많은 영화에 배경이 되기도 한 식당이다.

Mangia

50 W. 57th St. (bet. Fifth & Sixth Aves.) / **Tel.** (212) 582-5882 • 16 E. 48th St. (bet. Fifth & Madison Aves.) / **Tel.** (212) 754-7600 • 23 W. 23rd St. (bet. Fifth & Sixth Aves.) / **Tel.** (212) 647-0200

C19 • 만지아 뉴욕의 델리를 한 차원 높여 깨끗하고 조직적으로 발전시킨 브랜드로 첫 매장을 오픈하자마자 경쟁 업체인 유로파, 코사이, 메트로 카페 등을 따돌리고 단연 델리의 제왕으로 등극하였다. 레스토랑에서의 좋은 식사는 시간과 돈이 많이 들고, 델리에서의 빠르고 싼 식사는 '그 나물에 그 밥'인 것이 뉴욕의 점심시간이다. 폴란드 이민자 사샤 무니악이 시작한 만지아는 이 틈새를 공략하여 1982년 이 작품을 탄생시켰다. 이들이 전략으로 삼았던 '신선하고 질이 좋은 빠른 점심식사'는 사실 레스토랑과 기존의 델리 사이의 틈새를 공략한 마케팅이었다. 샌드위치와 샐러드 바가 주를 이루는 기존의 델리에 그릴과 프라이 등의 더운 음식의 비중을 대폭 늘린 혁신적인 개념을 선보였다. 델리로서는 드물게 책까지 발간하였다.

diners

● 다이너는 미국을 대표하는 독특한 식당이다. 특히 1920~1930년대 지어진 다이너들은 당시의 세계적인 디자인 경향이었던 아르 데코의 영향을 받았다. 그 자체가 커다란 자동차인 다이너가 많기 때문에 미국 대륙을 횡단하며 옮겨지기도 하였다. 다이너는 평범한 메뉴에 값싼 가격, 끊임없이 리필해주는 커피 그리고 전 세계인이 공통으로 좋아하는 기름기 많은 음식으로 특징지어진다. 뉴욕시의 다이너는 대부분 9번가(Ninth Avenue)부터 11번가(Eleventh Avenue) 사이의 웨스트사이드를 중심으로 분포한다. 이곳은 '지옥의 주방(Hell's Kitchen)'이라고도 불리는데, 과거 경찰관 둘이서 대화 중에 날씨가 너무 덥다고 해서 만들어진 이름이다.

Cheyenne Diner

411 Ninth Ave. (at 33rd St.) / **Tel.** (212) 465-8750

C20 ● 셰이엔 다이너 다이너 제작회사 중 하나였던 파라마운트 회사의 작품이다. 다이너가 현재 많이 남아 있지 않은 데다가 맨해튼에서는 특히 보기 드문 형태로 유선형의 긴 박스 모양에 크롬으로 도장되고 분홍색 네온의 띠로 둘러진 전형적인 1930년대 스타일을 보여준다. 24시간 문을 여는 근처 뉴욕 중앙 우체국 집배원과 직원들의 단골 식사 장소로 내부에 앉아 있으면 긴 창을 통해서 들어오는 미드타운의 경관도 다소 운치가 있다. 햄버거와 라자냐가 권할 만하다.

Edison Cafe

228 W. 47th St. (bet. Broadway & Eighth Ave.) / **Tel.** (212) 840-5000 / **www.edisonhotelnyc.com**

C21 ● 에디슨 카페 1931년 아르 데코 양식으로 건축된 유서 깊은 에디슨 호텔 안에 위치한 다이너다. 관광객들로 늘 번잡한 타임스 스퀘어 지역에 숨겨진, 뉴요커를 위한 공간이다. 하루 종일 가격 싸고 서비스 빠른 대중 음식을 제공하여 과거 공연 관계자들에게 인기가 높았던 장소이기도 하다. 47가에 면한 쪽의 공간은 타임스 스퀘어 지역에 위치한 만큼 내부의 벽이 각종 공연의 포스터로 가득 메워져 있다. 안쪽 깊은 다이닝 룸은 볼트 구조의 천장에 밝은 핑크 빛으로 마감되어 아르 데코 장식의 디테일을 그대로 간직하고 있다. 동유럽 유대인들이 운영을 하며 폴란드인들이 많이 찾아 한때는 '폴리시 티 룸(Polish Tea Room)'으로 불리기도 하였다.

Empire Diner

210 Tenth Avenue (at 22nd St.) /
Tel. (212) 243-2736

C22 • 엠파이어 다이너 1946년에 만들어져 당시 다이너 제작에 유행하던 아르데코 양식을 반영하였다. 스테인리스 스틸로 만들어진 바가 특이하며 한밤중 야식 손님으로 늘 분주하다. 내부 한구석엔 피아노가 있으며, 경우에 따라서는 웨이트리스가 연주를 하기도 한다. 이곳에 배치된 흑백의 그림 엽서 다섯 장을 연결하면 다이너 실내 벽면의 풍경이 완성된다. 아름답고 큰 눈으로 유명한 배우로 노래까지 만들어진 베티 데이비스(Betty Davis)가 가장 좋아하던 다이너이기도 하다.

Bagel

● 베이글은 유대인들의 빵으로 유대인 인구가 많은 뉴욕시의 대표 음식이 된 지 오래다. 오븐에 굽기 전에 물에 끓이는 독특한 공정을 거치면서 특유의 쫄깃한 맛이 살아나는 것이 특징이다. 다른 도시나 다른 나라의 베이글이 뉴욕 베이글처럼 맛있지 않은 것은 바로 뉴욕의 물 때문이다. 뉴욕의 물은 무미가 아닌 특유의 맛을 지닌다. 베이글은 원래 유대인의 빵이지만 현재 뉴욕에서 베이글을 만드는 기술자들은 대부분 태국인들이다.

H&H Bagels

2239 Broadway (at 80th St.) / **Tel.** (212) 595-8003 • 639 W. 46th St. (bet. West Side Hwy & Eleventh Ave.) / **Tel.** (212) 595-8000 / **www.handhbagel.com**

C23 • H&H 베이글스 1972년 헬머 토로(Helmer Toro)가 창업한 이래 자타가 공인하는 뉴욕 최고의 베이글 가게로 군림하고 있다. 이곳에서 구워내는 베이글 수만 하루에 6만여 개가 넘는다. 다른 베이글에 비해 조금 당도가 높은 편이다. 영화 「유브 갓 메일」이나 TV 프로그램 「사인필드」, 「프렌즈」 등에 소개되기도 하였다.

Ess-a-Bagel

831 Third Ave. (bet 50th & 51st Sts.) / **Tel.** (212) 980-1010 • 359 First Ave. (at 21st St.) / **Tel.** (212) 260-2252 / **www.ess-a-bagel.com**

C24 • 에스 어 베이글 1976년 오스트리아에서 빵집을 운영하던 윌폰 부부(Gene & Florentine Wilpon)와 남동생 아론 벤젤버그(Aaron Wenzelberg)가 창립한 베이글 전문점이다. 이 집 베이글은 뉴욕의 일반적인 베이글보다 약간 크며 종류가 열네 가지나 된다. 주방이 유리로 되어 있어 매장에서 베이글을 만드는 전 과정을 볼 수 있다. 베이글과 떼놓을 수 없는 크림치즈도 종류가 매우 다양하며, 훈제 연어나 가지 샐러드, 샌드위치 등 다른 음식도 판매하고 있다.

Hot Dog

● 독일 이민자들이 소개한 핫도그 역시 싸고 간편한 음식으로 일찍 뉴욕에 자리를 잡았다. 뉴욕에서 인기를 얻기 시작한 핫도그는 미국 문화에서 빼놓을 수 없는 메이저리그 야구장을 중심으로 급속하게 확산, 전 국민의 대용식이 되었다. 미국 전역에 내로라하는 핫도그 집들이 고루 퍼져 있으며, 시카고는 특히 간식에 불과하던 핫도그를 하나의 훌륭한 음식으로 수준을 끌어 올리는 데 기여하여 오늘날까지 핫도그 왕국으로 군림하고 있다. 뉴욕의 대표적 풍경 중 하나가 핫도그를 판매하는 길거리 노점상인 만큼 핫도그는 보편적이며, 몇 군데의 유명한 상점들도 성업 중이다.

Gray's Papaya

2090 Broadway (at 72nd St.) / **Tel.** (212) 799-0234

C25 ● **그레이스 파파야** 이스트사이드의 파파야 킹(Papaya King)을 모방하여 1970년대 니컬러스 그레이(Nicholas Gray)가 설립하였다. 맨해튼에 여러 개의 분점이 있다. 값싼 핫도그를 파는 허름한 집이지만 디종 머스터드(Dijon Mustard)를 사용하는 것을 매우 자랑스럽게 생각한다. 영화 「유브 갓 메일」에도 등장한 바 있다.

Nathan's Famous

1310 Surf Ave. (at Stillwell Ave.) / **Tel.** (718) 946-2202 / **www.**nathansfamous.com

C26 ● **네이선스 페이머스** 1916년 네이선 핸트베르커(Nathan Handwerker)가 친구에게 빌린 돈 300달러로 뉴욕 브루클린 최남단의 유원지 코니아일랜드(Coney Island)에서 핫도그를 파는 노점 포장마차를 시작한 것이 유래다. 90년이 지난 오늘날 세계 최초이자 세계 최대의 핫도그 체인의 전설이 되었다. 사실 이곳은 새우, 크램차우더 등 130여 개의 음식을 팔지만 핫도그가 역시 간판 메뉴다. 매년 미국의 독립기념일인 7월 4일 정오부터 12분간 펼쳐지는 핫도그 경연대회(World Hot Dog Championship)를 스폰서하는 유명한 곳이기도 하다. 지난 2004년 일본인 다케루 고바야시(Takeru Kobayashi)가 이곳에서 53개 반의 핫도그를 먹어 세계 신기록으로 1등을 차지한 바 있다.

Papaya King

179 East 86th Street / **Tel.** (212) 369-0648 / **www.**papayaking.com

C27 ● **파파야 킹** 1923년 그리스에서 이민 온 16세의 거스 폴로스(Gus Poulus)가 1932년 열대 음료를 파는 상점으로 현재의 장소에 문을 열었다. 그 후 독일인 2세와 결혼하면서 프랑크푸르트 핫도그를 메뉴에 첨가시켜 오늘날과 같은 콤비네이션이 탄생하였다. 핫도그에 파파야, 망고와 같은 열대과일 음료를 같이 마시는 형태는 '궁극적인 퓨전(Ultimate Fusion)'으로 뉴욕시만이 갖는 특징 가운데 하나다. 아주 바삭하게 구운 소시지로 1930년대부터 인근 지역의 독일, 폴란드 이민자들을 감동시킨 이래 현재 뉴요커는 물론 미 전역과 세계 각국의 관광객들도 꼭 방문하는 명소가 되었다. 이 상점의 '필레미뇽 스테이크보다 맛있는 핫도그(Frankfurter Tastier than Filet Mignon)'라는 문구는 특허까지 갖고 있다. 이 상점 창문에 매주 만화를 그려서 전시하는 화가도 있다. 1933년 루스벨트 대통령은 이 가게에서 파파야 음료를 마신 후 그 유명한 '뉴딜 정책'을 고안했다는 일화도 전해진다.

Pizza

● 제2차 세계대전에 참가하면서 유럽에서 피자를 맛본 미국 병사들의 향수를 달래려고 뉴욕에 롬바르디(Lombardi's)가 문을 열면서 미국 피자의 전통이 시작되었다. 그 후 피자는 미국 전역으로 확대되었고, 뉴욕과 시카고가 각기 다른 피자 스타일로 오늘날 미국의 피자 문화를 대표하고 있다. 뉴욕의 피자가 시카고를 누르고 미국에서 가장 맛있는 피자로 자리 잡은 이유는 맛도 물론이지만 길거리에서도 쉽게 먹을 수 있다는 편리함과 배달에 유리하다는 점 때문이었다. 즉 깊고 두꺼워 테이블 서비스로만 가능한 시카고 피자는 맛과 영양에서는 훌륭했지만 테이크 아웃이나 배달에 적합하지 않아 피자를 먹는 라이프스타일에 적합하지 않았던 것이다. 피자는 사실 먹는 사람마다 선호하는 집이 달라 평가하기 까다로운 음식이다. 특히 뉴요커들은 피자의 맛과 선호도에 민감하여 종종 격론을 벌이기도 한다. 정치인들이 선거를 앞두고 어느 특정 피자를 좋아한다고 발언을 하면 동의하지 않는 사람들의 표를 잃을 정도니 두말할 나위가 없다. 뉴욕은 미국 피자의 탄생지이자 수도인 만큼 피자집들이 블록마다 있으며 그 수준 또한 훌륭하다.

Grimaldi's

19 Old Fulton St. (Brooklyn) / **Tel.** (718) 858-4300

C28 • 그리말디 1933년 이스트 할렘에 문을 열었던 팻시 피자(Patsy's Pizza)의 주인 조카가 비법을 전수받아 1990년 브루클린에 문을 열었다. 뉴욕의 레스토랑 가이드 『자가트 서베이(Zagat Survey)』에서 7년째 1위를 차지하고 있는 피자집으로 롬바르디(Lombardi's)와 마찬가지로 석탄으로 굽는 오븐을 사용한다. 아주 얇은 신(Thin) 크러스트가 유명하며 프레시 모차렐라 치즈를 사용하여 맛이 아주 좋다. '크레디트 카드 사절, 예약 사절, 배달 사절, 조각 피자 사절'을 모토로 배짱 장사를 하고 있지만, 하루 종일 고객들이 줄을 선다.

John's Pizzeria

278 Bleecker St. (bet. Sixth & Seventh Aves) / **Tel.** (212) 243-1680 • 260 W. 44th St. (bet. Broadway & Eighth Ave.)

C29 • 존스 피체리아 우디 앨런을 포함해서 많은 사람들이 뉴욕 최고라고 생각하는 피자집이다. 그리니치 빌리지 지점이 원조 매장이지만 공간 인테리어를 보고 싶다면 교회를 개조한 미드타운 지점 방문을 권하고 싶다.

Lombardi's

32 Spring St. (bet. Mott & Mulberry Sts.) / **Tel.** (212) 941-7994

C30 • 롬바르디스 리틀 이탈리아에 자리 잡고 있으며, 미국에서 가장 오래된 피자집이다. 아직도 아주 오래된 방식인 석탄 오븐으로 피자를 굽는다. 참고로 이 석탄 오븐은 뉴욕시에서는 더 이상 허가가 나지 않는 설치 방식이다.

Ray's Pizza

America Avenue 11th Street / **Tel.** (212) 243-2253

C31 • 레이스 피자 뉴욕의 레이스 피자와 관련된 원조 논쟁은 TV에서 특집으로 소개할 정도로 복잡하다. 실제로 레이(Ray)라는 인물은 없지만, 레이스 피자의 이름은 유명하여 그 간판을 건 피자집들만 해도 약 20여 군데 정도나 된다. 변형으로 '바리의 레이스 피자(Bari's Ray's Pizza)'나 '레이스 피자 아님(Not a Ray's Pizza)'의 상호까지 있을 정도다. 원조라고 선전하는 곳 네 군데 중에서 이곳을 진짜 원조라고 믿는 뉴요커들이 상당수다. 전형적인 뉴욕 피자를 맛볼 수 있는 곳이다.

Dim Sum

• 딤섬(點心)의 한자를 해석하면 '마음에 점을 찍는다'가 된다. 그 정도로 적은 양의 음식과 가벼운 식사를 뜻하는 것이 어원이다. 중국 만두를 뜻하며 일반적으로 각종 만두류가 작은 찜통 접시에 담겨 제공된다. 또 다른 용어인 덤플링(Dumpling)은 끓인 만두로 찐 만두인 딤섬과 차이가 있다. 덤플링은 보통 종업원이 끌고 다니는 카트에 진열되는데 골라서 먹은 후 접시 수로 계산을 한다. 영화 「시애틀의 잠 못 이루는 밤(Sleepless in Seattle)」에서 멕 라이언이 약혼자에게 "뉴욕에서 딤섬 집에 데려 가겠다"고 했을 정도로 뉴욕의 딤섬은 유명하다. 딤섬을 비롯하여 차이나타운의 음식점을 방문할 때 참고로 알아둘 내용이 있다. 차이나타운 대부분의 레스토랑은 시설과 서비스가 형편없다. 레스토랑은 지저분하기 이를 데가 없으며, 주인과 종업원들은 매상에만 관심이 있지 서비스라는 개념조차 없는 경우가 대부분이다. 단지 음식 맛이 좋다는 이유로 찾게 되는데 '눈 꼭 감고, 그냥 먹어라'고 한 누군가의 유명한 표현이 실감난다. 딤섬을 취급하는 대표적인 음식점들로는 빅 웡(Big Wong, 67 Mott St. / Tel. (212) 964-0540), 골든 유니콘(Golden Unicorn, 18 E. Broadway, at Catherine St. / Tel.(212) 941-0911), HSF(Hee Seung Fung, 46 Bowery St. / Tel. (212) 374-1319), 트리플 에이트 팰리스(Triple Eight Palace, 88 E. Broadway, bet. Division & Markets. Sts. / Tel. (212) 941-8886) 등이 있다.

Pommes Frites

● 우리가 흔히 맥도널드 등에서 구입하는 '프렌치프라이(French Fry)'는 사실 프랑스하고는 무관한 음식이다. 그렇다면 이 음식이 왜 프렌치프라이로 불린 것일까? 프렌치프라이는 원래 벨기에 음식이며, 정식 명칭은 프랑스어로 '폼프리트(Pommes Frites)', 즉 '튀긴 사과'라는 뜻이다. 예로부터 유럽에서는 '감자를 흙에서 나오는 사과'라고 표현했으므로 감자 프라이가 튀긴 사과로 불렸던 것이다. 참고로 벨기에 인접국인 네덜란드에서도 이 음식은 '파타트(Patat)'라고 불리며 대중적인 사랑을 받는다. 어쨌든 프랑스어로 명명된 이 용어가 미국으로 건너가면서 프랑스 음식이라는 인식이 생겼고, 발음하기 힘든 '폼프리트'를 대신해 '프렌치프라이'로 불리게 된 것이다. 일설에는 뉴욕에 오래 살았던 오 헨리에 의해서 이름이 붙여졌다고도 한다. 폼프리트는 냉동 감자는 절대로 쓰지 않고 신선한 감자만을 사용하여 두 번 튀겨 겉은 바삭하고 속은 한없이 부드러운 점이 특징이다. 일반적으로 케첩을 뿌려 먹는 미국식 싸구려 프렌치프라이와 달리 폼프리트는 식초나 마요네즈, 겨자, 레몬 등을 뿌려 먹는 것이 보통이며, 생양파나 고추, 치즈 등의 토핑을 얹어 먹기도 한다.

Pommes Frites

123 Second Ave. (bet.7th & St. Mark's Place) / **Tel.** (212) 674-1234 / **www.pommesfrites.ws**

C32 • **폼프리트** 뉴욕에서 정통 벨기에식 프렌치프라이를 맛볼 수 있는 곳이다. 이스트빌리지에 위치한 이 집은 약 30여 종의 다른 소스와 토핑을 제공한다. (최근에는 급기야 '와사비 마요네즈'도 등장했다.) 또한 1970~1980년대 흔했던 우리나라 고구마튀김 포장처럼 콘 모양으로 둥글게 말아놓은 종이에 담아주는 것도 특징이다. 몇 개 없는 이 집 테이블에는 이 종이 콘을 꽂을 수 있도록 작은 구멍이 뚫려 있다.

Sushi

● 스시의 레벨은 정말 다양하다. 밥알을 공장에서 찍어내는 싸구려 대량생산 스시부터 최고의 공기 초밥까지 있는데 뉴욕에서는 이 모든 레벨의 스시를 맛볼 수 있다. 미국 땅에 일찍부터 자리 잡은 일본인들은 자신들의 문화를 전파하는 일에 집요했고, 그 간판으로 내세운 것이 녹차와 스시였다. 덕분에 캘리포니아와 뉴욕에서는 본토만큼은 못하지만 꽤 수준급의 일본 요리와 스시를 맛볼 수 있다. 한 가지 단점은 일본이나 한국에서 먹는 것보다 훨씬 비싸다는 것이다. 뉴욕의 일식집은 수백 군데도 넘는다. 그리고 이러한 일식집들 대부분은 스시를 주 메뉴로 영업을 한다. 가장 주의할 점은 뉴욕 대부분의 동네 일식집은 중국인이 경영한다는 것이다. 1980년대까지 중국 음식점은 큰 호황을 누렸다. 한 집 건너 한 집이 중국 음식점일 정도로 유행을 했다. 하지만 2000년대 들어 건강에 대한 관심이 부각되면서 나쁜 재료와 나쁜 기름 그리고 MSG와 같은 화학조미료의 과다 사용으로 인해 외면당하기 시작했다. 실제로 뉴욕 중국 음식점에서 식사한 많은 사람들이 배탈이나 식중독 등으로 고생하곤 했다. 결국 많은 중국 음식점들이 문을 닫게 되면서 이들은 건강 음식으로 인기를 얻고 있는 일식집으로 죄다 전향을 하였다. 자존심도 없이 자신의 고유 음식을 버리고 다른 나라 음식을 파는 행태는 전형적으로 이윤만 추구하는 중국인들의 단면을 보여주어 씁쓸한 기분마저 든다. 어쨌든 중국인들이 경영하는 이러한 일식집들은 상대적으로 싸다는 점 말고는 장점이 없으니 유념할 필요가 있다.

Inagiku

111 W. 49th St. (at Park Ave.) / **Design.** Adam D. Tihany / **Tel.** (212)355-0440

C33 • **이나기쿠** 뉴욕 최고의 호텔 중 하나인 월도프 아스토리아(Waldorf-Astoria) 안에 위치한 만큼 서비스, 음식, 분위기 등이 나무랄 데 없이 훌륭한 고급 일식집이다. 기모노를 입은 직원, 다다미 방, 넓은 좌석 배치 등 한국 일식점과 가장 유사한 분위기다. 신선한 스시는 물론이고 거의 모든 음식이 훌륭하다. 특히 튀김은 뉴욕 최고를 자랑한다.

Sushi Yasuda

204 E. 43rd St. (bet. Third & Second Aves.) / **Tel.** (212)972-1001

C34 • **스시 야스다** 마사(Masa), 메구(Megu)와 함께 뉴욕에서 전설적인 공기 초밥을 먹을 수 있는 곳 중 하나다. 그날의 신선한 생선으로 추천하는 스시, 각종 청주 리스트 등 더 이상 바랄 것이 없을 정도로 훌륭하다.

● 이외에도 블루 리본 스시(Blue Ribbon Sushi, 119 Sullivan St., bet. Prince & Spring Sts., / Tel. (212) 343-0404), 스시안(Sushian, 38 E. 51st St., bet. Madison & Park Aves., / Tel. (212) 755-1780) 등이 있다. 한편 스시 오브 가리(Sushi of Gari, 402 E. 78th St., bet. First & York Aves., / Tel. (212) 517-5340)는 뉴요커들이 최고로 평가하는 스시지만 권하고 싶지는 않다. 재료는 최상급으로 선택하지만 너무나 불필요한 조리 과정을 많이 가미해 본 재료의 맛을 사라지게 한다. 주인인 가리(Gari)는 나름대로의 창의성으로 각종 희한한 스시의 변형을 선보이지만 아직 최고의 경지는 아니며, 특히 좋은 생선 위에 뿌려놓은 시치미(七味) 조미료는 거의 '재앙' 수준이다. 날생선의 깊은 맛을 모르는 서양인을 위한 집이라고 평가할 수밖에 없다. 호기심으로 시도해보기에는 값도 너무 비싸다.

Ice Cream

Brooklyn Ice Cream Factory

2 Cadman Plaza, Fulton Ferry Landing Pier (Brooklyn) / **Tel.** (718) 246-3963

C35 • 브루클린 아이스 크림 팩토리 스테이크 전문점 피터 루가(Peter Lugar), 피자집 그리말디(Grimaldi's)와 함께 브루클린의 3대 먹을거리 명소 가운데 하나다. 맨해튼의 다운타운이 훤하게 보이는 브루클린 피어(Brooklyn Pier)에 등대 모양으로 만들어져 주변의 환경과 잘 어울린다.

Chinatown Ice Cream Factory

65 Bayard St. (bet. Mott & Elizabeth Sts.) / **Tel.** (212) 608-4170

C36 • 차이나타운 아이스크림 팩토리 차이나타운 한가운데 뉴욕 최고의 아이스크림 집이 숨어 있다는 사실이 놀랍다. 잘 알려진 팥아이스크림, 녹차 아이스크림 그리고 생강 아이스크림 등이 인기지만, 이곳 최고의 독특한 아이스크림은 바로 중국 음식점에서 디저트로 많이 사용되는 리치로 만든 아이스크림이다. 세계에서 두 번째로 맛있다. 참고로 세계에서 가장 맛있는 아이스크림은 터키 남부지방에서 만들어진다. '카라만마라스 돈두마시(Kahramanmaras Dondurmasi)'라고 불리는 것으로, 카라만마라스는 터키 남동쪽 지방의 도시 이름이며, 돈두마시는 아이스크림이라는 뜻이다. 마치 인절미와 같이 쫄깃쫄깃한 것이 특징이며 보통 절구통같이 생긴 용기에서 긴 방망이로 반죽하여 만든다. 과거에는 이 지방이나 특별한 페스티벌에서만 맛볼 수 있었으나, 근래에는 MADO라는 상호의 이 아이스크림 전문점이 생겨 이스탄불을 비롯한 터키 주요 도시에서 먹을 수 있다.

Tapas

● 타파는 스페인 음식으로 작은 접시에 나오는 여러 가지의 음식을 주문해서 나누어 먹는 형식으로 술과 안주를 즐기는 우리나라 사람에게 아주 적합하고 권할 만한 음식이다. 타파는 와인과 잘 어울리지만 특히 와인과 과일 주스 등을 혼합한 음료인 샹그릴라(Shangrila)하고도 많이 먹는다. 대표적인 곳으로는 솔레라(Solera, 65 Bayard St., bet. Mott & Elizabeth Sts., Tel. (212) 608-4170), 엘 차로 에스파뇰(El Charro Espanol, 4 Charles St., bet. Greenwich & Seventh Aves., Tel. (212) 242-9547) 등이 있으며, 어빙 플레이스(Irving Place)의 카사 모노(Casa Mono), 어퍼 이스트사이드의 피카소(Picasso) 등도 권할 만하다.

Bar

● '뉴욕의 바는 미니멀하다'라는 말이 있다. 사실 많은 종류의 바들이 곳곳에 수두룩함에도 불구하고 어느 바든지 들어가 보면 아주 간결하고 깨끗하게 운영되고 있음을 알 수 있다. 뉴요커들은 특정 바에서 찾는 술 종류도 매우 제한적이고(즉 그 집에서 가장 유명한 술을 찾는다), 사람들은 북적거리지만 바에서 노는 행위 또한 아주 깔끔하다. 어떤 분위기를 원하느냐에 따라서 바가 아주 특화되어 있기 때문이기도 하고, 의외로 심플한 라이프를 즐기는 뉴요커들의 특징이기도 하다. 음식도 먹고, 술도 여러 가지 마시고, 게임도 하고, 데이트도 하고, 모임도 하고, 연주도 하고 하는 시골이나 중소 도시의 전형적인 바들과는 사뭇 다르다. 바는 수시로 생겼다가 없어지고 유행과 분위기에 따라 옮겨 다니므로 호텔 내에 위치한 바, 역사가 깊은 오래된 바들을 제외하고는 수시로 소문이나 잡지의 소개를 보고 찾는 것이 방법이다.

lost in new york

지금은 사라지고 없는 추억 속의 명소들

Built in 1910, Penn Station was a beautiful Beaux-Arts style building with a breathtaking interior space; then – just like that, it was gone. The demolition gave way to new development, and now the sports Mecca of New York, Madison Square Garden stands on the site. The 1963 destruction of Penn Station ignited the debate about preservation of historic structures, and later that year the Landmark Preservation Society was founded in New York City. After this defining event, more than 65 historical neighborhoods and 1,000 buildings were placed on the National Register of Historic Landmarks. •• Over the last few decades, many places have been demolished and built, opened and closed. Architecture, restaurants and shops that have been loved by New Yorkers for many years have disappeared. The most ephemeral of these is the restaurant. It has been said that the most dangerous stunt in the world is opening a restaurant in New York City, and many factors weigh into the reasons for failure. 'Top of the Six,' which used to be located on the top of the 666 building on Fifth Avenue, and where my mother worked as a Maitre'd, was an upscale, luxurious restaurant very popular in the sixties and seventies that went downhill in the eighties and closed in the mid-nineties. The Italian restaurant 'Asti,' which was shown in the movie "Big", was another favorite place for NYU professors and their neighbors. Chefs would toss pizza dough as voice majors posing as waiters belted Puccini operas. Another place that was taken away from us is 'Big City Kite,' where kites were displayed from all over the world, and all over New York you could see them flying in the parks. •• There are several reasons why many such places disappear. The typical problem lies in management and the lack of profit. Another pattern is the architectural victim: where, for example, the restaurant may have cutting-edge design, and terrible food. Many places that exhibited experimental design are closed now. The lesson that designers need to learn is to think about cultural context rather than pure aesthetics. Luxurious and fancy design doesn't guarantee a successful business. The spaces designed should support the values, standards, and lifestyles that the business hopes to project. The final project should go far beyond the visual outcome and contain philosophy. Design is in the essence, not in the phenomenon.

● 그랜드 센트럴(Grand Central)과 함께 뉴욕의 양대 기차역 건물을 대표했던 펜 스테이션(Penn Station)은 1910년에 지어졌다. 보자르 양식의 건축과 우아한 실내가 무척 아름다웠으나 재개발을 명목으로 사라지고 현재 그 자리에는 지하로는 기차 및 지하철이, 지상으로는 매디슨 스퀘어 가든(Madison Square Garden)이 자리 잡고 있다. 1963년 펜 스테이션의 철거는 건축 문화재 보호 논쟁의 불씨를 당겼다. 이 건축물이 무너진 것을 계기로 뉴욕에는 건축문화재보존협회(Landmark Preservation Society)가 발족하였고, 65개의 역사 보존 지구와 1,000여 개가 넘는 건물이 문화재로 지정, 보호되고 있다.

지난 수십 년간 뉴욕에는 많은 공간들이 지어졌고 또 허물어졌다. 오랜 세월 뉴요커들의 사랑을 받아오던 건축물, 레스토랑, 상점 등이 다양한 이유로 사라졌다. 뉴욕에 새로 생기고 또 사라지는 공간의 빈도에서 으뜸을 차지하는 것은 상업 공간, 그중에서도 레스토랑이다. '세상에서 가장 위험한 일 중 하나는 뉴욕에 레스토랑을 여는 것이다'라는 말이 있을 정도로 뉴욕에 개점했던 많은 레스토랑들은 경영난을 비롯한 각종 이유로 문을 닫았다. 5번가 666번지 빌딩 꼭대기에 위치했던 톱 오브 더 식스(Top of the Six) 레스토랑은 1960~1970년대에는 고급 레스토랑으로 운영되었는데(개인적으로 나의 어머니는 유학 시절 이곳에서 한때 일을 하셨다), 1980년대에 다소 인기가 식으면서 1990년대에 급기야 문을 닫았고, 현재는 사교 클럽으로 운영되고 있다. 또 한 군데 추억의 장소는 빌리지에 위치했던 이탈리안 레스토랑 아스티(Asti)로, 뉴욕 대학 교수 및 학생, 지역 주민들에게 특히 인기가 있었던 레스토랑이다. 피자 반죽을 던지고, 성악을 전공한 웨이터들이 푸치니의 오페라를 부르는 유명했던 이탈리안 레스토랑으로, 영화「빅(Big)」에서도 배경으로 등장했었다. 레스토랑 이외에도 세계 각국의 연을 전시, 판매하던 빅 시티 카이트(Big City Kite)는 바람이 많이 불고 공원이 많은 뉴욕에 어울리는 연날리기를 떠올릴 때마다 생각나는 상점이다. 또한 1991년 5번가에 개관했던 GEO 자동차 쇼룸은 마치 놀이 공원과 같은 개념으로 디자인에 혁신을 불러일으키기도 하였다. 이렇게 사라진 장소들은 아직도 많은 사람들의 기억에 살아남아 추억의 일부가 되고 있다.

뉴욕에서 어떤 건축적 공간이 사라지는 이유는 여러 가지다. 그중 가장 큰 이유는 수익성의 문제와 경영상의 문제다. 또 한 가지 심각한 이유는 소위 '건축적 희생양(Architectural Victim)'으로 표현되는 경우다. 즉 겉으로 보이는 디자인은 그럴 듯하나 그 공간의 기능이나 본질과는 거리가 멀어 결국 실패하게 되는 것이다. 뉴욕에서만도 개점 당시 획기적인 디자인으로 소개되었던 수많은 공간들이 문을 닫았다. 이는 오늘날 디자인에서 요구하는 복합적 문화 해석 문제를 생각해보게 한다. 상업 공간은 좋은 시설만 갖춘다고 해서 성공하는 것이 아니다. 그 안에 반드시 가치 기준과 라이프스타일이 담겨 있어야 한다. 따라서 디자이너의 책임은 시각적 결과물을 제시하는 것을 훨씬 넘는 철학을 담는 것이어야 한다.

Ace Gallery

에이스 갤러리 1961년부터 로스앤젤레스 지역에서 갤러리를 운영하던 더글러스 크리스마스(Douglas Christmas)가 소호 지역의 대형 창고 건물을 개조하여 오픈했던 갤러리다. 추상 표현주의, 팝 아트, 미니멀리즘을 막론한 현대회화와 조각, 설치작품을 주로 취급하였는데, 브루스 노먼(Bruce Nauman), 리처드 세라(Richard Serra), 프랭크 게리(Frank O. Gehry) 등의 굵직한 전시들을 개최할 만큼 전시 기획이 정평이 나 있었다. 부분적인 인테리어는 이탈리아의 디자이너 안토니오 치테리오(Antonio Citterio)가 구성하였다. 2004년 문을 닫았다.

Camel Billboard

카멜 빌보드 과거 타임스 스퀘어를 장식했던 수많은 광고판 중에서 단연 으뜸으로 부각되었던 카멜(Camel) 담배회사의 광고판이다. 세계에서 가장 광고비가 비싼 장소가 타임스 스퀘어인 만큼 수많은 기업의 광고가 올려지고 또 내려지기를 반복했다. 그중 특히 낙타 모습의 병사가 입을 크게 벌리고 카멜 담배를 피우던 모습은 15미터 높이나 되는 큰 스케일과 함께 오랫동안 뉴요커와 세계 관광객들로부터 인지되던 친근한 이미지였다. 금연 운동의 전국적 확산으로 여론에 밀려 결국 철수하고 말았다.

Canteen

캔틴 유기적 곡선 형태의 사용으로 유명한 호주 출신의 세계적 디자이너 마크 뉴슨(Marc Newson)이 디자인했던 레스토랑이다. 소호의 한복판, 머서 키친(Mercer Kitchen)을 마주보는 자리에 개점하였다. 오렌지색을 강조한 마케팅, 그래픽과 인테리어의 참신한 등이 돋보였으나 형편없는 음식, 수준 이하의 서비스로 결국 2년 만에 문을 닫았다.

Chock full o' Nuts

척 풀 오너츠 척 풀 오너츠(Chock Full o' Nuts)는 1932년 창립자 윌리엄 블랙(Willim Black)에 의해 견과류 상점으로 출발하였다. 대공황 시대에 뉴요커들에게 값싼 커피(당시 5달러)와 샌드위치를 제공하는 매장으로 변모한 이래 지난 70여 년간 뉴요커들의 마음을 사로잡았다. 빨간색 지붕과 검은색 유니폼의 웨이트리스들로 상징된 이곳은 1940년대와 1950년대 급속도로 번성하여 뉴욕에 많은 커피 체인점을 갖고 있었으며, 그 인기는 1970년대까지 계속되었다. 현재, 스타벅스, 오봉팽(Au Bon Pain) 등에 밀려 젊은 세대들은 기억하지도 못하지만 과거 뉴욕을 방문했던 사람이라면 모르는 사람이 없을 정도로 유명했다. 1960년대 뉴욕에서 유학을 했던 나의 아버지는 지금도 그 상점의 커피와 도넛을 종종 이야기한다. 마이애미 대학(Miaimi University)의 연극과 교수인 하워드 블래닝(Howard Blanning)의 아버지는 뉴욕 출장을 다녀올 때마다 반드시 부인을 위해서 이곳에서 샌드위치를 사오지 않으면 큰 핀잔을 듣곤 하였다고 할 정도였다. 현재는 사라 리(Sara Lee Corporation) 사가 소유하고 있으며(www.chockfullonuts.com), 원두커피의 개발과 생산에 주력하고 있다. 가판점이나 극장, 쇼핑몰 내부 등에서 최소 규모의 매장으로 커피점 영업도 하고 있으나(www.chockcafe.com), 과거의 화려했던 영화는 사라지고 없다.

Coca-Cola Fifth Avenue

코카 콜라 피프스 애버뉴 5번가(Fifth Avenue) 중심에 자리 잡은 코카 콜라 사옥 1층에서 코카 콜라와 관련된 각종 기념품을 판매하는 상점으로 시작하였다. 개관 당시에는 상점의 신선한 비주얼 머천다이징으로 각종 잡지에 소개되었으나 부진한 영업으로 문을 닫았다.

El Teddy's

엘 테디스 1985년 디자이너 안토니오 미랄다(Antonio Miralda)가 트라이베카 지역의 낮은 건물 내부를 멕시칸 레스토랑으로 탄생시켰다. 옥상에 설치된 '자유의 여신상'의 왕관(지난 20년 동안 이 왕관은 여러 차례 색을 바꾸었다)이 특히 외부에서부터 강하게 시선을 끌었으며 내부는 가우디(Antonio Gaudi)의 영감을 받은 디자인으로 연출되었다. 중간 층인 메자닌으로 올라가는 계단 바닥은 투명 강화 아크릴로 마감되어 있는데 그 안으로 물고기들이 헤엄치는 모습이 보이기도 하는 등 여러 가지 재미있는 디자인 요소들이 곳곳에 숨겨져 있었다. NBC의 유명한 TV 프로그램인 「새터데이 나이트 라이브(Saturday Night Live)」의 타이틀에 10년간 등장했을 정도로 유명한 뉴욕의 명물 중 하나였지만 9.11. 테러 이후 다운타운 지역의 경영난을 극복하지 못하고 결국 2004년 문을 닫고 말았다.

Fulton Fish Market

풀톤 피시 마켓 1821년 항구에 정착된 배에서 직접 생선을 판매하면서 시작되었다. 약 185년의 역사를 간직한 미국 최대의 수산시장이었다. 과거에는 고기잡이배들로부터 직접 생선을 하역하곤 했으나 오늘날엔 미국과 캐나다 전역에서 공급되는 트럭들이 그 역할을 대신했다. 낮과 저녁시간에 관광지로 유명한 피어(Pier) 17이지만 새벽에는 완전히 다른 풍경을 보여주었다. 노량진 수산시장이나 도쿄 츠키지(築地)의 경매와 같은 진풍경은 없으나 각종 생선들과 주변에서 뿜어내는 활력은 대단했다. 새벽에 이곳을 방문한 사람은 뉴욕의 또 다른 모습을 느낄 수 있었다. 2006년 초 대형의 수납 공간과 현대화된 냉장시설을 갖춘 브롱스(Bronx)로 이전했다.

Knoll International Design Center

놀 인터내셔널 디자인 센터 1892년 찰스 베렌스(Charles Behrens)가 건축한 소호의 창고 건물을 개조하여 가구회사인 놀의 전시장으로 사용했던 곳이다. 반원통형 기둥이 연결된 정결한 외관이 현대적 분위기를 풍기며, 높은 천장과 캐스트아이언(Cast-iron)으로 만든 기둥의 느낌이 어우러진 내부도 훌륭했다. 에로 사리넨(Eero Saarinen), 해리 버토이어(Harry Bertoia), 마르셀 브로이어(Marcel Breuer), 이사무 노구치(Isamu Noguchi) 등의 주옥같은 작품들이 늘 전시되곤 하였다. 2000년에 새로 레노베이션을 하였고 현재는 미트 패킹 디스트릭트(Meat Packing District, 79 Ninth St. at 16th St.)로 축소, 이전하면서 소호 매장을 폐쇄하였다.

Le Cirque 2000

르 서크 2000 1882년 매킴, 미드 앤드 화이트(McKim, Mead & White)가 설계한 빌라드 하우스(Villard House)를 개조한 뉴욕 팰리스 호텔(New York Palace)의 남측에 위치하였다. 개점하자마자 뉴욕에서 가장 예약하기가 어려운 레스토랑 중 하나로 많은 뉴요커들의 사랑을 받았다. 저녁 시간이면 검은 재킷을 차려입은 CEO들, 화려한 이브닝드레스의 여인들과 뉴욕의 유명 인사들로 식사 테이블과 바, 라운지는 언제나 가득차곤 했다. 추억의 명화「사운드 오브 뮤직(Sound of Music)」에서 대령 역할을 했던 크리스토퍼 플러머(Christopher Plumer)와「코스비 쇼(Cosby Show)」로 잘 알려진 빌 코스비(Bill Cosby) 등 많은 유명인들이 즐겨 찾던 명소이기도 하다. 2006년 블룸버그(Bloomberg) 빌딩 내부로 이전했다.

Merlot/Iridium

멀롯/이리디움 초현실적인 디자인과 환상적인 색채로 유명한 디자이너 조던 모저(Jordan Mozer)의 유일한 뉴욕 프로젝트였다. 그의 작품세계는 3M(Music, Magic, Movement)으로 표현되는데, 이 레스토랑은 음악의 메카인 링컨 센터 근처라는 점을 감안하여 디자인의 주제를 '음악을 볼 수 있다면 어떻게 보일까?(What music would look like if it is seen?)'로 설정하였다. 구체적인 테마는 차이코프스키의 〈호두까기 인형(The Nutcracker)〉으로 의자에서 조명등, 와인 선반에 이르기까지 이 레스토랑의 모든 디자인 요소는 발레의 율동에서 파생되는 곡선으로 이루어졌다. 1층의 레스토랑 멀롯(Merlot) 은 지하의 재즈 클럽 이리디움(Iridium)으로 연결되었다. 얼마 전 10년의 방영 끝에 종영한 인기 시트콤「프렌즈(Friends)」에서 여주인공 모니카(Monica)가 셰프로 일하던 레스토랑으로 등장하기도 하였다.

Plaza Hotel

플라자 호텔 1907년 헨리 하덴버그(Henry J. Hardenbergh)에 의해서 지어진 플라자 호텔은 호텔이 위치한 도시와 장소, 800개의 객실, 호화로운 시설 등 모든 면에서 최고급을 자랑하는 뉴욕의 명물이었다. 지난 100여 년간 세계 각국의 귀빈들이 머물다 간 만큼 이 호텔이 담고 있는 역사는 유구하다. 실내 장식품은 대부분 유럽에서 직접 운송된 것들로 1907년 당시 1,200만 달러의 천문학적 건축비가 소요되었다. '플라자 호텔에서 중요하지 않은 일은 일어나지 않는다'는 표현처럼 르네상스풍으로 장식된 로비, 화려한 회의실과 연회실을 갖춘 실내는 언제나 고급 사교 문화의 중심이었다. 플라자 호텔 앞의 광장은 뉴욕에서 가장 우아한 공간 중 하나로 인식되었으며, 객실에서 센트럴 파크를 바라보는 전경은 다른 호텔의 추종을 불허했다. "플라자 호텔의 질서 정연함을 방해할 수 있는 것은 아무것도 없다"는 미국의 작가 이브 브라운(Eve Brown)의 표현은 이 호텔의 건축적 우아함을 잘 설명해준다.

Swatch Timeship Store

스와치 타임십 스토어 디자인이 우수한 상점 공간으로 기억에 남아 있는 스와치의 뉴욕 본부 매장(Swatch Timeship Store)이다. 전체 매장의 디자인은 런던 펜타그램(Pentagram)의 다니엘 웨일(Daniel Weil)과 뉴욕 펜타그램의 짐 바이버(Jim Biber)가 담당하였다. 역대 베스트셀러들을 모아놓은 꼭대기 층의 스와치 갤러리, 시계 수리 코너인 스와치 닥터 등 새로운 콘셉트 스토어의 개념을 도입하였고, 층마다 다른 테마로 구성한 전체 공간이 마치 하나의 커다란 기계와 같이 구성된 이미지는 뛰어난 비주얼 머천다이징으로 격찬받았다. 하지만 값비싼 부티크들이 주를 이루는 뉴욕 57가의 위치적 조건, 비싼 임대료 그리고 저조한 판매실적으로 몇 해 전 문을 닫고 말았다.

Wild Lily Tea Room

와일드 릴리 티 룸 첼시의 갤러리 중심 거리에 위치한 중국 찻집으로 40여 가지가 넘는 차와 간단한 식사를 제공했다. 슬레이트 바닥, 나무 의자 등 모든 공간 구성 요소들이 현대적으로 간결하면서도 토속적인 질감을 표현했다. 다양한 층으로 구성된 바닥은 전체적으로 고요한 공간에서 유일하게 다이내믹한 요소로 작용했다. 입구에 설치된 수족관에 샤크(Shark)와 리틀 레드 헤드(Little Red Head)라는 이름의 금붕어가 데이지 꽃과 함께 헤엄치고 있는 풍경은 이 찻집의 가장 유명한 풍경이었다.

World Trade Center

월드 트레이드 센터 흔히 '쌍둥이 빌딩(Twin Tower)'으로 잘 알려진 월드 트레이드 센터는 2001년 9월 11일 테러에 의해서 무너졌다. 건축 당시 뉴욕에서 제일 높은 마천루로 1980년 미노루 야마사키(Minoru Yamasaki)에 의해 설계되었다. 낮은 건물들이 운집한 주변의 넓은 광장 한가운데에 스테인레스 스틸이 노출되어 하늘 높이 솟은 광경은 오랜 시간 뉴욕 스카이라인의 상징이었다. 압도적인 스케일과 무미건조한 모양, 고딕 양식의 외부 창 그리고 442.8미터, 110층의 높이는 황량한 외부 광장과 함께 전문가들에게는 '아주 크고 긴 상자', 또는 '철제 우리' 정도로 비판받기도 하였다. 최상 층에는 뉴욕의 전경을 감상할 수 있는 전망대가 마련되어 있었다. 특히 꼭대기 층의 레스토랑 '윈도스 오브 더 월드(Windows of the World)'는 미국인들이 사랑하는 가장 훌륭한 레스토랑 중 하나로, 여기서 바라보는 뉴욕의 야경은 세계에서 가장 아름다운 풍경 가운데 하나로 손꼽히곤 하였다. 현재도 뉴요커들은 쌍둥이 빌딩이 포함되지 않은 무미건조한 맨해튼의 스카이라인을 보면서 과거의 아름다운 건물 모습을 자주 회상하곤 한다. 쌍둥이 건물이 무너진 역사적 현장이자 새로운 프로젝트를 위한 건축 대지인 그라운드 제로(Ground Zero)는 9.11. 테러 이후 수많은 방문객과 추모객들이 다녀가는 장소가 되었다. 비어 있는 공터는 과거 쌍둥이 빌딩의 스케일을 짐작케 한다.

Fashion boutiques in new york:

Along with Paris and Milan, New York is one of the Big Three of the fashion industry. And while it might sometimes fall a bit behind in creativity and design uniqueness, it remains unchallenged as the world's biggest center for fashion merchandising. Designers like Calvin Klein, Donna Karen, Anna Sui and Norma Kamali from Parsons School and the Fashion Institute of Technology lead New York fashion, but they by no means hold a monopoly. New Yorkers are very sensitive to fashion and department stores and boutiques court them by constantly changing their display windows. Fifth Avenue and Madison Avenue are the main venues of this trend; but while all of the famous fashion lines are available in New York, New Yorkers are not necessarily brand searchers. New Yorkers have a trendier sense of fashion, not necessarily looking for their favorite brand, but rather searching for a unique product exclusively for them; which explains the success of original shops alongside the familiar clothing and furnishing icons. The wide variety of people and backgrounds also lends itself to the huge selection of styles and price. The shopping culture of New York has been well-captured in television shows such as "Friends" and "Sex and the City." •• Stores in New York are unique because of their artistic displays. The arrangement of products both inside and outside of the store usually expresses interesting and thoughtful ideas, and creates stimulation because it is always changing. The interior and graphic design of the store, the visual merchandising, and the harmony of the variety of products are extremely entertaining visual elements for visitors and shoppers to enjoy, and are a good source for ideas for design professionals. Experiencing and researching the fashion, the electronics, the furniture, and all of the rest helps us to clearly understand the contemporary trends as well as the direction of modern design.

"shopping" is my cardio.
–carrie bradshaw

...very sensitive...
AMPER

● 뉴욕은 파리, 밀라노와 함께 세계 3대 패션의 도시로 그 명성을 확고히 지키고 있다. 디자인의 창의성에서는 유럽의 명성에 다소 밀리는 경향이 있으나 마켓과 머천다이징을 포함한 패션 산업 전반의 규모는 세계 제일의 위용을 자랑한다. 뉴욕 패션 디자인의 양대 산맥인 파슨스 스쿨(Parsons School of Design)과 FIT(Fashion Institute of Technology) 출신의 캘빈 클라인(Calvin Klein), 도나 카란(Donna Karan), 안나 수이(Anna Sui), 노마 카말리(Norma Kamali) 등이 간판 주자로 뉴욕의 패션을 리드하고 있다. 뉴욕은 패션에 민감하다. 잡지도 가장 많이 구독하고 백화점과 부티크의 디스플레이도 빈번히 바뀐다. 세계적으로 잘 알려진 5번가(Fifth Avenue)와 매디슨가(Madison Avenue)의 고급 부티크들은 이러한 흐름이 생생하게 살아 있는 현장이다.

● 뉴욕에는 프라다(Prada), 구치(Gucci), 루이 뷔통(Louis Vuitton)이나 아르마니(Armani) 등의 세계적으로 유명한 부티크 이외에도 비교적 덜 알려진 독립 디자이너들의 부티크가 군데군데 위치한 것도 특징이다. 특히 근래에 개발된 첼시 지역이나 미트 패킹 디스트릭트(Meat Packing District)의 상점에서 심심치 않게 유명 여배우들이 방문하는 것을 볼 수 있다. 이들은 특유의 독창성과 과감한 스타일로 또 다른 패션의 주류를 형성하고 있다. 이처럼 뉴욕의 패션이 활발한 것은 유행에 민감하고 멋을 즐길 줄 아는 뉴요커들의 선택 때문이다. 평범한 것을 싫어하고 언제나 개성을 추구하는 수많은 뉴요커들을 만족시키기 위한 부티크들이 언제나 그들을 기다리고 있다. 뉴요커들의 쇼핑 문화는 근래의 인기 있었던 「프렌즈(Friends)」나 「섹스 앤드 더 시티(Sex and the City)」 등 뉴욕을 배경으로 한 TV 프로그램에서도 아주 잘 표현되었다.

● 뉴욕 상점의 특징 중 하나는 바로 예술적인 디스플레이다. 쇼윈도는 물론이고, 내부의 상품 진열 방식에 있어서 아이디어가 기발하

F

다. 그리고 항상 변화한다. 매장의 인테리어나 그래픽, 디스플레이(Visual Merchandising) 그리고 다양한 상품의 조화는 방문객의 큰 즐거움이자 디자이너에게도 많은 공부가 된다. 무엇보다 디자인이 중요한 패션이나 제품 분야에서 진열된 상품 하나하나를 살피는 것은 현대 디자인의 경향과 흐름을 파악하는 중요한 공부가 아닐 수 없다. 쇼핑은 하나의 흥미로운 경험이다. 매장의 입구에 진입하는 순간부터 계산을 마치고 나올 때까지의 총합적이고 연속적인 리듬이 상품 구매 자체만큼 중요한 것이다. 뉴욕의 상점들은 각 상품들이 연출하는 다양한 퍼포먼스의 무대로 훌륭히 자리 잡고 있다.

Alexander McQueen

417W. 14th St. (bet. Ninth & Tenth Aves.) / **Design.** William Russel / **Tel.** (212) 645-1797 / **www.** alexandermcqueen.com

F1 • **알렉산더 매퀸** 선정적이고 과감한 패션으로 '패션계의 나쁜 녀석'이라는 별명을 가진 알렉산더 매퀸의 부티크다. 지방시와 구치에서의 수석 디자이너, 그리고 연극 무대의 의상 디자인 경력을 바탕으로 펼치는 그의 패션 라인은 '창의적인 동시에 모순적'이라는 평을 듣고 있다. 공상과학 영화의 세트와 같이 3차원의 미로로 구성된 매장의 인테리어는 다소 어설픈 면이 있지만 나름대로 재미있게 구성되어 있다. 실제로 알렉산더 매퀸은 영화 「미지와의 조우(Close Encounters of the Third Kind)」에 등장하는 우주선과 같은 매장을 만들고 싶어 했다. 곡선으로 이뤄진 월 디스플레이 케이스들은 마치 우주선의 내부와 같이 붙박이로 벽에 흡수되어 공간의 악센트로 작용하고 있다. 매장의 중앙에 네 개의 탈의실을 설치한 점도 재미있다.

Anna Sui

113 Greene St. (bet. Prince & Spring Sts.) / **Tel.** (212) 941-8406 / **www.**annasui.com

F2 • **안나 수이** 파슨스 스쿨을 졸업한 후 1995년 소호에 문을 연 안나 수이의 첫 매장이다. 특유의 보라색에 동양적 이미지의 가구들과 로코코 가구를 검은색으로 칠하여 재탄생시킨 환경이 섹시하고 신비로운 의상을 돋보이게 한다. 매장에서 배경 음악으로 1960년대의 음악을 선택한 점도 과거의 향수를 자극하는 디스플레이와 맞추기 위함이다. 어릴 때 옷을 입히며 데리고 놀던 인형들과 장남감 등에서 얻은 영감을 표현하기로 유명한 안나 수이는 현재도 그리니치빌리지에 위치한 자신의 아파트에 온갖 잡동사니를 진열해놓고 살면서 영감을 얻는 노력을 하고 있다. '연령을 초월한 정신과 과감하고 자신있는 태도를 가진 특별한 여성을 위해서만 옷을 만든다'는 철학은 니콜 키드먼부터 드루 베리모어까지 폭넓은 고객층을 유혹하고 있다.

Balenciaga

542 W. 22nd Street (bet. Tenth & Eleventh Aves.) / **Design.** Dominique Gonzalez Foerster, Nicholas Ghesquiere (visual coordination) / **Tel.** (212) 206-0872 / **www.balenciaga.com**

F3 • **발렌시아가** 패션 디자이너 니컬러스 게스퀴에르의 패션 브랜드 발렌시아가의 뉴욕 지점으로 콤 데 갸르송에 이어 두 번째로 첼시의 갤러리 거리에 진출한 부티크다. 광주 비엔날레에서도 소개된 바 있는 프랑스 출신의 도미니크 곤살레스-포스터가 디자인한 실내는 마치 한 편의 설치 작품을 보는 것 같다. 전체적으로 창고와 같은 분위기, 형광등과 같은 비싸지 않은 재료 등을 이용한 독특하고 다양한 디스플레이가 돋보인다. 인공적인 하늘이나 돌로 만든 계산대, 기하학적인 공간 구성, 군데군데 만들어놓은 작은 정원들 그리고 에트로 소트사스나 베르너 팬톤의 의자들이 마치 조각 전시를 보는 듯하다.

Bond No.9

9 Bond St. (bet. Broadway & Lafayette St.) / **Tel.** (212) 228-1940, (212) 228-1732 • 680 Madison Ave. (bet. 61st & 62nd Sts.) / **Tel.** (212) 838-2780 / **www**.bondno9fragrances.com

F4 • **본드 No.9** 1760년부터 가장 고급스럽고 화려한 향수를 만들어온 상점으로 오드리 햅번, 그레이스 켈리 등이 주 고객이었다. 이 상점의 향수는 이주 특이하게 월스트리트, 첼시 플라워, 파크 애버뉴, 그래머시 파크 등 뉴욕 각 지역에 따라 향기가 분류되어 있다. 이 향수들은 프랑스인 향수 전문가 로리스 람에 의해서 개발되었는데, 로리스 자신이 뉴욕에 25년간 거주하면서 각 지역의 독특한 문화를 연구, 뉴욕의 꿈과 환상, 정열과 이상을 향기를 통해서 표현하고자 한 결과다. 향수병의 모양이나 패턴 그리고 매장의 인테리어 역시 매우 특이하다. 입구에는 미네킹에 구멍을 만들어 향수병를 전시해놓아 외부로부터의 시선을 끌고, 시원하게 개방된 내부에는 16개의 다른 향수 라인이 가지런히 진열되어 있다. 매장 후면에 있는 차를 마실 수 있는 라이브러리 공간은 예술과 휴식, 지성의 개념이 결합된 공간으로 도시 생활의 단면을 재현한다.

Calvin Klein

654 Madison Avenue (at 60th St.) / **Design.** John Pawson / **Tel.** (212) 292-9000 / **www.calvinklein.com**

F5 • **캘빈 클라인** 잘 알려진 사실처럼 청바지와 언더웨어가 성공하면서 세계적으로 인식되기 시작한 캘빈 클라인 브랜드는 미국인 체형에 어울리는 간결하고 제한된 선으로 특성화된 브랜드다. 세계적으로 히트를 친 이터니티, 옵세션, 이스케이프 등 향수 브랜드의 성공과 더불어 1년에 무려 50억 달러(약 5조 원)의 매상을 올리고 있으며, 줄리아 로버츠, 기네스 팰트로, 헬렌 헌트 등 수많은 유명인들이 그의 오랜 고객이기도 하다. '미니멀리즘의 메카'로 불리는 이 매장은 원래 은행으로 사용하던 공간을 개조한 것이다. 거울, 옷걸이 등 부티크에서 최소한으로 필요한 가구 및 집기들만 사용하여 캘빈 클라인의 간결한 라인과 어울리는 배경을 성공적으로 완성하였다. 요크셔 사암, 스테인리스 스틸, 흑단칠을 한 호두나무 패널 등의 질감이 아주 좋다. 지하의 홈 켈렉션은 미니멀리즘 작가인 도널드 저드의 가구들을 중심으로 배치되어 있으나 1, 2층에 비하여 공간을 많이 차지하고 복잡한 느낌이다. 서울의 청담동 매장이나 파리, 도쿄의 매장들도 존 포슨에 의해서 유사한 개념으로 디자인되었다.

Carlos Miele

408W. 14th St. (bet. Ninth & Tenth Aves.) / **Design.** Asymptote Architecture / **Tel.** (646) 336-6642 / **www.carlosmiele.com**

F6 • **카를로스 밀레** 브라질의 카니발에서 얻은 영감을 뉴욕 스타일로 세련되게 표현해 섹시하게 만드는 밀레의 의상은 그 창의성을 높게 인정받고 있다. 패치워크와 대님 등의 다양한 테크닉이 돋보이며, 특히 패션쇼 역사상 최초로 장애인 모델을 써서 화제에 오르기도 하였다. 유백색의 유기적 형태로 구성된 매장은 마치 미술관의 흰색 벽과 같이 화려한 색채의 의상을 보조하기 완벽한 배경으로 작용한다. 미래적 분위기의 커다란 제품 디자인과 같은 이 공간은 2004년 미국 건축 상을 비롯하여 많은 디자인 상을 받기도 하였다. 힐튼 호텔의 상속녀 패리스 힐튼이나 「섹스 앤드 더 시티」의 사라 제시카 파커 등이 단골로 매장을 방문하고 있다.

Commes Des Garçons

520 W. 22nd St. (bet. Tenth & Eleventh Aves.) / **Design.** Takao Kawasaki / **Tel.** (212) 604-9200

F7 • **콤 데 갸르송** 이세이 미야케와 함께 일본의 패션을 이끄는 또 한 명의 디자이너 레이 카와쿠보의 뉴욕 부티크다. 잘 알려진 일화처럼 부티크의 이름인 '콤 데 갸르송(Commes Des Garçons)'은 '남자 아이 같은'이라는 뜻으로 레이 카와쿠보는 의미와 관계없이 발음이 좋아서 자신의 브랜드 이름으로 선택하였다. 알루미늄 터널을 통해서 외부에서 내부로 진입하는 극적인 경험은 내부에 전시된 아방가르드적 패션 작품으로의 안내를 암시한다. 창고 건물을 개조해서 만든 인테리어는 여러 개의 각기 다른 전시 공간으로 분할되어 있으며, 미로와 같은 동선을 제공한다. 많은 사람들이 알지 못하는 이 공간의 비밀은 바로 이곳이 과거에 서점으로 사용되던 곳이었다는 점이다. 의상들이 마치 책을 진열하는 선반 위에 놓인 것처럼 보이는 것도 바로 그러한 이유 때문이다. 입구를 찾기도 어렵고, 광고라고는 몇 개의 포스터뿐이지만 개점하자마자 무서운 입소문과 함께 금세 장안의 명소가 되어버렸다.

Donna Karan

819 Madison Ave. (bet. 68th & 69th Sts.) / **Design.** Enrico Bonetti & Dominic Kozerski / **Tel.** (212) 861-1001 / **www.**dkny.com, www.donnakaran.com

F8 • **도나 카란** 뉴욕이 낳은 또 하나의 세계적인 디자이너 도나 카란의 매장으로 1852년 개인 주택으로 지어진 건물을 개조한 부티크다. 도나 카란의 패션이 심플한 라인을 추구하는 만큼 매장의 인테리어 또한 이와 어울리게 아주 간결한 건축적 구성과 흑백의 색채로 처리되었다. 바닥은 미색의 영국산 석회석, 벽은 베니스산 스타코로 처리되어 고급스러움을 더한다. 물과 돌이 조화를 이루는 외부의 동양적 정원은 이 매장의 숨은 오아시스로 불교 신자인 도나 카란의 의식을 전하고 있다. 특히 가구를 비롯한 가정용품을 취급하는 3층에는 자하 하디드가 디자인한 좌석이 벽난로와 대조를 이루면서 공간의 악센트를 이루고 있다.

Emanuel Ungaro

792 Madison Ave. (at 67th St.) / **Design.** Antonio Citterio / **Tel.** (212) 249-4090 / **www.emanuelungaro.com**

F9 • **에마누엘 웅가로** 섹시하면서 우아하고, 과감한 색채의 사용으로 1980년대 꽤 인기 있었던 브랜드 웅가로의 뉴욕 부티크다. 이탈리아 출신의 세계적 인테리어 디자이너 안토니오 치테리오의 작품으로 매디슨 애버뉴를 걷다 보면 외관에 부착된 핑크색 차양으로 인해 눈에 잘 띄는 상점이다. 내부의 분홍색 유리 계단은 이 매장 디자인의 하이라이트다.

Emporio Armani

410 West Broadway (at Spring St.) / **Design.** Janson Goldstein / **Tel.** (646) 613-8099 / **www.emporioarmani.com**

F10 • **엠포리오 아르마니** 1975년 밀라노에서 조르지오 아르마니가 만든 아르마니 그룹(Armani Group)의 브랜드 중 하나인 엠포리오 아르마니의 두 번째 뉴욕 매장이다. 이 매장의 디자인을 맡은 마크 잰슨과 할 골드스타인은 뉴욕의 패션 매장 다수를 디자인한 프랫 인스티튜트 출신의 인테리어 디자이너 나오미 네프 밑에서 훈련을 받은 후 독립한 디자이너다. 뉴욕에 있는 세 개의 엠포리오 아르마니 매장 중 가장 최신의 작품이며, 가장 디스플레이가 훌륭하다. 매장이 소호에 위치한 만큼 매디슨 애버뉴에 있는 평범한 매장 분위기와는 다르게 지역 특성을 살려 젊고 섹시한 분위기로 완성되었다. 세트 디자인과 같은 엉성한 시공을 용납하지 않는 클라이언트 조르지오 아르마니의 완벽성을 만족시키기 위해 기울인 노력은 여러 군데의 세련된 디테일로 나타나고 있다.

Issey Miyake

119 Hudson St. (bet. Franklin & N. Moore Sts.) / **Design.** Frank O. Gehry & Gordon Kipping / **Tel.** (212) 226-0100

F11 • **이세이 미야케** 소호의 프라다 매장과 함께 금세기 최고의 건축가와 패션 디자이너의 결합이 이루어낸 또 하나의 공간이다. 1888년 지어진 트라이베카의 캐스트아이언 빌딩 1층에 큰 규모로 자리하고 있다. 플리츠 플리츠(Pleats Please), 하트 라인(Haat Lines) 등 이세이 미야케의 여섯 라인이 모두 갖추어진 미국의 유일한 매장이다. 매장의 인테리어 디자인은 지 텍트가 담당하였고, 프랭크 게리가 빌바오의 구겐하임 미술관에서 사용했던 것과 같은 티타늄 구조물을 첨가하였다. 이 구조물은 기존의 노출된 목조 천장을 가리는 동시에 통일된 느낌으로 매장에 전시된 패션 디스플레이의 배경이 되고 있다. 춤추는 듯한 이 구조물은 공간 전체에 역동성을 부여하며 화려한 패션과 대비를 이루고 있다.

Jean Paul Gautier

759 Madison Ave. (bet. 65th & 66th Sts.) / **Tel.** (212) 249-0235 / **www.**jeanpaul-gautier.com

F12 • **장 폴 고티에** 란제리 패션, 시스루 룩(See-through Look) 등 전위적이고 세련된 의상으로 '패션계의 이단아'로 부리는 장 폴 고티에의 매장이다. 장 폴 고티에는 추상적인 형태보다는 아주 사실적인 표현을 좋아하여 신체의 윤곽 자체를 아름답게 표현한 향수병이나 여성의 성기를 암시하는 가죽 구두, 와인 병 등의 히트작을 만들어내기도 하였다. 또한 마돈나가 무대 의상으로 입었던 속옷을 비롯하여 영화 「잃어버린 아이들의 도시」, 「제5원소」, 「요리사, 도둑, 그의 아내, 그리고 그녀의 정부」 등의 의상도 디자인하였다. 플라스틱 구조물을 많이 사용한 매장 전체는 간결하게 정돈되어 있는데, 중간에 모니터와 의자를 마련해놓은 벽감이 인상적이다. 모델 대신 로봇에게 옷을 입혀 자동적으로 무대를 회전하며 매장 내부에서 상영되는 장 폴 고티에의 패션쇼 영상 역시 실험적이다.

Kate Spade

454 Broome St. (at Mercer St.) / **Tel.** (212) 274-1991 / **www.**katespade.com

F13 • **케이트 스페이드** 여성지의 패션 담당 기자이자 주간이었던 케이트 노엘 브로스나한이 남편인 앤디 스페이드와 함께 만든 브랜드다. '핸드백과 같은 액세서리야말로 옷장에 활력을 주는 요소다'라고 믿는 케이트는 1993년 실용적이면서 스타일이 멋진 여섯 개의 여행용 가방만으로 이 사업을 시작하였다. '유행을 따라가지 않으며 언제나 한결같은 우아함과 간결성'의 철학은 마치 루이 뷔통이 100여 년 전에 했던 생각이 현대에서 재현되는 듯 보인다. 선명한 기하학적 줄무늬부터 꽃문양까지의 폭넓은 패턴, 나일론과 같은 재료의 도입, 그리고 과감한 색채의 사용은 이 브랜드의 특징이다. 케이트 스페이드는 여행용품, 액세서리, 신발, 안경, 필기도구 등을 중심으로 지적이고 예술적인 멋쟁이 여성의 하나의 여행 문화를 제시하고자 하는데, 최근에는 책도 발간하며 종합적인 라이프스타일을 제시하고자 노력하고 있다. 케이트 스페이드 트래블(59 Thompson St., bet. Broome & Spring St., (212) 965-8654)도 방문해볼 만하다.

Kenneth Cole

95 5th Ave. (at 17th St.) / **Design.** Voorsanger & Mills Associates / **Tel.** (212) 675-2550 / **www.**kennethcole.com

F14 • **케네스 콜** 다운타운의 5번가에 자리 잡은 케네스 콜 브랜드의 구두 상점으로 1990년 듀퐁 디자인상을 수상한 작품이다. 기하학적 구성과 자유곡선이 결합된 형태의 불규칙한 평면에 조각 작품과 같이 설치된 구조물의 조합이 실내공간의 주제를 이루고 있다. 바닥에는 베이지와 짙은 회색의 카펫이 불규칙하게 모자이크되어 독특한 패턴을 만들고 있다. 천장에 독립된 구조물로 하나씩 매달린 조명기구는 질감 효과가 탁월한 실내 전체를 효과적으로 밝히고 있다.

La Perla

425W. 14th St. (bet. Ninth & Tenth Aves.) / **Tel.** (212) 242-6662 / **www.**laperla.com

F15 • **라 펠라** 이탈리아에서 유명한 라 펠라의 뉴욕 매장으로 대중적으로 인기가 높은 란제리 브랜드 빅토리아 시크릿에 비해 몇 단계 고급스러운 브랜드다. '더 이상 섹시할 수 없는 란제리', '몸매가 날씬한 여성 위주로 디자인되어 아무나 입기 어려운 옷', '라 펠라의 란제리를 입으려면 걸터앉을 만한 고급 소파가 갖춰진 집이 있어야 한다'와 같은 평 등은 오히려 이 브랜드의 가치를 격상시키고 있다. 짙은 자주색에 유기적 형태로 미로처럼 꾸며진 실내는 마치 '립스틱 짙게 바르고' 같은 노래를 연상시키는 섹시한 느낌을 준다. 소호(93 Greene St.)와 매디슨 애버뉴에도 매장이 있다.

Levi's

750 Lexington Ave. (bet. 59th & 60th Sts.) / **Design.** Bergmeyer Associates / **Tel.** (212) 826-5957 / **www.** levis.com

F16 • **리바이스** '청바지의 왕' 리바이스의 뉴욕 본점으로 자신에게 가장 잘 맞는 정확한 치수의 청바지를 구입할 수 있고 주문 제작이 가능한 전국의 몇 안 되는 매장이다. 슬림 피트, 실버 탭, 부츠 컷 등 열두 가지의 다른 커트 방식, 열네 가지의 다른 색상과 여러 성질의 천으로 만든 청바지가 벽을 가득 메운 선반의 풍경이 압권이다. 가지런히 접혀서 진열된 청바지 색상의 그러데이션은 마치 도서관 서가의 한 벽을 보는 것 같다. 특히 매디슨 애버뉴 지점은 매장의 공사를 4주 안에 마무리하기 위해서 인부 85명이 동시에 작업했던 유명한 일화를 남기기도 했다.

Louis Vuitton

1 E. 57th St. (at Fifth Ave.) / **Design.** Jun Aoki & Peter Marino / **Tel.** (212) 758-8877 / **www.vuitton.com**

F17 • **루이 뷔통** 루이 뷔통은 1854년 창립된 명실 공히 패션의 최고 브랜드다. 2004년 창립 150주년 기념으로, 뉴욕에서 가장 비싼 5번가와 57가의 코너에 위치한 1930년대 아르 데코 양식의 건물을 변모, 세계에서 가장 큰 루이 뷔통 매장을 탄생시켰다. 반투명과 불투명이 교차되는 외관의 유리는 루이 뷔통 특유의 체크무늬를 건축적으로 치환, 응용한 시도로 특히 신비로운 조명이 투영되는 외관의 야경은 5번가의 새로운 풍경으로 이미 등록된 상태다. 이 공간의 하이라이트는 역시 높게 개방된 내부 중앙에 역대 과거의 루이 뷔통 명품 가방들이 매달려 아카이브의 기능을 현대적으로 첨가시킨 점이다. 4층 벽에 그려진 루벤 톨리도의 뉴욕 풍경 일러스트레이션 또한 볼 만하다.

Manolo Blahnik

31 W. 54th St. (bet. Fifth & Sixth Aves.) / **Tel.** (212) 582-3007

F18 • **마놀로 블라닉** 마놀로 블라닉은 스페인의 카나리 섬 출신으로 전 유럽을 돌아다니며 경력을 쌓고 현재는 런던을 중심으로 활동하고 있는 구두 전문 디자이너다. 과거 다이애나 황태자비 등이 단골 고객이었고, 몇 켤레의 구두는 현재 런던 디자인 박물관에 영구 소장, 전시 중이다. 뉴욕의 이 매장은 아주 작은 공간에 한정된 구두만을 판매하지만 '구두의 롤스로이스'라는 별명처럼 모두 디자인이 뛰어나고 값 또한 엄청나다. 구두 한 켤레를 눈높이에 맞춰 가지런히 수직적으로 세워놓은 디스플레이가 특히 인상적이다. 「섹스 앤드 더 시티」에서 주인공 사라 제시카 파커가 중독적으로 구입하는 브랜드로 이 드라마의 히트 이후에 매출이 두 배 이상 올랐다고 한다.

OMO Norma Kamali

11 W. 56th St. bet. (Fifth & Sixth Aves.) / **Design.** Rothzeid Kaiserman Thomson & Bee / **Tel.** (212) 957-9797 / www.normakamalicollection.com, www.barxv.com

F19 • **OMO 노마 카말리** FIT 출신의 노마 카말리의 브랜드 OMO(On My Own) 매장이다. OMO는 이브닝드레스가 유명하며, 수영복 디자인이 매우 독특하여 스포츠 모델들이 즐겨 입는 브랜드이기도 하다. 셰어, 다이애나 로스 등이 단골 고객인 노마 카말리는 낙하산을 이용해서 옷을 만드는 등 독특한 소재 개발을 게을리 하지 않고 있다. 의상의 해체적인 구성으로도 유명하여 영화 「위즈」의 의상을 담당하기도 하였다. 이 매장은 맨해튼에서 가장 독특한 부티크 공간 중 하나로 손꼽힌다. 전체가 하얗게 마감된 실내에서 다양한 조명 방식으로 다채롭게 빛나는 공간으로 마치 파도의 기하학적 물결과 같은 패턴은 이탈리아의 건축가 카를로 스카르파의 디테일과 공간 구성을 연상시키기도 한다. 입체파적 공간 구성에 컬렉션을 따라 이동하는 미술관과 같은 동선은 여행을 하는 것 같은 흥미로움을 제공한다. 3층으로 이루어진 전체 공간에서 행어에 걸려 있는 옷은 거의 없으며, 대부분의 의상이 마네킹들에 입혀 있는 점도 마치 미술관의 전시를 관람하는 것 같은 인상을 준다. 최근 이 공간에는 패션 이외에 향수, 양초, 스킨케어, 보디용품을 비롯해 올리브 오일이나 팝콘 같은 몇 가지 음식도 판매하는데 패키지 디자인이 수준급이다. 최근에는 요가 교실도 운영하는 등 종합적 라이프스타일을 제안하고 있다.

Paul Frank

195 Mulberry St. (bet. Spring & Kenmare Sts.) / **Tel.** (212) 965-5079 / **www.paulfrank.com**

F20 • **폴 프랭크** 캘리포니아의 미술대학생이었던 폴 프랭크가 친구들을 위해서 지갑 등을 만들어주기 시작하다가 캐릭터들을 창조하고, 스토리를 붙여나가기 시작한 것이 오늘날 폴 프랭크 왕국의 신화가 되었다. 폴 프랭크는 하나하나의 디테일에 신경을 쓰고, 아무도 사용하지 않는 비닐과 같은 재료를 이용하여 백이나 운동화에 장식을 하며, 컴퓨터를 사용하지 않는 그래픽 작업으로도 유명하다. 또한 주변에 있는 일상의 사물에서 아이디어를 찾아 친근한 캐릭터로 만드는 일을 좋아하여 폴 프랭크의 간판 캐릭터인 원숭이 줄리어스를 비롯, 세계에서 제일 작은 기린 클랜시, 아주 걱정이 많은 곰 워리 베어, 그리고 줄리어스의 베스트 프랜드인 너구리 셰리 등의 캐릭터들을 연속으로 히트시켰다. 이미 미국 전역과 영국, 그리스, 한국, 일본 등에 퍼져 있는 그의 매장은 십대들의 패션 천국으로 유혹에 못 이겨 쉽게 수백 달러를 소비할 수 있는 곳이다. 뉴욕의 매장은 특히 효율적인 디스플레이로 지갑, 백, 티셔츠, 선글라스, 시계, 심지어 자전거까지 망라하는 많은 아이템을 취급하고 있다.

Philosophy di Alberta Ferretti

452 West Broadway (bet. Houston & Prince Sts.) / **Design.** David Ling / **Tel.** (212) 460-5500 / **www.albertaferretti.com**

F21 • **필로소피 디 알베르타 페레티** 스웨터와 코트 등으로 유명한 이탈리아의 디자이너 알베르타 페레티의 필로소피 브랜드 매장이다. 단독 건물로 구성된 이 공간은 전면 유리로 마감되어 내부의 건축적 구조와 패션의 디스플레이가 노출되어 있는데, 지극히 간결한 페레티의 패션과 같이 건축적 요소 역시 모두 절제된 기하학적 형태를 띠고 있다. 개방된 공간 배면으로 보이는 계단이 공간에 역동성을 부여하며 빛과 반투명성 재료가 디자인의 주요 요소로 돋보인다. 특히 원뿔 형태의 구조물이 아트리움 공중에 매달려 있는 모습은 공간의 악센트로 작용하기에 모자람이 없다. 유심히 살펴보면 조명의 처리가 수준급임을 인지할 수 있는데, 특히 웨스트 브로드웨이 선상의 야경은 마치 하나의 무대 세트처럼 보인다.

Pleats Please

128 Wooster St. (at Prince St.) / **Design.** Toshiki Mori / **Tel.** (212) 226-3600 / **www.pleatsplease.com**

F22 • **플리츠 플리즈** 이세이 미야케의 여섯 개 브랜드 중 특히 기하학적이고 건축적인 구조로 유명한 플리츠 플리츠 브랜드의 독립 매장이다. 폴리에스테르 천으로 주름을 잡아 만드는 공법으로 유명한 플리츠 플리츠는 이세이 미야케 특유의 질감과 총천연색의 화려함을 가장 잘 표현하는 브랜드이기도 하다. 접으면 핸드백에 넣어 가지고 다닐 수 있을 만큼 작아지므로 여행 아이템으로 최고다. 매장의 인테리어는 벽돌과 브라운 스톤으로 1852년에 지어진 창고 건물의 외관을 그대로 보존한 상태에서 진행되었다. 가장 특이한 점은 연두색의 쇼윈도 처리로 두 유리 사이에 특수 필름을 끼워 직선으로 매장 내부를 들여다 볼 때만 내부가 보이고 비스듬한 상태에서는 뿌옇게 보이는 효과를 추구한 점이다. 이 '투명, 반투명, 반사'의 콘셉트는 이세이 미야케가 옷을 만들 때 천을 다루는 철학과 일치하는 것이었다. 그러나 하버드 대학의 겸임교수로 재직 중인 일본인 토시키 모리(Toshiki Mori)의 의도는 재미있었으나 뉴욕의 문화에 대한 이해 부족으로 실패로 끝나고 말았다. 우연히 이를 발견하고 내부를 투시할 수 있었던 사람들에게는 재미있는 디자인의 요소였으나, 대부분의 행인은 불투명한 쇼윈도만을 보고는 매장을 지나쳐버리기 일수였기 때문이다. 건축적 장난은 신선했으나 그로 인해서 잃어버린 상업적 손해는 헤아릴 수 없이 컸던 것. 결국 철거해버렸다.

Polo Ralph Lauren

867 Madison Ave. (at 72nd St.) / **Tel.** (212) 606-2100 / **www.polo.com**

F23 • **폴로 랄프 로렌** 영국식 고전 스타일의 정장과 캐주얼로 세계적인 명성을 쌓은 뉴욕 출신의 패션 디자이너 랄프 로렌이 1967년 시작한 폴로 브랜드의 플래그십 매장이다. 1890년대에 지어진 맨션을 개조하여 4층 전체를 폴로 상품 매장으로 꾸며놓았다. 원래 이 맨션에 있던 페르시안 카펫, 벽난로, 초상화, 루이뷔통 트렁크 등을 포함해서 많은 앤티크 가구, 조명, 집기들이 그대로 놓여 있다. 랄프 로렌 자신이 '세상에서 가장 아름다운 스토어'라고 감탄했을 만큼 아마 어느 패션 브랜드를 전시, 판매하기 위한 부티크도 이보다 더 호화롭고 아름다운 배경은 없을 것이다. 층별 · 방별로 분류해놓은 상품을 따라 맨션의 내부를 구경하는 것도 아주 재미있다. 영화 「위대한 게츠비」에서 미아 패로가 감탄했던 것처럼, 전시되어 있는 그 유명한 폴로 셔츠의 색채는 너무나 아름답다. 한편 우디 앨런이 영화의 처음부터 끝까지 다양한 랄프 로렌의 의상을 입고 나왔던 1977년 작품 「애니홀」에서 다이앤 키튼은 랄프 로렌의 의상으로 지식층 전문 여성의 이미지를 잘 표현하여 '애니 홀 모드'를 만들기도 하였다.

Prada

575 Broadway (at Prince St.) / **Design.** Rem Koolhaas / **Tel.** (212) 334-8888 / **www.prada.com**

F24 • **프라다** 렘 쿨하스가 2년간의 연구 끝에 완성시킨 프라다의 새로운 플래그십 매장으로 뉴욕 최고의 인테리어 디자인 중 하나다. 한국과 다르게 기존에 뉴욕에서 고전을 면치 못했던 프라다 브랜드가 4,000만 달러(약 400억 원)의 공사비를 들여 만든 회심의 역작으로, 디지털과 건축적 구조, 상품과 그래픽이 완벽하게 조화를 이루는 부티크 공간을 완성하였다. 바닥 재료로 사용된 지브라 우드는 줄무늬 질감을 강조하며, 흑백의 대리석 타일은 밀라노의 첫 프라다 매장 바닥에 사용된 재료로 역사를 기념하기 위한 상징으로 선택되었다. 마네킹이 전시된 철제 구조물은 트랙에 매달려 이동이 가능하며 매장의 서쪽 끝으로 이동되면 마치 3차원 퍼즐처럼 합쳐져 하나의 큰 박스를 구성한다. 이러한 공간의 엔지니어링과 테크놀로지는 첨단의 기술로 만들어져, 세계적인 과학 기술 잡지들도 경쟁적으로 이 공간을 소개했을 정도다. 좌석까지 마련되어 있는 초대형 엘리베이터, 상품 박스를 쌓아 구축한 지하의 칸막이 벽 등의 조화로 공간 전체가 패션 부티크라기보다는 훌륭한 설치 작품 같은 느낌이 들기도 한다. 이 공간의 하이라이트는 지하 층으로 향하는 계단과 그 옆에 상품이 전시된 무대 공간으로, 곡선으로 흐르는 섹션의 부분이 열리고 공연이 가능한 접이식 무대가 돌출되며, 반대편 대형 계단은 객석으로 사용될 수 있다. 몇 해 전에는 이 무대에서 로버트 드 니로가 주관하는 트라이베카 필름 페스티벌이 열리기도 했다.

Stella McCartney

429W. 14th St. (bet. Ninth & Tenth Aves.) / **Design.** Universal Design Studio / **Tel.** (212) 255-1556 / **www.** stellamccartney.com

F25 • **스텔라 매카트니** 비틀스의 멤버 폴 매카트니의 딸 스텔라 매카트니의 매장이다. 2001년 구치 그룹 소속으로 이 브랜드를 시작하였으며 2002년 뉴욕에 매장을 열었다. 실크와 캐시미어 재료를 사용한 제품이 꽤 유명하며, 절제된 공간에 눈에 띄는 의상의 전시 연출이 돋보인다.

Tiffany & Co.

727 Fifth Ave. (at 57th St.) / **Tel.** (212) 755-8000 / **www.tiffany.com**

F26 • **티파니 앤드 컴퍼니** 설명이 필요 없는 뉴욕 최고의 보석 명가 티파니의 본점이다. 감미로운 주제가 〈문 리버〉와 함께 세계 연인들의 가슴을 적셨던 영화 「티파니에서 아침을」은 이 상점을 더욱 유명하게 만들어주었다. 1837년 찰스 루이스 티파니가 뉴욕의 브로드웨이에 '티파니 앤 영'이라는 조그마한 보석점을 개점하면서 시작된 티파니는 1886년 역대 보석가공 기법 중 다이아몬드가 가장 화려하게 빛난다는 '티파니 세팅'을 탄생시키면서 보석계의 확고한 입지를 구축하였다. 창립자의 아들인 루이 티파니는 회사의 수석 디자이너로 일하면서 자연과 이국적인 문화를 소재로 보석뿐 아니라 유리공예, 조명기구 등에 이르기까지 영역을 확대하며 주옥과 같은 제품을 만들었던 진정한 예술가였다. 또한 디스플레이 디자이너 진 무어(Gene Moore)는 티파니의 쇼윈도를 마치 연극의 무대와 같이 연출하는 획기적인 디스플레이로 소개함으로써 티파니의 고급스러운 품위와 가치를 상승시켰다. '하늘색 박스 위에 십자형 흰색 리본'으로 대표되는 티파니는 보석 세공의 화려한 장식과 특히 은제품의 수준 높은 디자인 그리고 8대를 이어오는 투철한 장인 정신으로 시대에 구애받지 않는 디자인과 불멸의 가치를 인정받고 있다. 전 세계적 유행을 일으킨 물방울과 오픈 하트 목걸이의 디자이너 엘사 페레티, 고급 보석의 일러스트레이션으로도 유명한 피카소의 손녀 팔로마 피카소 등의 멤버들이 현재도 티파니의 명성을 이어가고 있다. 영화 「시애틀의 잠 못 이루는 밤」에서도 뉴욕의 티파니 본점 내부와 특유의 하늘색 박스, 그리고 밸런타인 데이를 위한 진 무어의 쇼윈도 디자인이 잘 표현되어 있다.

department stores in NYC

● 뉴욕을 대표하는 4대 백화점인 바니스 뉴욕(Barney's New York), 버그도르프 굿맨(Bergdorf Goodman), 블루밍데일(Bloomingdale's), 헨리 벤델(Henri Bendel)은 모두 알파벳 B로 시작한다 하여 4B로 불리기도 한다. 이외에도 삭스(Saks Fifth Avenue), 메이시(Macy's), 로드 앤드 테일러(Lord & Taylor) 등이 뉴욕에서 출발한 유명 백화점들이다.

Barney's New York

660 Madison Ave. (61st St.) / **Design.** Emery Roth & Sons (renovation Peter Marino, 1993) / **Tel.** (212) 826-8900 / **www.barneys.com**

F27 • **바니스 뉴욕** 1955년 시작되었으며 '가장 뉴욕적인 곳'이라는 평을 들으며 젊은 전문직 남성, 여성들에게 인기가 높은 백화점이다. 상품의 대부분은 의류와 신발, 화장품으로 집중되어 있는데, 별도로 마련되어 있는 남성복 컬렉션은 뉴욕 최고를 자랑한다. 3차원의 공간미를 살리는 디스플레이 연출이 탁월한 것으로 유명하다.

F28 • 버그도르프 굿맨 1928년에 지어진 5번가의 코르넬리우스 밴더빌트(Cornelius Vanderbilt) 맨션 건물에 입주해 있는 명실 공히 뉴욕 최고의 백화점이다. 양복쟁이 출신인 헤르만 버그도르프(Herman Bergdorf)가 파트너인 에드윈 굿맨(Edwin Goodman)과 시작한 백화점으로 전 층이 호화롭고 값비싼 상품들로 가득 차 있다. 특히 1층의 보석류와 지하의 화장품 코너는 선별적인 브랜드들만 입주해 있어 품격을 높인다. 한편 이 백화점의 쇼윈도 디스플레이는 이미 티파니의 전설적인 디스플레이를 추월하여 뉴욕의 최고로 자리 잡은 지 오래되었다.

Bergdorf Goodman

754 Fifth Ave. (58th St.) / **Design.** Buchman & Kahn / **Tel.** (212) 753-7300 / **www.bergdorfgoodman.com**

Bloomingdale's

1000 Third Ave. (59th St.) / **Tel.** (212) 705-2000 • 504 Broadway (bet. Broome & Spring Sts.) / **Tel.** (212) 729-5900 • **Design.** Starrett & Van Vleck / **www.bloomingdales.com**

F29 • 블루밍데일 1872년 조셉과 리만 블루밍데일(Joseph & Lyman Bloomingdale)이 창립한 백화점이다. 건물의 외관과 간판, 엘리베이터 등에서 뉴욕을 대표하는 디자인 양식 중 하나인 아르 데코를 물씬 느낄 수 있다. 미국 최초로 매장 안에 에스컬레이터를 설치한 시도로도 유명하며 빅, 미디엄, 리틀 사이즈로 구분되는 브라운 백(Brown Bag)으로 쇼핑백 디자인의 전설을 만들기도 하였다. 전성기였던 1970년대에는 피에르 카르댕(Pierre Cardin) 등의 세계 유명 디자이너를 초청, 백화점 내부에 모델 룸을 만들어 전시함으로써 첨단 디자인의 경향을 제시하고 라이프스타일을 유도하는 역할을 하기도 하였다. 1980년대에 주인이 바뀌고 파산한 적도 있으나 아직도 많은 사람들이 찾고 아끼는 백화점이다. 시카고 등의 주요 지방 도시에 지점을 두고 2004년 소호 지점을 개관하는 등 과거의 명성을 회복하기 위해 활발히 움직이고 있다. 톰 행크스 주연의 「스플래시(Splash)」, 존 쿠삭 주연의 「세렌디피티(Serendipity)」 등 수많은 영화의 배경이 되기도 하였다.

Henri Bendel

712 Fifth Ave. (bet. 55th & 56th Sts.) / **Tel.** (212) 247-1100 / **www.henribendel.com**

F30 • **헨리 벤델** 뉴요커들에게 벤델스(Bendel's)라는 애칭으로 불리는 곳으로 필자의 아내가 가장 좋아하는 백화점이다. 원래 모자, 핸드백, 헤어밴드 등의 액세서리로 시작했으며 1층의 화장품 코너, 3층의 여행용품 전문점, 고급 스파 등 일반 대형 백화점과는 다른 아주 독특한 상품과 문화가 있는 백화점이다. 내부의 회전 계단이 유명하며, 아르 데코와 팝 아트가 절묘하게 섞여 어울리는 인테리어는 전시 상품을 감각적으로 연출한다. 헨리 벤델의 흰색과 브라운색의 줄무늬 포장은 티파니의 하늘색 박스만큼이나 유명한 패키지 디자인이다. 1991년 디자이너 베이어 벨(Beyer Blinder Belle)에 의해서 레노베이션되었고, 패션 브랜드 리미티드(The Limited), 익스프레스(Express), 여성 란제리 전문점 빅토리아 시크릿(Victoria's Secret), 보디용품 전문점 배스 앤드 보디 웍스(Bath & Body Works) 등을 소유, 경영하고 있는 리미티드 브랜드(Limited Brands) 회사에서 운영하고 있다. '아낌없이 주는 나무(Giving Tree)' 라는 프로그램을 통해 어린이와 극빈자들을 돕는 사회봉사 활동도 적극적으로 하고 있다.

Macy's

151 W. 34th St. (at Broadway) / **Tel.** (212) 695-4400 / **www.macys.com**

F31 • **메이시** 「영화 34번가의 기적(Miracle on 34th Street)」으로 잘 알려진 세계 최대 규모의 백화점이다. 1858년 포경선 선장 출신이었던 롤랜드 메이시(Rowland Hussey Macy)에 의해서 시작되었으며, 성공을 상징하는 붉은 별과 '세계 최대의 상점(The World's Largest Store)'이라는 광고 문구가 유명하다. 소매업에서는 최초로 여성을 간부급으로 승진시킨 역사를 가지고 있는 메이시는 유명한 이벤트를 후원하는 것으로도 잘 알려져 있다. 근 80년간 계속되어온 추수감사절 퍼레이드(Macy's Thanksgiving Day Parade)는 금요일 오전부터 브로드웨이를 따라 밴드와 만화 캐릭터 풍선 등이 행진하는 모습으로 유명하다. 매년 3,000만 명 이상이 길거리에서 이 퍼레이드를 지켜보며 NBC에 의해서 세계로 중계방송 된다. 그 외에도 미국 독립기념일 불꽃놀이 행사(Macy's 4th of July Fireworks), 플라워 쇼(Macy's Flower Show) 등이 유명하다.

Saks Fifth Avenue

611 Fifth Ave. (49th St.) / **Tel.** (212) 753-4000 / **www.saksfifthavenue.com** / www.saksincorporated.com

F32 • **삭스 피프스 애버뉴** 1900년대 초반에 상점을 운영하던 호레이스 삭스(Horace Saks)와 버나드 김벨(Bernard Gimbel)의 합작으로 탄생한 백화점이다. 개관 초기인 1925년 파리의 장식미술박람회에 큰 영감을 받아 고급스럽고 우아한 스타일의 백화점으로 고급화시키는 전략이 적중, 큰 성공을 거두었다. 남성복, 여성복, 아동복, 액세서리 등 골고루 구색을 갖추고 있으며, 상품들의 구성과 진열이 소비자들의 편의에 맞도록 잘 배려되어 있어 타 백화점에 비해서 쇼핑 환경이 쾌적한 편이다. 티파니나 버그도르프 굿맨에 비해서는 항상 뒤지지만, 가끔씩은 꽤 훌륭한 쇼윈도 디스플레이를 선보이며 특히 크리스마스의 쇼윈도는 아주 유명하다. 삭스는 현재 전국적으로 200여 개의 백화점들을 소유, 경영하고 있는 삭스 디파트먼트 스토어 그룹(Saks Department Store Group)에서 경영하고 있다.

Takashimaya

693 Fifth Ave. (bet. 54th & 55th Sts.) / **Tel.** (212) 350-0100 / **www.ny-takashimaya.com**

F33 • **다카시마야** 오사카에서 시작한 일본 유명 백화점 다케시마야의 뉴욕 지점이다. 일본의 백화점들과는 다르게 복잡하지 않고 언제나 조용한 분위기로 격조 있는 고객들만이 즐길 수 있는 환경을 마련해놓았다. 구색은 화장품부터 앤티크 가구, 향수와 앨범 등 다양하지만, 상품보다는 일본의 문화를 팔기 위해서 노력하는 점이 두드러지게 보인다. 꼭대기 층에 위치한 화장품 코너와 살롱도 격조가 높고, 특히 1층에 위치한 꽃집은 세계적으로 유명한 파리의 플로리스트 크리스티앙 토르푸(Christian Torfu)의 작품으로 뉴욕 최고를 자랑한다. 지하에 위치한 티 박스(The Tea Box)의 각종 차와 다기의 전시 또한 매우 훌륭하다.

tip

쇼윈도

디스플레이

show window display

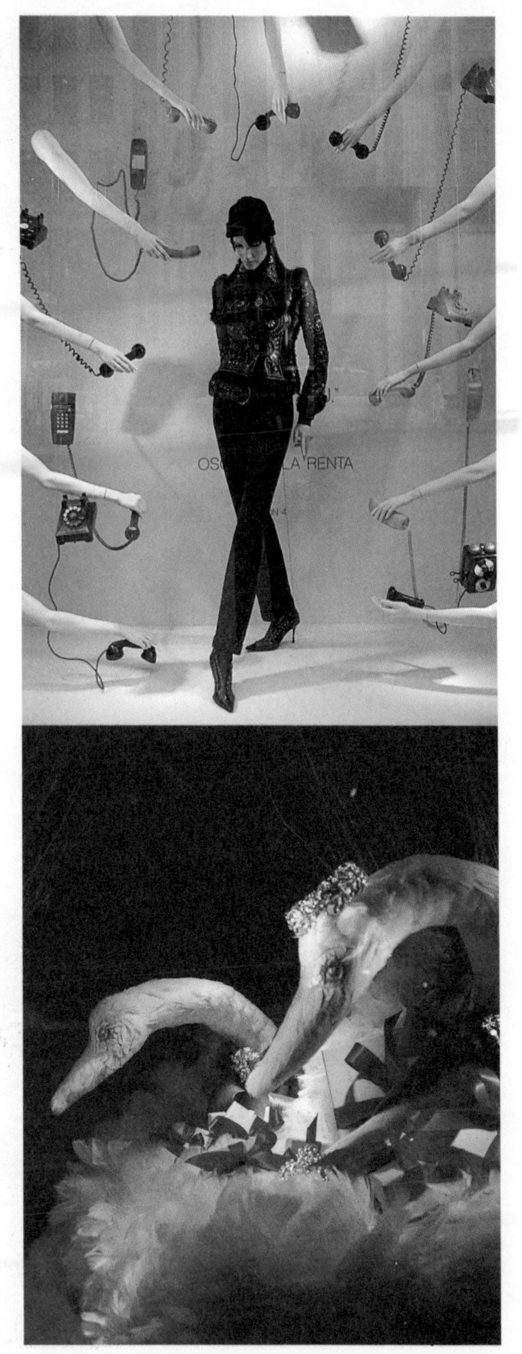

● 20세기 초반부터 근 1세기 이상 대도시의 쇼윈도는 독특한 풍경으로 문화적 경험과 신선한 볼거리를 제공해왔다. 백화점이나 상점을 접근하거나 지나갈 때 가장 먼저 시선을 끄는 곳 역시 바로 쇼윈도다. 쇼윈도의 역할은 '어떻게 윈도가 상품을 노래할 수 있도록 만들 것인가?' 하는 것이다. 상점의 쇼윈도를 단지 주력 상품의 전시가 아닌 하나의 예술 장르로 전환시킨 진 무어 이래로 쇼윈도 디스플레이는 디자인의 한 틈새시장으로 주목을 받아왔다.

뉴욕의 쇼윈도 디스플레이는 그 특유의 도발적인 제안, 유행 감각의 반영, 아방가르드적 메시지의 전달로 정평이 나 있다. 쇼윈도 디자인의 유행은 1920년대 레이몬드 로이 등의 디자이너를 유명하게 만드는 데 기여하기도 하였다. 하느님에게 넥타이의 길이를 물어봐서 성공했다는 전설의 백화점 로드 앤드 테일러(Lord & Taylor)의 쇼윈도는 후에 팝 아트의 거장이 된 앤디 워홀에 의해 밤새 꾸며지곤 하였다. 30여 년간 진 무어의 놀이터였던 티파니 상점을 비롯하여 삭스, 바니스 뉴욕 등의 유명 백화점과 상점들은 오늘도 첨단의 유행을 주도하고 있다. 특히 주목할 만한 곳은 버그도르프 굿맨으로, 데이비드 호이가 이끄는 디자인팀은 경쟁자들을 물리치고 뉴욕 최고의 디스플레이 디자인팀으로서 군림한 지 벌써 여러 해가 되었다.

쇼윈도 디스플레이는 비주얼 머천다이징에서 고객 상품 구매의 다섯 단계인 AIDCA(Attention-Interest-Desire-Conviction-Action)의 첫 단계인 'Attention'을 위한 작업으로 그 중요성은 이루 말할 나위가 없다. 쇼윈도 디스플레이의 본질적 매력은 위치성, 정체된 움직임, 예상치 못한 각도와 시점, 그리고 극도의 편집성과 완벽한 디테일에 있다. 사실 쇼윈도 디스플레이는 짧은 시간에 순발력과 기발한 아이디어, 집중된 노동이 요구되는 쉽지 않은 작업이다. 일반적으로 깊이가 지극히 얕고, 현실적이지 않은 좁은 공간이 주어지며, 이 최소한의 공간에서 최대의 광고 효과를 이루기 위해서 많은 아이디어와 디자인의 테크닉이 집중되어야 하기 때문이다. 착시, 부조, 과장된 스케일, 해체 등 디자인 특수 효과가

최대한으로 이용되는 것도 바로 그런 까닭이다. 중력을 무시하는 디자인, 자유로운 시점의 선택, 물질세계의 풍요로움을 구현하기 위해서 디자이너들은 역사, 계절, 자연, 음악, 사회, 만화 등 수많은 곳에서 디자인의 영감을 빌려온다. 벼룩시장, 골동품 가게, 『뉴욕 타임스』, 디지털 미디어, 자연사박물관, 지하철, 공원, 시장, 길거리 등은 여러 번에 걸쳐서 재해석되어 표현된 단골 소재들이다.

쇼윈도의 비밀 중 하나는 길거리 풍경의 반사를 반드시 고려해서 연출의 일부로 생각해야 한다는 것이다. 일광 때문에 구경하는 사람은 물론, 거리, 옐로 캡, 행인 등이 반사되어 전시의 일부로 포함되는 경우가 많기 때문이다. 실제로 어둠이 깊어진 시간에 57번가를 거닐다가 쇼윈도 앞에 멈추어 일정 시간 전시를 응시하면 마치 자신이 뉴욕의 길거리가 아닌 쇼윈도가 만든 상상의 세계로 빠져드는 것과 같은 느낌이 들 때가 있다. 쇼윈도의 수명은 평균 일주일에서 3주로, 세상에서 가장 짧은 공연 시간을 갖는 무대일지 모른다. 하지만 그 짧은 시간 그리고 제한된 공간에 집중된 에너지는 다른 어떤 형태의 예술에서 찾아보기 어려운 매력을 지닌다. 놀라움과 유머, 즉흥성으로 가득 찬 이 공간에는 실험 정신이 있고, 예술이 있으며, 인생이 있다.

did you get your great
to Ricky's
are they?
get my red hair color there!
I get my purple there!
www.rickys-nyc.com/
Boop49
NYLADY
GIRLY32
4EVERRED

Marketplaces in new york:

During the Cold War, John F. Kennedy mentioned in an interview that the main difference between the Soviet Union and the United States was the supermarket. The super-scaled space of the market and the dazzling display of never-ending products are the pride of American abundance, richness, and a symbol of commercialism. Parking lots as big as football stadium and shopping carts full of products have been a familiar portrait of the American lifestyle for a long time. •• The shopping behavior of New Yorker's, however, is much different than anything anywhere else in the States. In New York, especially Manhattan, it is nearly impossible to find a grocery store with a parking lot. Instead of the huge-scale super store, food specialty markets and small single-item shops are the majority. More recently, the trend has been for the food specialty markets to increase their size and provide a wider variety of items to support the "one-stop shopping" concept, but these still focus on the food, unlike other supermarkets that also include industrial products and pharmacies. •• One obvious change in the recent New York marketplace is the ever-growing demand for organic foods and products. Whole Foods Market opened its first shop in Chelsea in 2002, the second shop inside the Time-Warner building in 2004, and a third in Union Square in 2005. Other existing markets also greatly increased their organic section to meet their customers' demands. Considering that health is worshipped like a religion to many contemporary people, the average gross of organic anything should greatly increase for many years to come. •• Another big trend is the increasement of HMR/RMR's: Home Meal Replacements or Restaurant Meal Replacements. The concept of HMR/RMR is purchasing the already cooked food to bring it home, and re-heating or re-preparing it. Restaurants are convenient, but expensive. Self-cooking is healthy, but time-consuming, so for New Yorkers who are chased by the busy itinerary of the city, HMR/RMR is the perfect way to prepare a meal and enjoy time with friends and family. HMR/RMR is rapidly increasing, reflecting New Yorker's lifestyle of small and big parties as well as everyday meals. •• Perhaps the most unique characteristic of the New York marketplace are the single-item specialty shops. Thousands of these exist, selling wine, cheese, bagels, coffee and tea, exotic ingredients, game, and caviar. For designers, the market is the most interesting place for valuable resources. A visit in one of these small shops can lend plenty of inspiration to designers. Many different products are displayed many different ways, and the sounds and the smells all contribute to feelings a designer needs to reflect on. In the marketplace, we see people working hard. There is a sweat and effort, a story, a life. The marketplace in New York City will continue to be an endless source for inspiration and fascination.

food specialty markets

"inconvenience stores with local charm."

single-item shops

...never-ending products...

● 과거 미소 냉전시대에 케네디 대통령은 한 인터뷰에서 소련과 미국을 구별하는 가장 큰 차이로 슈퍼마켓을 이야기한 적이 있다. 초대형 규모의 매장과 그 안에 끝도 없이 연속되는 상품의 현란한 진열은 미국이 가진 풍요로움의 자랑이자 철저한 상업주의의 상징이다. 경마장과 같이 넓은 주차장과 쇼핑 카트에 가득 담은 물건은 미국의 일상을 대표하는 풍경으로 인식된 지 오래되었다. 하지만 뉴요커들의 쇼핑 행위는 미국 타 도시의 그것과 사뭇 다르다. 우선 뉴욕, 최소한 맨해튼에서는 주차장을 갖춘 대형 슈퍼마켓을 찾아보기 힘들다. 따라서 대형 슈퍼마켓보다는 중소 규모의 식료품 전문점(Food Specialty Market)이나 단일 업종의 상점들이 주를 이룬다. 최근에는 이들 식료품 전문점들의 규모가 다소 커지고, 상품 구색이 다양해져 원스톱 쇼핑 개념의 마켓으로 변모하고 있지만, 공산품과 약국이 포함되어 있는 타도시의 일반 슈퍼마켓과는 달리 상품이 음식물들에 집중되어 있다.

● 근래 뉴욕의 마켓 플레이스에서 두드러진 변화는 유기농 제품의 급격한 증가다. 2002년 홀 푸드 마켓(Whole Foods Market)의 맨해튼 1호점이 첼시에 문을 연 이후, 2004년 타임워너 센터(Time Warner Center)에 2호점, 그리고 2005년 유니온 스퀘어(Union Square) 남단에 3호점이 문을 열었다. 이러한 트렌드에 발맞추어 기존의 마켓들도 유기농 섹션을 확장하고 고객의 요구를 대폭 수용하고 있다. 유기농 시장은 2006년 총 700억 달러의 규모가 예상되는 어마어마한 시장이다. 현대인에게 건강이 종교와 같은 존재로 인식되는 만큼 유기농 시장에 관한 이러한 경향은 당분간 지속될 전망이다.

● 음식 마켓에서 두드러진 또 한 가지 경향은 HMR(Home Meal Replacement) 또는 RMR(Restaurant Meal Replacement)의 급상승이다. HMR, 또는 RMR은 이미 만들어진 음식으로 집에서 데워서 먹을 수 있

MARKETPLACES

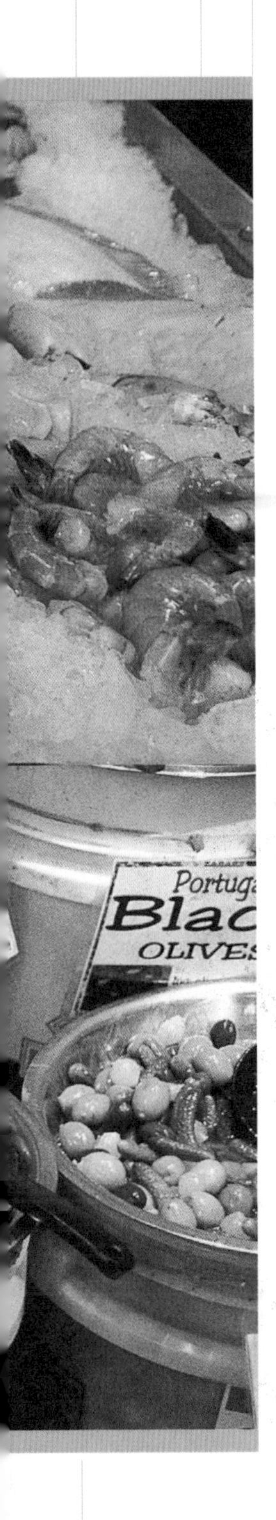

도록 한 것을 말한다. 레스토랑은 편리하지만 비용이 많이 들고, 직접 하는 요리는 건강에 이롭지만 시간이 많이 든다. 따라서 도시의 바쁜 일정에 시달리는 뉴요커들에게 HMR이나 RMR 같은 반조리 식품은 더할 수 없이 편리하고 적합한 음식이다. 뉴욕에는 전문 음식 출장 서비스(Catering), 만들어진 음식을 전문으로 판매하는 상점(Prepared Foods Store) 등이 즐비하다. 또한 근래에는 기존의 마켓이나 식품점들도 이곳의 비중을 지속적으로 늘리고 있다. HMR과 RMR은 편리성과 경제성, 품질로 뉴요커들의 크고 작은 파티 및 일상의 식사 행위와 라이프스타일을 뒷받침하며 역시 상승 곡선을 타고 있다.

● 뉴욕의 마켓 플레이스를 특징 짓는 것은 뭐니 뭐니 해도 작은 규모의 단일 품목 전문점들이다. 뉴욕에는 수천 개의 음식 관련 상점들이 있다. 와인 전문점, 치즈 전문점, 베이글 전문점, 생선 전문점, 커피 전문점, 캐비아 전문점, 그리고 사냥으로 잡은 고기 전문점, 희귀 식재료 전문점…. 이들 상점을 하나씩 방문해보면 그 다양한 상품의 구색과 형태, 색채, 질감 등에서 예술적 요소들을 많이 발굴할 수 있다. 서울에서도 디자이너들은 가끔 영감을 얻기 위해 남대문시장이나 경동시장, 황학동 고물시장 등을 찾는다. 사실 시장만큼 재미있는 곳은 없다. 가지각색의 상품들, 첨단의 디스플레이 이론을 무색하게 하는 진열 방식, 호객과 흥정 소리, 냄새…. 이 모든 것은 결국 예술가가 작품에 반영해야 하는 숙제다. 이곳에는 열심히 사는 모습이 있으며 땀과 노력 그리고 인생이 있다. 뉴욕의 마켓은 디자이너의 영감을 위한 영원한 원천이다.

food specialty markets
뉴욕의 식료품 전문점

Balducchi
155A W. 66th St. (bet. Broadway & Amsterdam Ave.) / **Tel.** (212) 653-8320 / **www.balduccis.com**

M1 • **발두치** 1915년 이탈리아의 항구도시 바리(Bari)에서 이민 온 루이 발두치(Louis Balducci)가 브루클린에서 청과상으로 시작한 마켓이다. 1946년 그리니치빌리지로 이전, 수십 년간 뉴요커들의 사랑을 받았으며, 2003년 문을 닫고 몇 해 전 어퍼 이스트사이드에 확장된 규모로 새로 문을 열었다. 2005년에는 미트 패킹 디스트릭트에 2호점을 열었다. '21세기의 라이프스타일과 경제성'이라는 모토 아래 진한 녹색으로 치장한 매장은 고급스러운 느낌이며, 채소, 육류, 파스타 등의 상품은 뉴욕 최고를 자랑한다. 워싱톤 D.C., 버지니아, 코네티컷 등의 동부 주에 열한 개의 지점을 갖고 있다. 1999년 이후 서턴 플레이스 구어메(Sutton Place Gourmet) 기업의 산하에 있으며 하이 눈(High Noon), 블루 포인트 그릴(Blue Point Grill)과 같은 레스토랑도 운영하고 있다.

Chealsea Market
75 Ninth Ave. (bet. 15th & 16th Sts.) / **Tel.** (212) 243-6005 / **www.chelseamarket.com**

M2 • **첼시 마켓** 맨해튼의 한 블록 전체를 차지하는 창고 건물을 훌륭하게 개조하여 마켓으로 변화시킨 프로젝트로 1999년 4월 오픈하였다. 기존 벽돌 건물의 구조와 시장의 풍경에 산업 자재로 만든 인공 폭포, 조각품 등의 예술적 요소를 적절히 혼합하여 성공적인 환경을 만들었다. 첼시 마켓 전체가 거대한 실내 공간이지만 마치 외부의 시장 거리를 걷는 것과 같은 느낌을 주는 것이 큰 특징이다. 뉴욕 최고의 빵집이라는 에이미스 브레드(Amy's Bread), 뉴욕에서 가장 신선한 바닷가재를 살 수 있는 랍스터 플레이스(The Lobster Place), 유명 수프 체인 헤일 앤드 하티 수프(Hale & Hearty Soups), 레스토랑 사라베스(Sarabeth's), 그리고 인기 TV 채널인 푸드 네트워크(Food Network) 등이 입주해 있다. 벽돌로 치장한 첼시 와인 볼트(Chelsea Wine Vault)의 인테리어와 와인 전시 또한 매우 인상적이다. 주말에는 사교 댄스, 와인 테이스팅, 사진 전시 등의 각종 이벤트를 개최하기도 한다.

Citarella

2135 Broadway (75th St.) / **Tel.** (212) 874-0383 • 1313 Third Ave (75th St.) / **Tel.** (212) 874-0383 / **www.citarella.com**

M3 • **시타렐라** 1912년 마크 시타렐라(Mark Citarella)가 할렘에서 생선 장사로 시작하여 오늘날의 종합 음식 전문 마켓으로 발전시켰다. 풀톤 수산시장(Fulton Fish Market) 다음으로 뉴욕에서 가장 신선한 생선을 구입할 수 있는 곳이다. 치즈와 닭고기 그리고 빵도 상당히 고품질이다. 1997년 이스트사이드에 두 번째 매장을 오픈했는데, 특히 웨스트사이드 매장은 데이비드 로크웰이 디자인한 것으로 치즈를 쌓은 형태가 마치 건축적 기둥과 같은 요소로 작용한다. 「시애틀의 잠 못 이루는 밤」, 「유브 갓 메일」로 유명한 여류 감독 노라 에프런(Nora Ephron)의 "시타렐라에서는 러브 스토리가 시작될 수 있다"는 유명한 표현은 이 상점의 매력을 잘 대변해준다.

Dean & Deluca

560 Broadway (Prince St.) / **Tel.** (212) 226-6800 • 1150 Madison Ave. / **Tel.** (212) 717-0800 / **www.** deandeluca.com

M4 • **딘 앤드 델루카** 소호 한가운데 자리 잡은 뉴욕의 4대 음식 전문 마켓 중 하나다. 1973년 소호가 아직도 창고와 제조 공장으로 구성되어 있던 시절에 조지오 델루카(Giorgio Deluca)가 작은 치즈 가게를 열었고, 1977년에는 파트너였던 조엘 딘(Joel Dean)과 함께 대형 마켓으로 확장하였다. 이 둘은 좋은 식자재를 구하기 위해 전 세계를 배회하였다. 이 매장의 디자인 또한 유명하다. 예술가이자 창립 파트너였던 잭 세글릭(Jack Ceglic)은 '노천 시장'이라는 새로운 콘셉트를 도입하였다. 즉 슈퍼마켓과 같이 일방적인 상품 진열과 일괄 계산이라는 개념을 탈피, 각 식자재 부분마다 매니저와 직원이 상주해 구매를 도와주는 형식이었다. 마치 큰 재래시장의 골목골목을 거닐며 한 가지씩 물건을 구매하는 방식을 창조한 것이다. 소비자와의 대화와 친근함을 이끌어내는 이 개념은 당시로서는 획기적이었다. (오늘날 대형 슈퍼마켓에서도 부분적으로 이 개념을 수용하고 있다.) 매장 내부의 청결하고 정돈된 음식, 식자재의 정갈한 디스플레이가 일품이며, 특히 오픈 키친으로 구성된 RMR(Restaurant Meal Re-placement) 코너는 장관이다. 뉴욕의 록펠러 센터와 파라마운트 호텔 내에도 딘 앤드 델루카의 편의점이 있으며, 조지타운(Georgetown), 샬럿(Charlotte, NC), 캔사스 시티(Kansas City) 등 다른 주에도 매장이 있다. 최근 일본 회사 이토추(Itochu)와의 협력으로 도쿄 시나가와에 매장을 오픈하며 아시아 시장 진출을 계획하고 있다.

M5 • 그랜드 센트럴 마켓 하루에 7만 명이 이용한다는 그랜드 센트럴 기차역 지하에 만들어진 식료품 다점 공간(Multiple Food Hall) 마켓이다. 데이비드 로크웰의 디자인으로 단장한 이 공간은 기차 터미널 지하라는 고정관념을 뛰어넘어 뉴욕의 가장 성공적인 마켓 중 하나로 자리를 잡았다. 내부에는 그리니치빌리지의 유명한 치즈 상점 머레이스(Murray's)를 비롯하여 커피 원두 전문점, 파스타 전문점 등 열두 개 정도의 작은 식료품들이 붙어 있어 원 스톱 쇼핑을 지원해준다. 특히 이곳은 각 상점마다 전문 지식을 갖춘 친절한 직원들이 구매를 도와줘 인기를 얻고 있다.

Grand Central Market

Grand Central Terminal 내 (42nd St. at Lexington Ave.) / **Tel.** (212) 340-2347 / **www.grandcentralterminal.com**

Greenmarket at Union Square, the

Union Square (at 17th St.) / **Tel.** (212) 788-7476 / **www.**cenyc.com

M6 • 유니언 스퀘어 그린마켓 그린마켓은 뉴욕시 환경협회(The Council of Environment of NYC)의 주관으로 1976년 시작한 프로그램이다. 우리나라의 '오일장'과 같은 개념으로, 농부들이 수확한 상품을 직접 소비자들에게 판매하는 노천 시장이다. 가까운 뉴욕, 코네티컷 주로부터 멀리는 버몬트(Vermont)까지 농부들이 식재료를 팔러 온다. 주말에는 20만 명이 넘는 뉴요커들이 그린마켓을 찾으며, 100개가 넘는 레스토랑들이 매주 그린마켓에서 식자재를 구입한다. 맨해튼에만 33개의 장소가 있으며, 그중 가장 유명한 곳이 바로 유니온 스퀘어에 위치한 그린마켓이다. 한가로운 주말 오후 이곳을 방문하여 신선한 채소, 과일, 달걀, 빵과 잼 등의 식자재를 구경하는 것만으로도 큰 활력과 영감을 얻을 수 있다. 이 마켓에서 가장 유명한 곳은 매사추세츠 주의 베킷(Becket)에 위치한 '버크셔 베리(Berkshire Berry)'에서 생산하는 시럽과 각종 잼 등을 판매하는 노점이다. 오미자(Schisandra Berry)와 생강으로 만든 잼이 특히 맛있으며, 뉴욕의 건물 옥상에서 양봉으로 생산되는 꿀(Roof Top Honey)은 이곳만의 특산품이다.

Whole Foods Market

250 Seventh Ave. (at 24th St.) / **Tel.** (212) 924-5969 • 10 Columbus Circle Ste. SC101 / **Tel.** (212) 823-9600 • 4 Union Square / **Tel.** (212) 673-5388 / **www.**wholefoods.com

M7 • **홀 푸즈 마켓** 1980년 텍사스의 오스틴에서 시작하여 오늘날 170개의 매장을 가진 미국 최고의 유기농 마켓으로 '슈퍼마켓의 스타벅스'라고 불릴 만큼 성공적인 체인으로 자리를 잡았다. CEO 존 매키(John Mackey)는 품질 기준의 철저한 관리, 유기 농업의 후원을 철학으로 '지구상의 최고 음식 상점'을 지향하고 있다. '연극', '엔터테인먼트', '간결성', '교육성' 등의 주요 콘셉트로 풀어간 매장 디자인은 특히 눈여겨볼 필요가 있다. 계절의 변화를 마치 연극의 막과 같이 해석하여 오감(伍感)으로 경험하는 무대를 상징하는 공간을 연출, 명확하고 교육적인 상품 정보와 매장을 탐험하는 것과 같은 경험을 제공하는 것이 홀 푸즈 마켓만의 특징이다. 유럽 시장을 모델로 한 전문 식자재 코너, 짜임새 있는 동선, 획기적인 계산대의 배열 방식이 인상적이며, 특히 과일과 채소를 쌓아놓은 디스플레이는 가히 예술이다. 실버, 블랙 그리고 몇 가지 트로피컬 파스텔로 컬러의 조화를 이루고 있으며, 프레젠테이션 존(Presentation Zone)을 장식하는 각종 콘텐츠의 그래픽 수준도 훌륭하다.

Zabar's

2245 Broadway 80th Street / **Tel.** (212) 787-2000 / **www.**zabars.com

M8 • **제이바스** 딘 앤드 델루카, 발두치, 시타렐라와 함께 뉴욕의 4대 음식 전문 마켓으로 손꼽히는 곳이다. 기존의 슈퍼마켓과는 완전히 다른 개념으로, 각종 치즈와 올리브, 빵 등의 고급 식자재를 취급하는 전문 마켓(Food Specialty Market)이다. 훈제 생선을 만들어 팔면서 시작되었으며 지난 75년간 뉴요커들의 사랑을 받아왔다. 이곳에서 가장 특별한 것은 연어바(Salmon Bar)로 보통 3~4명의 직원이 연어를 자르고 있다. 세계에서 두 번째로 맛있는 연어다. (참고로 세계에서 가장 맛있는 연어는 일본 홋카이도 연안에서 10만 마리 당 하나꼴로 잡히는 별종인데, 뉴욕의 레스토랑 메구(Megu)에서 시식할 수 있다.) 영화 「유브 갓 메일」에서 주인공 톰 행크스와 멕 라이언이 시비하던 곳으로도 잘 알려져 있으며, 센트럴 파크에서 피크닉을 하기 전에 반드시 들러야 하는 곳이다. 몇 해 전 어퍼 이스트사이드에 아들인 일라이 제이바(Eli Zabar)가 운영하는 일라이스(Eli's)가 문을 열었는데 이곳 역시 성공적으로 운영되고 있다.

single-item shops
뉴욕의 단일 식료품점

Amy's Bread

672 Ninth Ave. (bet. 46th & 47th Sts.) / **Tel.** (212) 977-2670 • 250 Bleecker St. (at Leroy St.) / **Tel.** (212) 675-7802 / **www.amysbread.com**

M9 • **에이미스 브레드** 미네소타 출신의 에이미 셔버(Amy Scherber)가 프랑스의 고급 레스토랑과 베이커리에서 일했던 경험을 바탕으로 1992년 시작한 빵집이다. 여러 신문, 잡지를 통해서 '뉴욕 최고의 빵'이라고 평가를 받은 만큼 그 품질이 아주 훌륭하다. 표백하지 않은 밀가루, 유기농 곡물 등을 사용하여 건강 빵을 만드는 철학이 이 집의 자랑이다. 이탈리아산 블랙 올리브와 로스메리가 들어간 빵이 유명하다. 특히 첼시 마켓 내부에 위치한 매장은 전면 유리로 주방 내부가 훤히 들여다보여 빵을 만드는 공정 전체를 볼 수 있다.

Best Cellars

1291 Lexington Ave. (bet 86th & 87th Sts.) / **Design.** David Rockwell / **Tel.** (212) 426-4200 / **www.best-cellars.com**

M11 • **베스트 셀라스** 와인 비즈니스에 오랫동안 몸담아왔던 조슈아 웨슨(Joshua Wesson)과 리처드 마멧(Richard Marmet)이 소비자들에게 친근하게 접근할 수 있는 매장을 목표로 개점한 와인 매장이다. 와인을 '신선한(fresh)', '부드러운(soft)', '감미로운(luscious)', '거품 나는(fizzy)'의 네 가지 느낌으로 분류한 독특한 방법으로 소비자들이 무드에 따라 선택할 수 있도록 하였다. 이 기발한 와인 전시의 콘셉트와 어울리는 매장의 디스플레이로 2000년 국제 정보 디자인상을 수상한 바 있다. 명함과 매장 입구에 새겨진 상점의 로고는 '잔 받침(Coaster)에 찍힌 와인 병 자국' 모양으로 매우 특이하며 매장에서 사용하는 일러스트레이션 또한 탁월하다.

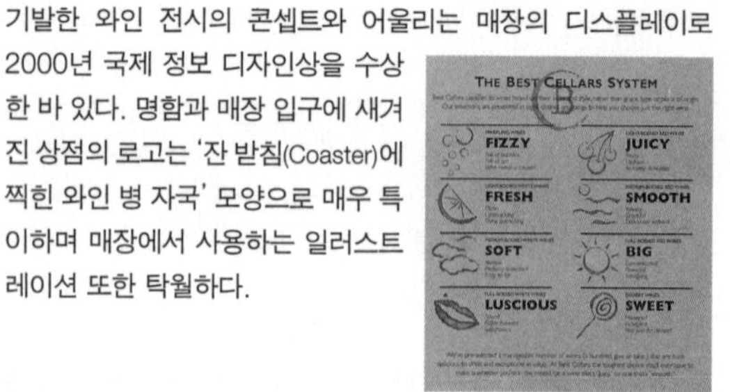

Barney's Greengrass

541 Amsterdam Ave. (bet. 86th & 87th Sts.) / **Tel.** (212) 724-4707

M10 • **바니스 그린그래스** 연어, 청어 등 품질 좋은 훈제 생선과 캐비아 등을 취급한다. 어퍼 웨스트사이드에서 90여 년간 영업을 해왔으며 주말의 브런치가 특히 유명하다. '철갑상어의 왕(The Sturgeon King)'이라는 이름답게 철갑상어와 양파를 넣은 달걀 스크램블이 이 집의 간판 메뉴다.

Creative Cakes

400 E. 74th St. (bet. First & York Aves.) / **Tel.** (212) 794-9811

M12 • **크리에이티브 케이크스** 주문 케이크 전문점으로 이 장소에서 지난 21년간 케이크을 만들고 있는 케이크 디자이너 빌 슈츠(Bill Schutz)의 작품들이 시각적 즐거움을 준다. 이곳에서는 단 한 가지 종류, 초콜릿 퍼지(Chocolate Fudge) 케이크만을 생산하는데, 조각된 모양 하나하나가 모두 다른 예술 작품들이다. 뉴욕 택시, 기타, 치약, 야구 모자 등 다양한 종류가 있으며, 뉴욕시장의 취임식 때 시청 모양의 케이크를 만들기도 했다. 일주일에 12~15개 정도만 만들며 이 케이크를 구입하기 위해서는 최소 3주 전에 예약을 해야 한다.

Dipalo's Dairy Store

206 Grand St. (Mott St.) / **Tel.** (212) 226-1033

M13 • **디팔로스 데어리 스토어** 리틀 이탈리아 입구에 위치하며, 뉴욕에서 가장 맛있는 파스타를 구입할 수 있는 집이다. 디팔로 가족들에 의해서 1925년부터 이제까지 운영되고 있다. 올리브 오일이나 프로슈토(Prosciutto, 얇게 썬 이탈리아 햄의 일종)가 훌륭하고 특히 매일 만드는 모차렐라 치즈가 일품이다. 약 300여 종의 치즈를 100년 전 방식 그대로 만들어 공급하고 있다.

Dylan's Candy Bar

1011 Third Avenue at 60th St. / **Tel.** (646) 735-0078 / **www.dylanscandybar.com**

M14 • **딜런스 캔디 바** 랄프 로렌(Ralph Lauren)의 딸인 딜런 로렌(Dylan Lauren)이 미국 최대의 장난감 상회 F.A.O. 슈바르츠의 공동 창업자인 제프 루빈(Jeff Rubin)과 함께 개점한 캔디 전문점이다. 단 것을 워낙 좋아하는 미국인의 취향을 겨냥한 상점으로 디스플레이 방식이나 매장의 분위기는 매우 미래적이다. 1960년대 방식으로 설치된 음료수대(Soda Fountain), 주문 아이스크림 판매대 등이 설치되어 있고 지하에는 어린이들이 생일 파티를 열 수 있는 공간이 있다. 개점한 지 몇 해 안 되었지만 이미 '치과의사의 악몽'이라는 별명을 얻었다.

Guss' Pickles

85-87 Orchard St. (bet. Broome & Grand Sts.) / **Tel.** (917) 701-4000

M15 • **거스 피클스** 1910년부터 피클을 만들기 시작했던 러시아에서 이민 온 이지 거스(Izzy Guss)가 1979년 개점한 세계 최대의 피클 상점이다. (과거 35 Essex Street에서 2001년 현재의 위치로 이주하였다.) 17세기 중반 네덜란드의 농부들이 심어 기르던 오이를 상인들이 피클로 만들어 맨해튼 남단에서 팔기 시작하면서 그 전통이 시작되었다. 55갤런의 피클 통에는 언제나 신선하고 바삭한 각종 피클이 가득 담겨져 행인들의 눈길을 끈다. 이 피클의 맛을 보면 병에 통조림된 피클은 피클이 아니라는 사실을 쉽게 깨닫게 된다.

Itoen

822 Madison St. (bet. 68 & 69th Sts.) / **Tel.** (212) 988-7277 / **www.itoen.com**

M16 • **이토엔** 물 다음으로 세계에서 많이 소모되는 음료가 '차'인 만큼 차 문화는 뉴욕에 급속도로 번지고 있다. 차와 차 음료 생산으로 유명한 일본의 기업 이토엔이 기업의 자존심을 걸고 뉴욕에 도전한 회심의 작품이다. 매장 인테리어로 대나무와 같은 자연 소재를 주로 사용하여 따사로운 느낌을 부여하였다. 유리병에 여러 가지 차 종류를 넣어 전시한 벽면 디스플레이는 디자인의 하이라이트다. 매장의 뒤편으로 각종 고급 다기가 전시, 판매되고 있다. 같은 건물 2층에는 역시 이토엔에서 운영하는 카이세키(Kaiseki) 전문 레스토랑 '카이(Kai)'가 위치하고 있다.

Lady M Boutique

41 E. 78th St. (bet. Park & Madison Aves.) / **Tel.** (212) 452-2222

M17 • **레이디 엠 부티크** 어퍼 이스트사이드에 위치한 고급 케이크 전문점이다. '카페 라리'의 케이크를 가끔 그리워하는 한국의 고객들에게는 반가운 장소다. 이 집의 간판 메뉴는 우리에게도 익숙한 크레이프 케이크(Lady M Mille Crepes)와 밤의 계절인 가을에 최고의 맛을 내는 몽블랑(Mont-blanc) 그리고 거울로 대용할 수 있을 정도로 반짝이는 돔(Dome) 등이다. 벽, 바닥, 천장을 모두 하얀색 배경으로 처리해서 케이크의 색채와 질감의 연출을 최대화하였다. 두 개의 작은 샹들리에가 후면에 걸려 있고, 마치 보석점과 같이 케이크를 쇼 케이스에 진열하는데 영업시간이 지나면 철수한다.

McNulty's

109 Christopher St. (bet. Bleecker & Hudson Sts.) / **Tel.** (212) 242-5351 / **www.mcnultys.com**

M18 • **맥널티스** 1895년 가게 문을 연 이래 100년이 넘도록 영업을 하고 있으며 약 75종의 커피와 35종의 차를 판매한다. 커피는 이곳에서 직접 로스트해서 판매하고 있는데 '콜럼비안 수프리모(Colombian Supremo)'를 특히 권할 만하다. 하지만 차 보관에 관해서 무지하여 유리병에 커피를 보관하고 있는데 커피를 담은 유리병이 직사광선을 받고 있는 경우도 있다. 차는 사지 말 것. 현재는 스타벅스나 홀 푸즈 마켓 등 커피를 전문점으로 판매하는 곳에 밀려 과거 같지 않으나, 삐걱거리는 마룻바닥과 어두운 조명 속의 커피 향은 아주 오래된 가게의 역사를 대신 이야기해주고 있다.

Morrell & Company

1 Rockefeller Plaza (49th St. bet. Fifth & Sixth Aves.) / **Tel.** (212) 668-9370 / **www.**wineby morrell.com

M19 • **모렐 앤드 컴퍼니** 록펠러 센터에 위치한 와인 전문점이다. 다양한 컬렉션과 친절하고 해박한 직원들이 이곳의 오랜 전통이자 자랑이다. 툴루스 로트레크(Toulouse Lautrec)와 메트로폴리탄 오페라(Metropolitan Opera) 컬렉션은 이 집만이 갖고 있는 독특한 와인들이다.

Murray's Cheese Shop

254 Bleecker St. (at Cornelia St.) / **Tel.** (212) 243-3289 / **www.**murrayscheese.com

M20 • **머레이스 치즈 숍** 1940년 그리니치빌리지의 중심 거리에 문을 연 아주 아담한 치즈 상점이다. 프랑스, 이탈리아, 스페인, 네덜란드, 영국 등에서 수입한 250종류가 넘는 치즈의 품질은 뉴욕 최고다. 빽빽하게 진열되어 있는 치즈는 이 상점을 대표하는 이미지로 언제나 고객들을 유혹하고 있다. 2005년에 블리커 스트리트 맞은편으로 확장, 이전하였다.

Pickle Guys, the

49 Essex Street (bet. Grand & Hester Sts.) / **Tel.** (212) 656-9739 / **www.**nycpickleguys.com

M21 • **피클 가이스** 거스 피클에서 직원으로 일하던 앨런 카우프만(Alan Kaufman)이 만든 매장으로, 항간에는 거스 피클보다 더 맛있고 친절하다는 평이 있다. 다양한 종류의 피클과 토마토, 올리브, 고추, 다양한 종류의 소스 및 훈제 연어, 저린 청어 등을 판매하고 있다. 동유럽 국가들의 레서피인 '어머니가 하던 대로'를 철칙으로 피클을 담그고 있으며, 랍비(Rabbi)인 슈무엘 피셸리스(Shmuel Fishelis)의 감독하에 코셔(Kosher, 유대인 음식을 만드는 규칙) 법칙대로 만들고 있다.

Sherry-Lehmann

679 Madison Ave. (bet 61st & 62nd Sts.) / **Tel.** (212) 838-7500 / **www.**sherry-lehmann.com

M22 • **셰리 리만** 72년의 전통을 자랑하는 뉴욕 최고의 와인점이다. 1934년 잭 아론(Jaco Aaron)이 개점하였고 후에 푸줏간과 청과상을 운영하던 모리스 리만(Morris Lehmann)과 합치면서 오늘날의 이름을 갖게 되었다. 1948년 현위치로 이주하였는데 21 클럽(The 21 Club) 레스토랑을 설계한 디자이너가 인테리어를 담당하였다. 천장과 바닥이 나무로 마감되어 고전적이고 아늑한 느낌을 주는 매장은 다소 오래되고 비좁지만, 7,000종류가 넘는 와인 컬렉션은 단연 최고다. 이 상점의 와인 포트폴리오는 워낙 훌륭해서 와인을 조금 아는 고객이라면 이 매장에 방문하는 것이 두려울 정도다.

M23 • **티 박스** 타카시마야(Takashimaya) 백화점 지하에 위치한 일본 찻집으로, 5번가에서 쇼핑에 지친 사람들을 위한 완벽한 비밀 휴식 장소다. 뉴욕에서 가장 고급스러운 차를 취급하는 곳으로 숯으로 볶은 일본 커피를 맛볼 수도 있다. 과일과 케이크 등이 일본 특유의 카이세키 장식으로 제공되는 카페가 연결되어 있다.

Tea Box, the

693 Fifth Ave. (bet. 54th & 55th St.) / **Tel.** (212) 350-0179

TenRen's Tea and Ginseng Co.

75 Mott Street (bet. Canal & Bayard St.) / **Tel.** (212) 349-2286 / www.tenrenstea.com

M24 • **텐렌스 티 앤드 진셍 컴퍼니** 1953년 리호 리(Rieho Lee)에 의해 중국에서 설립된 이래 전 세계 111개의 매장을 가지고 있는 차 전문 상점이다. 명실 공히 차이나타운 최고의 차 판매점으로 수십 종류의 다양한 차들이 금색의 알루미늄 항아리에 담겨져 있는 모습이 특색 있다. 세계 최고의 한국산 인삼도 취급하고 있다. 차이나타운 한복판에 위치하여 다소 비싸고 노골적인 장사속이 느껴지는 게 단점이다.

뉴욕과 영화

films shot in the city: enjoy new york with classics

The famous ending of Citizen Kane (1941) slowly portrays a room-full of Kane's life-long possessions filmed from above. The scene generates visual tension captured in the same way as looking down at buildings in Manhattan from a helicopter. This demonstrates that it is in New York where Kane conducted business and his wife aspired to reside. •• A life long resident of New York, Woody Allen's passion for the city has dictated where the majority of his film's have occurred. George Gershwin's "Rhapsody in Blue" plays throughout Manhattan, which is famous for its black and white poster in which the island is seen from the Brooklyn Bridge. Famous sites from city including Broadway, Lincoln Center, Times Square, Yankee Stadium, Brooklyn Bridge and Central Park are shown with the music. New York-based films have often used scores both drawn from Gershwin and the contemporary Dave Grusin. •• New York-based movies are endless: Love Story, The Seven Year Itch (1955), Breakfast at Tiffany's (1961), West Side Story (1961),King Kong (1933), Miracle on 34th Street (1934), Scent of a Woman (1992), Ghost (1990), Nine 1/2 Weeks (1986), The Prince of Tides (1991), Ghostbusters, Working Girl (1988), When Harry Met Sally (1989), Wall Street (1987), You've Got Mail(1998), etc. All these movies present the city's renowned places and skylines. On the opposite end of the spectrum, Last Exit to Brooklyn (1989) and Once Upon a Time in America (1984) show the dark side of the city. Bleak streets shadowed by skyscrapers, faded brick buildings and exposed emergency staircases call attention to the less-than-fabulous elements that are also important parts of the architectural fabric of the city. •• Two places that frequently serve as symbols of New York are Central Park and the Brooklyn Bridge. Central Park includes an ice-rink, a lake and a cycling path, and is a beloved place of New Yorkers. It also appears in many wonderful films like Love Story, Fisher King, Wall Street, and Autumn in New York. The beauty of the Brooklyn Bridge originates from the pointed arch opening section in Gothic style, exposed cables and stone structure. This 'king of suspension bridge' is identified in The Lady from Shanghai (1948) and The Big Blue (1982). In addition to all these constructions, other famous places in New York are the Flatiron Building, the UN Building and the Chrysler Building that appear in the background of many films. •• The design of a space as a background in a movie functions in as important a role as the actors. Discovering beautiful spaces in the movies, and connecting those places with the story being told, is a fascinating experience. Movie places are usually shown at their best angle and perspective to create the dramatic effect needed, and this causes people to recognize them with a very particular memory. Anyone can experience New York with these classics films.

● 영화 「시민 케인(Citizen Kane)」의 라스트 신. 높은 위치에 설치된 카메라가 방 안 가득 메워진 케인의 평생 소장품을 아주 천천히 보여준다. 이 모습은 마치 맨해튼의 건물군을 헬리콥터에서 내려다보는 것 같다. 영화 속에서 케인의 활동 무대이자, 부인이었던 수잔 알렉산더(Susan Alexander)가 그토록 살고 싶어 했던 도시 뉴욕에 대한 향수를 표현하는 장면이다. 세계 영화 시장에서 미국 영화의 수가 압도적으로 많은데, 그중에서도 배경이 되는 도시로는 뉴욕이 으뜸이다. 뉴욕을 배경으로 만들어진 영화들은 일반적으로 맨해튼이 창조하는 스카이라인이나 유명한 장소를 배경으로 스토리를 전개한다. 뉴욕을 배경으로 한 영화는 「러브스토리(Love Story)」, 「7년만의 외출(The Seven Year Itch)」, 「티파니에서 아침을(Breakfast at Tiffany's)」, 「웨스트사이드 스토리(West Side Story)」, 「킹콩(King Kong)」, 「34번가의 기적(Miracle on 34th Street)」과 같은 고전에서부터 「애니홀(Annie Hall)」, 「여인의 향기(Scent of a Woman)」, 「사랑과 영혼(Ghost)」, 「나인 하프 위크(9 1/2 Weeks)」, 「사랑과 추억(The Prince of Tides)」, 「고스트 버스터스(Ghostbusters)」, 「워킹 걸(Working Girl)」, 「해리가 샐리를 만났을 때(When Harry Met Sally)」, 「월스트리트(Wall Street)」, 「유브 갓 메일(You've Got Mail)」에 이르기까지 수없이 많다. 이러한 영화들의 장면 장면에서 뉴욕의 상징인 엠파이어스테이트 빌딩(Empire State Building), 팬암 빌딩(Pan Am Building), 메트로폴리탄 박물관(Metropolitan Museum of Art), 월드 트레이드 센터(World Trade Center), UN 빌딩(UN Building), 록펠러 센터(Rockefeller Center), 센트럴 파크(Central Park), 브루클린 브리지(Brooklyn Bridge), 자유의 여신상(Statue of Liberty)과 같은 명소들은 단골로 등장하여 영화의 배경을 구축한다. 반면에 「브루클린으로 가는 마

지막 비상구(Last Exit to Brooklyn)」나, 「원스 어폰 어 타임 인 아메리카(Once Upon a Time in America)」 등은 뉴욕의 어두운 단면을 보여주기도 한다. 고층빌딩으로 가려진 어두운 거리의 모습이나 일련의 퇴색된 벽돌 건물, 노출된 비상계단이 표현되는 풍경도 도시의 중요한 구성이 된다는 사실을 영화는 놓치지 않고 보여준다.

미래의 도시를 다룬 영화의 고전은 1927년 만들어진 「메트로폴리스(Metropolis)」다. 이 영화는 건축가 출신 영화감독인 프리츠 랑(Fritz Lang)이 맨해튼을 방문한 이후에 영감을 얻어서 제작한 작품이다. 산업혁명 이후 근대의 사회적 분위기, 그리고 다양하게 등장하는 건축, 디자인 사조들의 혼란스러운 시기에 2026년의 미래를 예견한 모습으로 영화사, 건축사에 충격과 감동을 동시에 안겨주었다. 건축물을 포함한 이 영화의 구성 요소는 미래 도시를 표현하는 영화의 고전이 되어, 후에 「블레이드 러너(Blade Runner)」, 「배트맨(Batman)」, 「저지 드레드(Judge Dread)」 등의 영화에 직접적인 모태가 되었다. 이러한 영화들에서 보이는 수직적으로 치솟은 도시의 고층건물 군은 바로 맨해튼의 어두운 미래적 모습이다.

보자르 양식의 그랜드 센트럴(Grand Central) 역사(驛舍) 내부는 대리석으로 마감되어 있으며, 남북 측에 면한 창으로 유입되는 자연광의 찬란한 연출로 인하여 뉴욕에서 가장 장대한 실내공간으로 평가받고 있다. 그 공간의 느낌은 테리 길리엄(Terry Gilliam)

감독의 영화 「피셔 킹(The Fisher King)」에서 주인공 로빈 윌리엄스(Robin Williams)가 꿈꾸는 무도회 장면에서 잘 나타나고 있다. 사람들로 가득 찬 실내 공간에 햇빛이 유입되어 시계에 반사되고, 음악이 흐르며 무도회가 시작되는 장면은 영화의 절정이며 가슴 뭉클한 감동을 전해준다. 이곳은 또한 「사랑과 추억」에서 닉 놀테(Nick Nolte)의 요청으로 꼬마 소년이 바이올린을 켜던 장면으로도 등장한다.

뉴욕에서 가장 아름다운 건물은 시그램 빌딩(Seagram Building)이다. 평범해 보이는 박스형 외관이지만 치밀하게 계획한 비례와 세련된 디테일에서 풍기는 우아함이 타의 추종을 불허한다. '근대건축의 청사진'으로 불리는 미스 반 데어 로에(Ludwig Mies van der Rohe)에 의해서 설계되었으며, 시그램 회장의 딸인 램버트(Phillis Lambert)의 주도 하에 1958년 건립되었다. 빌 머레이(Bill Murray) 주연의 「스크루지(Scrooged)」에서는 방송국으로부터 해고당한 직원이 신세를 한탄하며 길거리에 나와 시그램 빌딩의 광장 앞에 쭈그리고 앉는 모습이 나온다. 이러한 장면은 이 광장의 역할과 의미가 무엇인지를 분명하게 이야기해준다.

이안(Ang Lee) 감독의 「결혼 피로연(The Wedding Banquet)」에서는 뉴욕에 거주하는 중국계 청년의 결혼 상대자를 대만의 부모가 결정하여 뉴욕으로 보내는 상황이 전개된다. 미래의 신부를 마중하기 위해 주인공은 JFK 공항으로 나간다. 이때 화면에는 1962년 완성된 에로 사리넨(Eero Saarinen)의 대표작 'TWA 터미널(TWA Flight Terminal)'이 보인다. 재미있는 것은 신부가 타고 오는 비행기는 중국 항공(中國航空, China Airline)인데 엉뚱하게도 TWA 터미널에 도착한다는 것이다. 콘크리트가 그대로 노출되며 가느다란 천창으로부터 온화한 빛이 유입되는 개방된 내부는 부모를 배웅하는 영화의 마지막 장면에서 다시 한 번 아름답게 부각된다.

「여인의 향기」에서는 알 파치노와 함께 레스토랑에 도착한 크리스 오도넬(Chris O'Donnell)이 메뉴를 보고 20달러가 넘는 햄버거 가격에 놀라는 장면이 있다. 그 레스토랑은 뉴욕의 플라자 호텔(Plaza Hotel) 지하에 있는 오크룸(Oak Room)이다. 「나 홀로 집에 2(Home Alone 2: Lost in New York)」에서는 이 호텔에 투숙한 주인공 케빈 일가족을 통해서 건물의 내외부를 간접적으로 감상할 수 있다. 「추억(The Way We Were)」에서는 주인공 로버트 레드포드(Robert Redford)와 바브라 스트라이샌드(Barbra Streisand)가 이 호텔에서 만난다. 또한 연인들의 영원한 고전 「러브스토리」에서 한겨울 라이언 오닐(Ryan O'Neal)이 알리 맥그로(Ali MacGraw)와 커피를 마시는 장면에서도 흰눈이 덮인 센트럴 파크와 함께 플라자 호텔의 아름다운 모습이 배경으로 보인다.

건물은 아니지만 뉴욕의 상징으로 자주 등장하는 두 곳은 센트럴 파크와 브루클린 다리다. 설명이 필요 없을 정도로 유명한 센트럴 파크는 맨해튼의 심장으로 아이스 링크, 호수, 산책로, 동물원 등의 환경이 쾌적하여 뉴요커들에게 가장 사랑받는 장소로 손꼽힌다. 「러브스토리」, 「사랑과 추억」, 「피셔 킹」, 「월스트리트」 등 주옥같은 명화에 배경이 되기도 하였다. 고딕 양식의 첨두아치 개구부와 노출된 케이블, 육중한 석조 구조가 조화를 이루는 아름다운 브루클린 다리는 브루클린의 상징이다. '현수교의 제왕'으로서 위용을 과시하고 있는 이 다리는 「상하이에서 온 여인(The Lady from Shanghai)」, 「그랑 블루(Le Grand Bleu)」 등의 영화에 등장한다. 이밖에도 플랫아이언 빌딩(Flatiron Building), UN 빌딩, 크라이슬러 빌딩(Chrysler Building) 등 일반인들에게도 잘 알려진 뉴욕의 명소들은 많은 영화 속에서 추억의 장면을 장식하는 빠질 수 없는 배경으로 등장했다.

잘 알려진 뉴욕 출신의 배우로는 마릴린 먼로(Marilyn Monroe), 험프리 보가트(Humphrey Bogart), 실베스터 스탤론(Sylvester Stallone) 등이 있다. 태어난 고향이자 현재까지 자신이 살고 있는 뉴욕을 너무나 사랑하는 우디 앨런(Woody Allen), 마틴 스코세지(Martin Scorcese), 스파이크 리(Spike Lee) 등의 감독은 영화의 대부분을 뉴욕을 배경으로 제작하는 것으로 유명하다. 또한 콜럼비아 대학 출신의 브라이언 드 팔마(Brian de Palma) 감독이나 여류 작가이자 영화감독인 노라 에프런(Nora Ephron)의 영화에서도 뉴욕의 새로운 시각을 접할 수 있다. 한편 뉴욕을 배경으로 한 영화에서 현대음악의 거장 조지 거슈인(George Gershwin)이나 뉴욕 출신의 작곡가 데이브 그루신(Dave Grusin)의 음악이 주로 등장하는 것도 재미있는 현상이다.

뉴욕 배경의 영화 베스트 15 (저자 추천)

1. 7년만의 외출(The Seven Year Itch), 1955
2. 웨스트사이드 스토리(West Side Story), 1961
3. 티파니에서 아침을(Breakfast at Tiffany's), 1961
4. 대부(The Godfather), 1972
5. 대부 2(The Godfather: Part II), 1974
6. 애니홀(Annie Hall), 1976
7. 택시 드라이버(Taxi Driver), 1976
8. 원스 어폰 어 타임 인 아메리카(Once Upon a Time in America), 1984
9. 고스트 버스터(Ghostbusters), 1984
10. 월스트리트(Wall Street), 1987
11. 해리가 샐리를 만났을 때(When Harry Met Sally), 1989
12. 사랑과 추억(The Prince of Tides), 1991
13. 피셔킹(The Fisher King), 1991
14. 여인의 향기(Scent of Woman), 1992
15. 유브 갓 메일(You've Got Mail), 1998

New York Map:

W WALKING
A ARCHITECTURE
E ENVIRONMENTAL ARTS/DESIGN
G GALLERIES & MUSEUMS
S SHOPS
P PARKS
L LIBRARIES & BOOKSTORES
H HOTELS
R RESTAURANTS
C CAFES
F FASHION BOUTIQUES
M MARKETPLACES

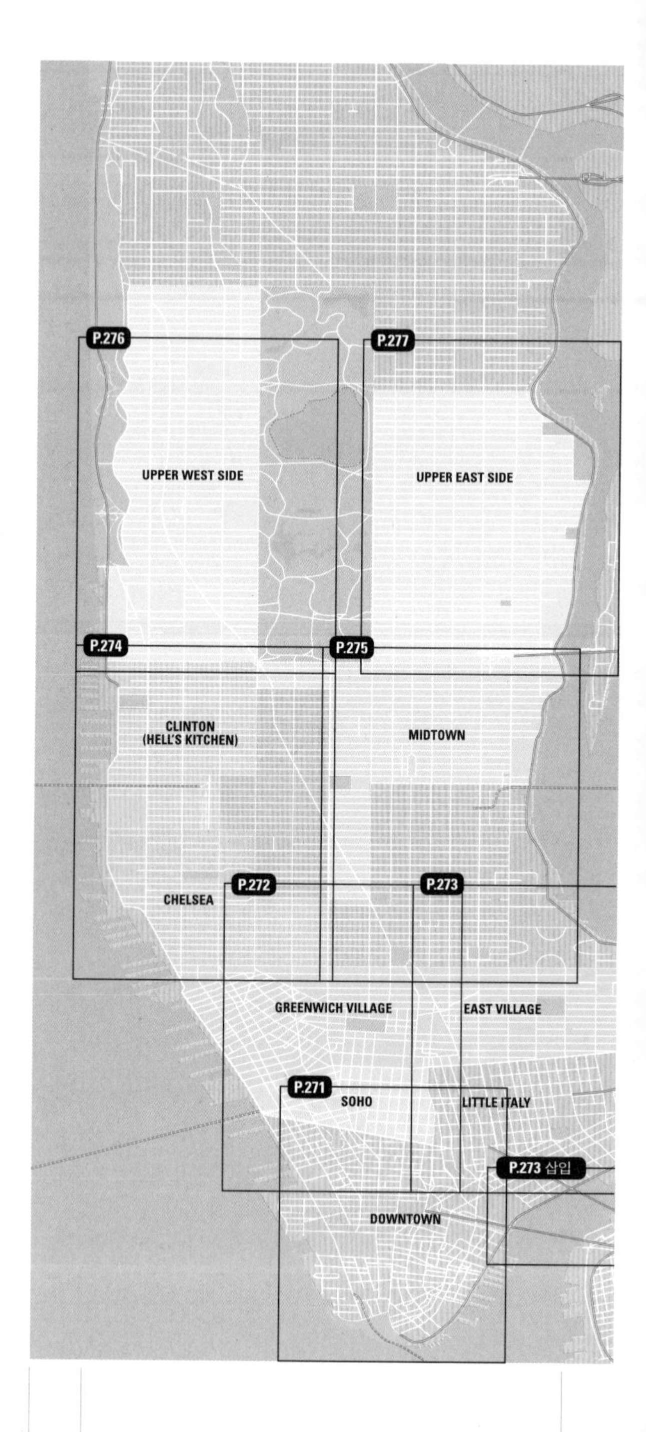

Downtown

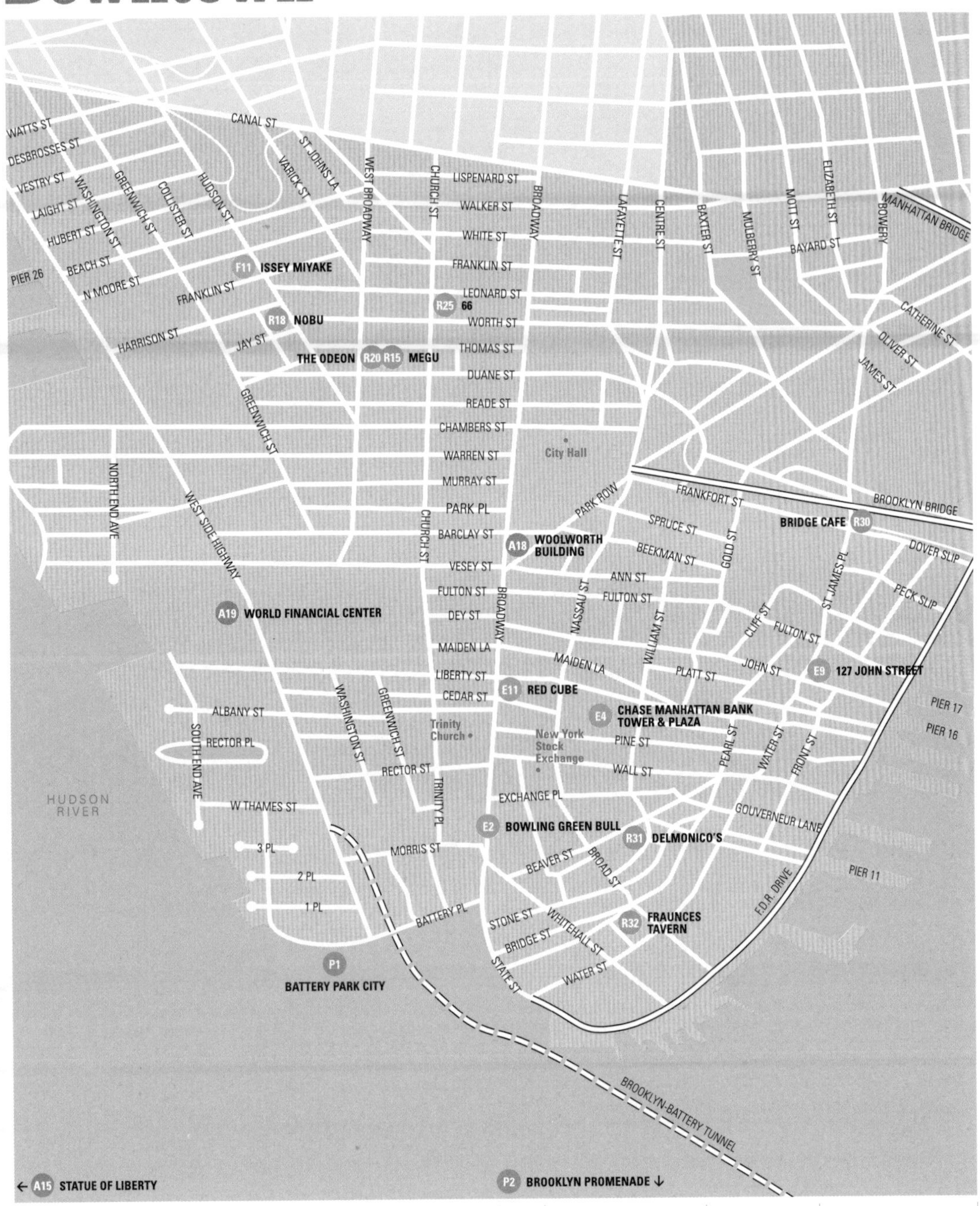

CANAL ST
WATTS ST
DESBROSSES ST
VESTRY ST
LAIGHT ST
HUBERT ST
BEACH ST
N MOORE ST
PIER 26
WASHINGTON ST
GREENWICH ST
COLLISTER ST
HUDSON ST
VARICK ST
ST JOHNS LA
WEST BROADWAY
CHURCH ST
LISPENARD ST
WALKER ST
WHITE ST
FRANKLIN ST
LEONARD ST
WORTH ST
THOMAS ST
DUANE ST
READE ST
CHAMBERS ST
WARREN ST
MURRAY ST
PARK PL
BARCLAY ST
VESEY ST
FULTON ST
DEY ST
MAIDEN LA
LIBERTY ST
CEDAR ST
BROADWAY
LAFAYETTE ST
CENTRE ST
BAXTER ST
MULBERRY ST
MOTT ST
ELIZABETH ST
BOWERY
BAYARD ST
MANHATTAN BRIDGE
CATHERINE ST
OLIVER ST
JAMES ST
F11 ISSEY MIYAKE
FRANKLIN ST
R25 66
R18 NOBU
HARRISON ST
JAY ST
THE ODEON R20 R15 MEGU
GREENWICH ST
NORTH END AVE
WEST SIDE HIGHWAY
City Hall
PARK ROW
FRANKFORT ST
BROOKLYN BRIDGE
SPRUCE ST
BRIDGE CAFE R30
BEEKMAN ST
GOLD ST
DOVER SLIP
A18 WOOLWORTH BUILDING
ANN ST
FULTON ST
NASSAU ST
WILLIAM ST
ST JAMES PL
PECK SLIP
CLIFF ST
FULTON ST
A19 WORLD FINANCIAL CENTER
MAIDEN LA
PLATT ST
JOHN ST
E9 127 JOHN STREET
E11 RED CUBE
E4 CHASE MANHATTAN BANK TOWER & PLAZA
PIER 17
PIER 16
ALBANY ST
SOUTH END AVE
RECTOR PL
WASHINGTON ST
GREENWICH ST
Trinity Church
New York Stock Exchange
PINE ST
PEARL ST
WATER ST
FRONT ST
WALL ST
RECTOR ST
TRINITY PL
EXCHANGE PL
HUDSON RIVER
W THAMES ST
GOUVERNEUR LANE
E2 BOWLING GREEN BULL
R31 DELMONICO'S
3 PL
2 PL
1 PL
MORRIS ST
BEAVER ST
BROAD ST
PIER 11
F.D.R. DRIVE
BATTERY PL
STONE ST
WHITEHALL ST
R32 FRAUNCES TAVERN
BRIDGE ST
STATE ST
WATER ST
P1 BATTERY PARK CITY
BROOKLYN-BATTERY TUNNEL
← A15 STATUE OF LIBERTY
P2 BROOKLYN PROMENADE ↓

Greenwich Village / Soho

East Village / Little Italy

Clinton / Chelsea

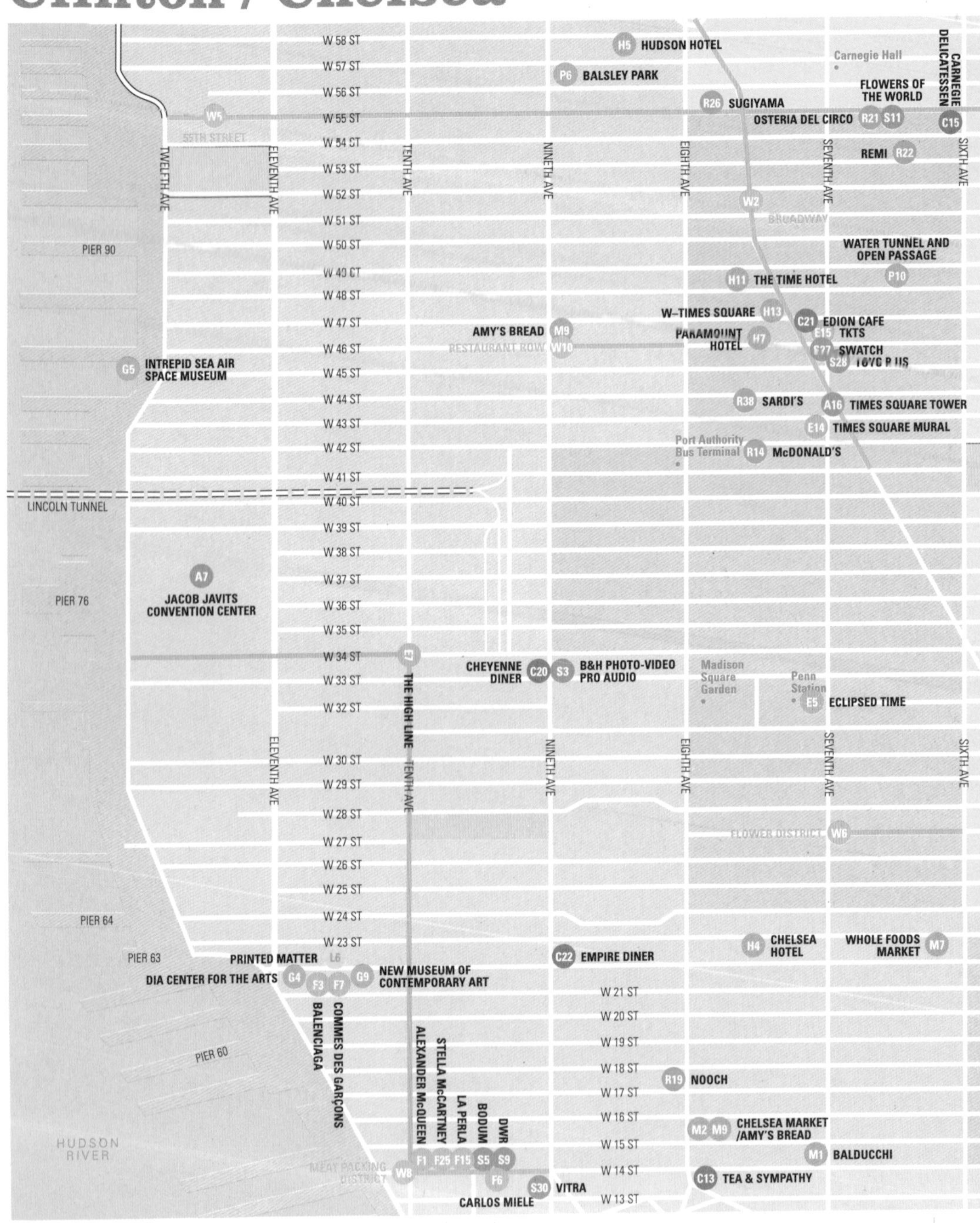

Midtown

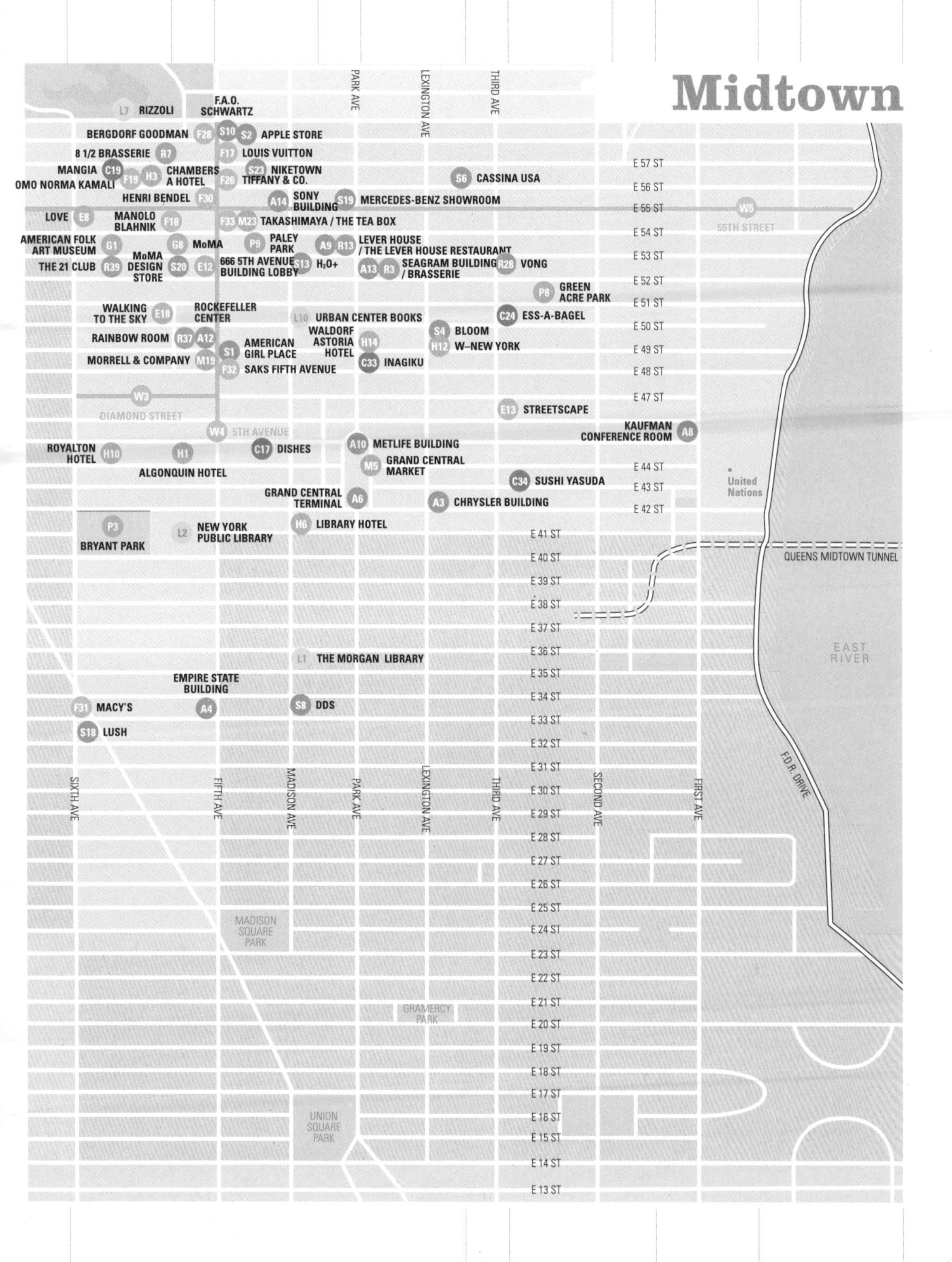

RIZZOLI
F.A.O. SCHWARTZ
BERGDORF GOODMAN
APPLE STORE
8 1/2 BRASSERIE
LOUIS VUITTON
MANGIA
CHAMBERS A HOTEL
NIKETOWN
TIFFANY & CO.
OMO NORMA KAMALI
CASSINA USA
HENRI BENDEL
SONY BUILDING
MERCEDES-BENZ SHOWROOM
LOVE
MANOLO BLAHNIK
TAKASHIMAYA / THE TEA BOX
AMERICAN FOLK ART MUSEUM
MoMA
PALEY PARK
LEVER HOUSE / THE LEVER HOUSE RESTAURANT
THE 21 CLUB
MoMA DESIGN STORE
666 5TH AVENUE BUILDING LOBBY
H₂O+
SEAGRAM BUILDING / BRASSERIE
VONG
GREEN ACRE PARK
WALKING TO THE SKY
ROCKEFELLER CENTER
URBAN CENTER BOOKS
ESS-A-BAGEL
RAINBOW ROOM
WALDORF ASTORIA HOTEL
BLOOM
W–NEW YORK
AMERICAN GIRL PLACE
MORRELL & COMPANY
INAGIKU
SAKS FIFTH AVENUE
DIAMOND STREET
STREETSCAPE
5TH AVENUE
KAUFMAN CONFERENCE ROOM
ROYALTON HOTEL
DISHES
METLIFE BUILDING
GRAND CENTRAL MARKET
ALGONQUIN HOTEL
SUSHI YASUDA
GRAND CENTRAL TERMINAL
CHRYSLER BUILDING
United Nations
BRYANT PARK
NEW YORK PUBLIC LIBRARY
LIBRARY HOTEL
QUEENS MIDTOWN TUNNEL
THE MORGAN LIBRARY
EAST RIVER
EMPIRE STATE BUILDING
MACY'S
DDS
LUSH
55TH STREET
F.D.R. DRIVE
SIXTH AVE
FIFTH AVE
MADISON AVE
PARK AVE
LEXINGTON AVE
THIRD AVE
SECOND AVE
FIRST AVE
MADISON SQUARE PARK
GRAMERCY PARK
UNION SQUARE PARK
E 57 ST
E 56 ST
E 55 ST
E 54 ST
E 53 ST
E 52 ST
E 51 ST
E 50 ST
E 49 ST
E 48 ST
E 47 ST
E 44 ST
E 43 ST
E 42 ST
E 41 ST
E 40 ST
E 39 ST
E 38 ST
E 37 ST
E 36 ST
E 35 ST
E 34 ST
E 33 ST
E 32 ST
E 31 ST
E 30 ST
E 29 ST
E 28 ST
E 27 ST
E 26 ST
E 25 ST
E 24 ST
E 23 ST
E 22 ST
E 21 ST
E 20 ST
E 19 ST
E 18 ST
E 17 ST
E 16 ST
E 15 ST
E 14 ST
E 13 ST

Upper West Side

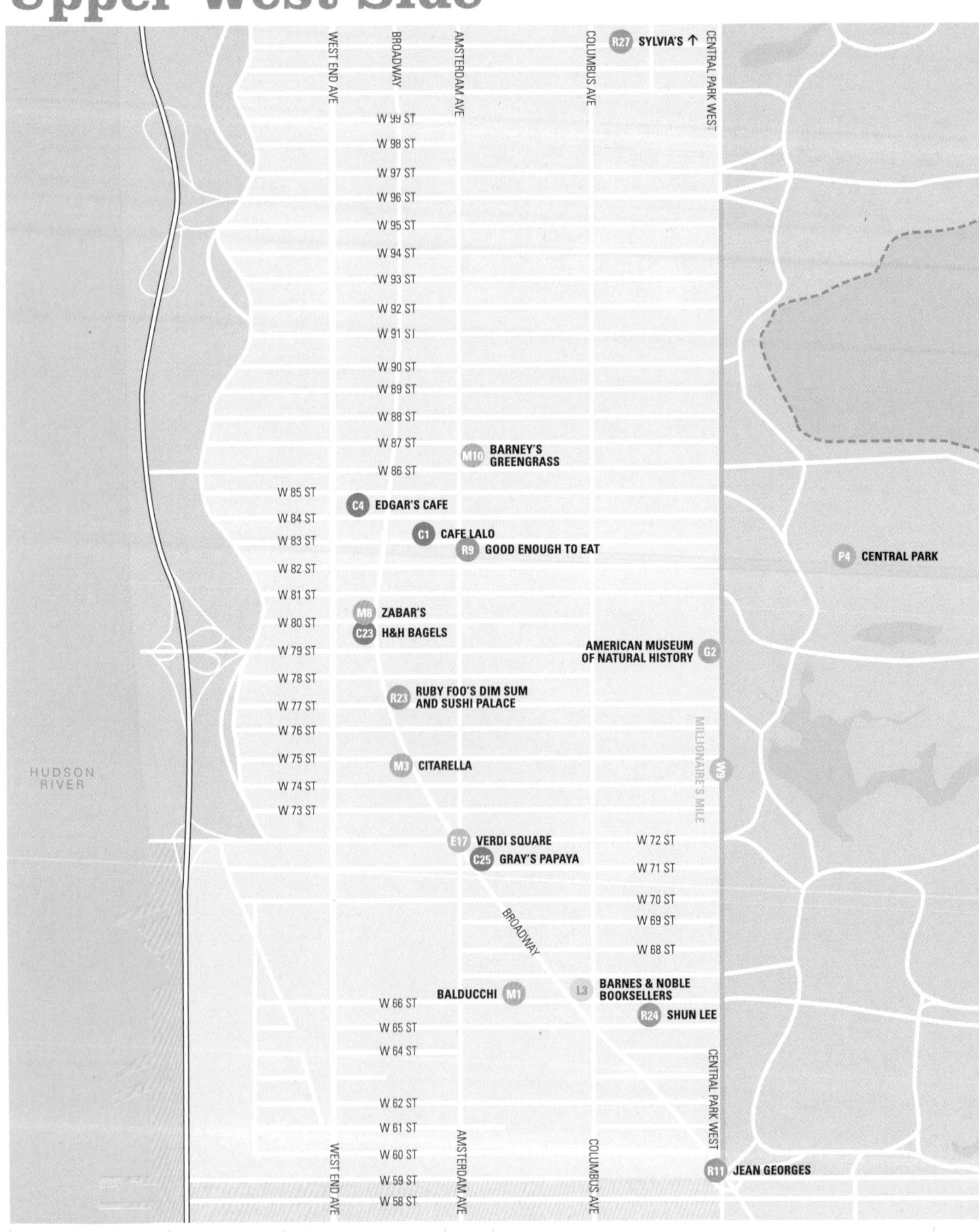

Upper East Side

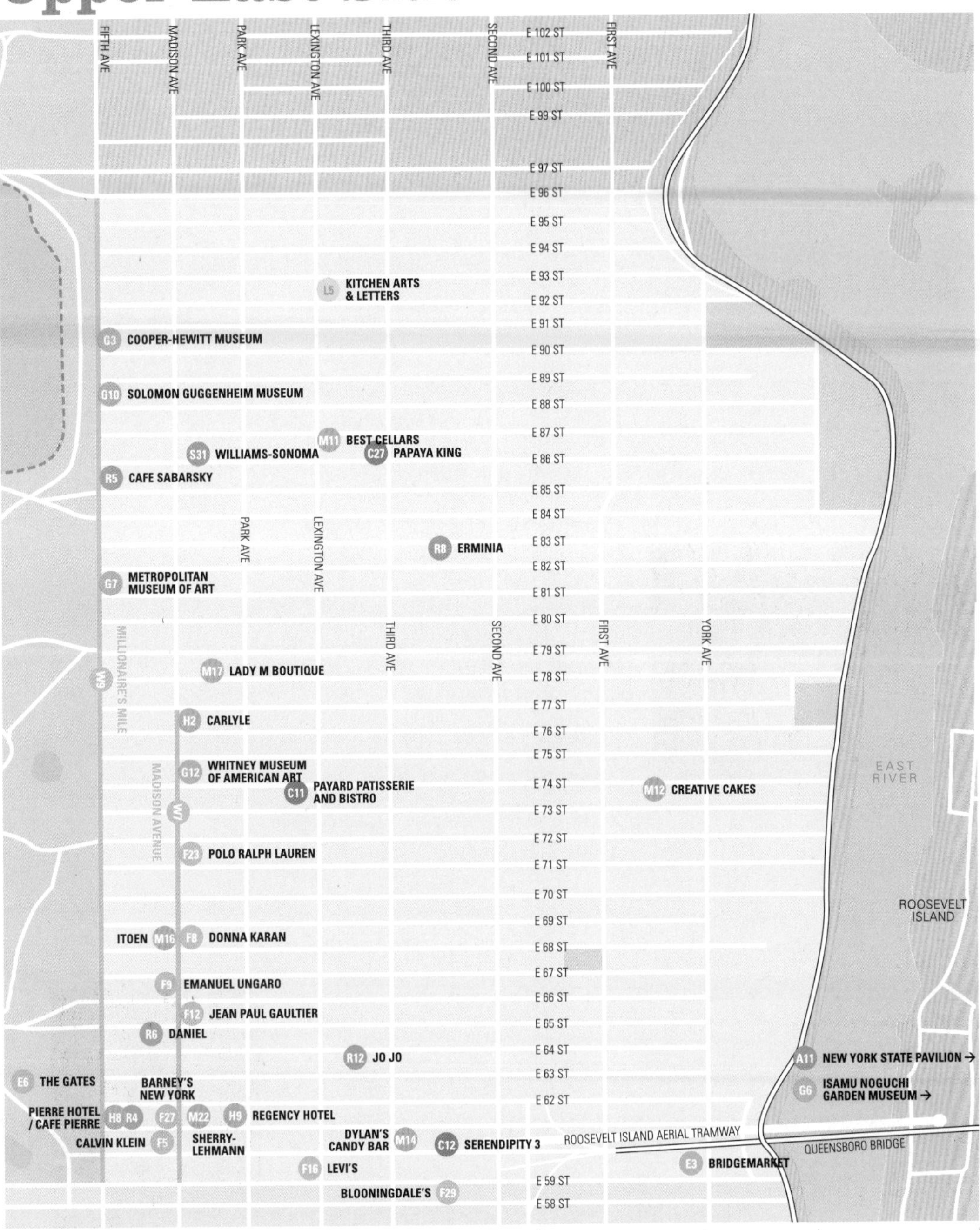

Recommendation

추천의 글

When asked to write a forward for Jinbae Park's *New York IDEA*, I thought I would do best by addressing my comments to the readers for whom the book was written; but I am finding that an impossible task. *New York IDEA* was written for anyone who has visited New York, who will someday visit there, who knows it from films or Broadway melodies; for anyone who has lived there, who has built its skyscrapers or baked its bread; for students of art or architecture or design, and for those designers, architects, and artists that are studied. •••• This book is also an expression of the deep, rich, and permanent affection that Dr. Park feels for a city that has been a part of his life for two generations. Rarely if ever can one find such

a thorough portrait of the essence of a great city as you will in these pages. His narrative descriptions are heartfelt and personal, as if he were speaking of family and friends. His photographs are more than excellent: it is as though each subject, in appreciation and understanding of his love of the city, has given him a gracious, intimate access to the true essence of its style, shape, or history; when he photographs a bakery you can smell the bread. •••• Dr. Park's abiding love for the Big Apple began in 1966, when his parents first moved there for work and study, and the close reader might note now and then how his mother's particular affection for particular places influenced his own joy of discovery in the city. From 1990 to 1992 he studied at Pratt Institute. From 1992 to 1999 he taught at Hansung University in Seoul: but he would always manage at least one pilgrimage a year to Manhattan. (One day he wanted to see it so badly he bought a ticket and flew there, coming back to Seoul four days later.) Since he has been on the faculty of Miami University in Ohio, he has managed no less than five or six trips per year to New York, and every visit only serves to increase the indissoluble

bond he has with this city that has been so much a part of his life. ···· Perhaps it is this abiding love that has guided the way Dr. Park presents New York City: *New York IDEA* is no street-after-street listing, nor a catalogue of Manhattan's most famous landmarks. Some of the chapter titles seem to promise straightforward topics: Hotels, Restaurants, Museums, and Architecture. But other titles give better to the real focus of the book: Streets, Views, and (my favorite) Water & Rooftops. While he would never fail to remind us of the beauty & grandeur of the Chrysler Building, or the Statue of Liberty, he is also meticulous in guiding us to what is absolutely the best angle by which to get the best view of a little pocket park or, or to noting the reflection in a storefront window display. It is these smaller details, tastes, flavors, and his camera's point of view that mark the real essence of Dr. Park's book. ···· And what is that essence? Simply and unabashedly, *New York IDEA* a guidebook on how to see New York, and how to appreciate the city: perhaps, even, how to fall in love with it. Dr. Park is a master of presenting his beloved city in its best light and shadow, and he is completely generous in sharing his love of New York with his readers. *New York IDEA* belongs on the booklist of every visitor, and in the home of every New Yorker. Well done, Dr. Park.

Dr. Howard Blanning

Professor of Theatre, Miami University

뉴욕 아이디어

글 · 사진 박진배

1판 1쇄 찍은 날 2007년 5월 5일
1판 1쇄 펴낸 날 2007년 5월 10일

펴낸이 이영혜
펴낸곳 디자인하우스
주소 서울시 중구 장충동 2가 186-210 파라다이스 빌딩
우편번호 100-855, 중앙우체국 사서함 2532
대표전화 02-2275-6151
영업부 직통 02-2263-6900
팩시밀리 02-2275-7884, 7885
홈페이지 www.design.co.kr
등록 1977년 8월 19일, 제 2-208호

편집 장다운
디자인 이기준(so-wonderful)
교정 전남희
지도 도움 강진
출력 선우프로세스
인쇄 대한프린테크

본부장 전사섭
편집장 진용주
편집팀 장다운
디자인팀 김희정
영업부 엄영준, 손재학, 박성경, 윤웅렬,
윤창수, 안진수, 김경희, 장은실
제작부 황태영, 이성훈, 변재연

영문 교정 하워드 블래닝, 질 그린우드
콜라주 사라 피터슨

English Editing by Howard Blanning, Jill Greenwood
Graphic Collage by Sarah Peterson

ISBN 978-89-7041-947-3 03980
값 15,000원

ONE W

뉴욕 관련 웹사이트

newyork.citysearch.com
gonyc.about.com
www.timeoutny.com
www.newyorktimes.com
www.newyorkmetro.com
www.nyartsmagazine.com
www.gothamist.com
www.cityguidemagazine.com
www.digitalcity.com/newyork
www.ny.com
www.nyc.com
www.in-newyorkmag.com
www.nyc-architecture.com
www.aolcityguide.com/newyork
www.nyny.com
www.nyctourist.com
www.nypost.com
www.citimaps.com
www.hipguide.com/newyork
new.york.metroguide.com
www.artnyc.com
www.superfuture.com
www.frommers.com/destinations/newyorkcity
www.whatsupnyc.com
www.wirednewyork.com
www.menupages.com
www.realeats.com/newyork
www.greatrestaurantsmag.com/NYC
www.gayot.com
new.york.diningguide.com
new.york.diningchannel.com
www.nycrestaurant.com
dinesite.com

ONE WAY
NO SMOKING
7AM-4PM
CORNER'S DELI
new york

ONE